"CO₂近零排放的煤气化燃料电池发电技术"丛书

新型煤气化净化技术及应用

郑 树　徐明新　姚金松　著

化学工业出版社

·北京·

内容简介

本书以国家重点研发计划"CO_2 近零排放的煤气化燃料电池发电技术"项目为依托，总结了煤气化净化技术在近年来取得的新进展，并论述了合成气作为燃料电池的燃烧气用来发电的相关技术，以及作为原料生产煤化工产品的相关技术，主要涉及煤气化技术的基本理论、处理过程（变换及净化）及工业应用三大部分。全书共七章，分别为绪论、煤气化基本原理、空气分离技术、煤气化技术、煤气净化技术、煤气化发电技术以及煤化工产品生产。

本书可供洁净煤技术领域的工程技术人员参考使用，也可以作为高等院校化工、环境等相关专业师生的教学用书。

图书在版编目（CIP）数据

新型煤气化净化技术及应用 / 郑树，徐明新，姚金松著 . -- 北京 ：化学工业出版社，2024. 10. -- （"CO_2 近零排放的煤气化燃料电池发电技术"丛书）. -- ISBN 978-7-122-45943-5

I . TQ546

中国国家版本馆 CIP 数据核字第 2024CX3194 号

责任编辑：于　水　　　　　　　装帧设计：韩　飞
责任校对：李　爽

出版发行：化学工业出版社
　　　　　（北京市东城区青年湖南街 13 号　邮政编码 100011）
印　　装：北京天宇星印刷厂
710mm×1000mm　1/16　印张 19　字数 327 千字
2025 年 7 月北京第 1 版第 1 次印刷

购书咨询：010-64518888　　　售后服务：010-64518899
网　　址：http://www.cip.com.cn
凡购买本书，如有缺损质量问题，本社销售中心负责调换。

定　　价：148.00 元　　　　　　版权所有　违者必究

前　言

在全球能源需求日益增长的背景下，传统的能源开采和利用方式面临着重大挑战。煤炭作为一种储量丰富的化石燃料，曾在工业革命和现代社会的发展中发挥关键作用。但是，煤炭燃烧产生的污染和温室气体排放问题也日益凸显，迫切需要解决。

实现 CO_2 及污染物近零排放的煤气化发电技术有望使煤电行业发生根本性变革，其发展前景广阔。新型煤气化和净化技术的开发，旨在提高煤炭的利用效率，并减少污染物的排放。这不仅是实现煤炭清洁高效利用的第一步，也是推动能源科技进步的关键。为从根本上突破燃煤发电效率提高和 CO_2 及污染物近零排放的瓶颈问题，解决煤电 CO_2 捕集带来的效率下降和成本增加的难题，本项目组提出了在整体煤气化联合循环发电（IGCC）的基础上发展煤气化燃料电池发电技术（IGFC）。该技术可实现煤基发电由单纯热力循环发电向电化学和热力循环复合发电的技术跨越，可大幅提高煤电利用效率。在高效发电的同时完成燃料电池内部 CO_2 的富集，大幅降低了 CO_2 的捕集成本。国家重点研发计划在 2017 年度对"CO_2 近零排放的煤气化发电技术"项目进行了立项，依托该项目本丛书将从煤气化净化技术及应用、高温燃料电池发电及尾气催化燃烧技术、系统集成设计以及试验示范系统建设四方面，全面梳理汇总项目取得的先进成果，为后续相关重点项目的攻关做技术储备和参考，助力我国双碳目标的顺利达成。

本书以煤气化生产技术为支点，以基本原理、技术工艺和产品应用为主线，介绍了煤气化技术的基本理论、处理过程（变换及净化）及工业应用三方面主要内容。全书共 7 章。首章绪论介绍了煤气化技术的应用特点、历史背景、研究进展以及未来发展趋势，探讨了煤气化在能源结构转型中的重要作用。第 2 章深入分析了煤气化反应的化学机制，讨论了影响煤气化效率和产品质量的关键因素。第 3～5 章分别从前处理、煤气化和后续煤气净化三大角度阐述了煤气化处理全流程的技术工艺，同时也介绍了不同类型的煤气化反应器设计以及它们各自的优缺点。第 6 章和第 7 章从应用角度出发，为读者简要介绍了煤气化技术在发电产业和化工行业的应用情况和发展前景。每个章节都将理论与实践相结合，力求为读者提供一本能够深入理解煤气化技术的科技专著。章节中还包含了大量的图表和数据，以期帮助读者更好地把握技术细节和工业应用。希望能够为读者提供一个全面了解这一技术领域的平台，无论是学术研究者、行业工程师，还是对能源和环境问题感兴趣的普通读者，都能从中获益。

在本书编写过程中，参考了相关的专著和资料，谨在此向其作者表示感谢；也感谢参与本书资料搜集与整理的课题组学生刘浩、杨宇、何育臻、王岩、那洛瑒、贾骐好、吕子辰、张剑、田梓君、刘阿凤、袁泽瑞、俞孝文、李璞晗、张鑫悦，他们搜集整理的详实资料丰富了本书的内容；同时还要感谢为本书提供大量技术资料的企业和老师以及在出版过程中给予热情支持和大力帮助的单位和同志。

囿于篇幅和编者水平，对于这门工业生产过程，在内容的深度和广度上不可避免存在一定的局限性。本书不足之处，恳请读者批评指正。

著者
2024 年 1 月

目　录

第 4 章　煤气化技术 ———————————————— **91**

第 1 章

绪　论

1.1　煤气化技术的应用

1.1.1　煤化工及其特点

煤化工是指利用煤炭作为原料，通过化学转化或生物转化等方法，生产各种化工产品和能源的工业。煤化工是我国能源结构调整和转型升级的重要途径，也是我国化工产业的重要组成部分。

煤化工的主要特点有以下几点。

① 煤化工可以提高煤炭的附加值，增加经济效益。煤炭经过煤化工转化后，可以生产出多种高价值的化工产品，如甲醇、乙二醇、烯烃、芳烃、尿素、合成氨、合成油等，这些产品的市场需求量大，价格高，可以为煤炭企业带来更多的收益。

② 煤化工可以提高煤炭的利用率，减少环境污染。煤炭在煤化工过程中，可以实现全煤利用，不会产生煤渣、煤灰等固体废弃物，也可以降低煤炭的硫分、灰分等有害成分，减少二氧化硫、氮氧化物等大气污染物的排放。此外，煤化工还可以利用煤矿瓦斯、煤层气等煤炭开采过程中产生的可燃气体，将其转化为清洁能源，既可以提高能源利用效率，又可以避免瓦斯爆炸等安全事故。

③ 煤化工可以提高能源安全性，降低能源对外依存度。煤炭是我国最丰富的能源资源，占我国能源消费的比重超过 50%。但是，我国的石油、天然气等清洁能源资源相对匮乏，且需求量不断增加，导致对外依存度高，存在能源供应的风险。通过煤化工，可以将煤炭转化为液体燃料、气体燃料等替代能源，满足我国交通、工业、居民等各领域的能源需求，减少对外部能源的依

赖，增强我国的能源安全。

煤化工为我国的能源安全、经济发展和环境保护提供了重要的技术支撑。

1.1.2 煤气化应用展望

煤气化是煤化工的核心技术之一，是指将煤炭在高温、高压的条件下，与氧气、水蒸气或其他气体反应，生成一氧化碳、氢气等组成的合成气的过程。煤气化技术具有以下优点。

① 煤气化技术可以实现煤炭的多元化利用，生产多种化工产品和能源。合成气是一种重要的中间体，可以通过不同的催化剂和反应条件，进一步转化为甲醇、乙二醇、烯烃、芳烃、尿素、合成氨、合成油等多种化工产品和能源。这些产品具有广泛的应用领域，如化肥、塑料、纤维、涂料、医药、燃料等，可以满足我国经济社会发展的多方面需求。

② 煤气化技术可以实现煤炭的清洁化利用，降低环境影响。煤气化技术可以有效去除煤炭中的硫、氮、砷等有害元素，减少大气污染物的排放。同时，煤气化技术还可以实现二氧化碳的捕集和封存，减缓全球气候变化的影响。此外，煤气化技术还可以利用低品位煤、煤矸石等低质量煤炭资源，提高煤炭资源的利用效率。

③ 煤气化技术可以实现煤炭的高效化利用，提高能源效率。煤气化技术可以将煤炭转化为高热值的合成气，提高煤炭的能量密度。合成气可以通过燃气轮机、燃料电池等设备，进行高效的发电或联合循环发电，提高煤炭的发电效率。合成气还可以通过管道或压缩液化等方式，进行远距离的运输和储存，提高煤炭的运输效率。

煤气化技术的应用前景十分广阔，近年来煤气化正向着规模化和集成化、多样化和灵活化、低碳化和循环化方向不断发展。

① 煤气化技术的规模化和集成化。随着煤化工产业的发展，煤气化技术的规模也在不断扩大，需要建设更大的煤气化装置，提高煤气化的产能和效率。同时，煤气化技术也需要与其他技术进行集成，实现多种产品的联产，提高煤气化的经济性和竞争力。例如，煤气化联合循环发电技术（IGCC），可以将煤气化与发电技术相结合，实现煤炭的高效清洁发电。煤气化-费托合成技术（IG-FT），可以将煤气化与费托合成技术相结合，实现煤炭的液化转化。

② 煤气化技术的多样化和灵活化。随着煤化工产品的多样化需求，煤气化技术也需要适应不同的原料、产品和条件，实现煤气化的多样化和灵活化。

例如，煤气化技术可以利用生物质、垃圾、石油焦等非煤炭资源作为原料，实现多元化的煤气化。煤气化技术还可以根据不同的产品需求，调节合成气的组成比例，实现定向化的煤气化。

③ 煤气化技术的低碳化和循环化。随着全球气候变化的严峻挑战，煤气化技术也需要实现低碳化和循环化，减少温室气体的排放和资源的消耗。例如，煤气化技术可以结合二氧化碳的捕集、利用和封存技术（CCUS），将煤气化过程中产生的二氧化碳进行回收和再利用，或者将其注入地下储层，实现煤气化的低碳化。煤气化技术还可以结合水资源的循环利用和节约技术，减少煤气化过程中的水消耗和污染，实现煤气化的循环化。

综上所述，煤气化技术是煤化工的核心技术之一，具有多元化、清洁化、高效化等优点，可以实现煤炭资源的综合利用和转型升级。煤气化技术的应用前景十分广阔，有规模化、集成化、多样化、灵活化、低碳化、循环化等发展趋势，为我国的能源安全、经济发展和环境保护提供了重要的技术支撑。

1.2　煤气化技术的发展

1.2.1　煤气化发展概述

自 18 世纪以来，随着工业革命的发展，煤化工行业逐渐崛起，并在全球能源领域中占据了重要地位。煤化工的发展历史可以划分为初创时期、全面发展时期、萧条时期、再次崛起时期到升级发展时期。下面将对每个时期煤化工技术的演进和产业的发展进行介绍[1-4]。

（1）初创时期

1709 年，英国工程师 J. Bill 成功地制造出了焦炭，这是煤化工行业的第一个重要产品。随后，1792 年，苏格兰人 W. Murdoch 发明了干馏煤气法，将煤气用于家庭照明。18 世纪后半叶，随着工业革命的推进，煤化工行业逐渐兴起。这一时期的煤化工技术主要以生产冶金用焦和煤气为主。这些技术的出现标志着煤化工行业的初步发展。

在初期阶段，煤被用作燃料来产生蒸汽和电力。随着工业的发展和城市化进程的加快，社会对能源的需求不断增加。因此，煤化工行业逐渐发展起来，以提供更多的能源和化学品。这一时期的煤化工技术主要包括焦化和气化。焦化是将煤在高温下进行热解，产生焦炭、煤气和煤焦油等产品。气化是将煤与氧气和水蒸气反应，产生合成气和焦炭。合成气是一种重要的化工原料，可用于生产氨、甲醛、乙炔等化学品。

此外，这一时期还出现了许多与煤化工相关的发明和创新。18世纪末，德国化学家Friedrich Wöhler发明了用氨和二氧化碳合成尿素的方法，这是第一种由无机物质合成有机物的重大发明。这一成果为煤化工行业的发展开辟了新的道路。随后，19世纪初，德国化学家Fritz Haber发明了用氮和氢合成氨的方法，进一步推动了煤化工行业的发展。这些技术的出现为煤化工行业提供了新的发展方向和机会。

（2）全面发展时期

进入20世纪，随着工业的快速发展和第二次工业革命的到来，煤化工行业得到了全面发展。这一时期，炼焦、煤气生产和煤的干馏工业逐渐壮大，同时煤的化学加工也得到了发展。19世纪末到20世纪初，德国和美国的煤炭资源非常丰富，因此这些国家在煤化工行业处于领先地位。德国的鲁尔化学公司和美国的康宁玻璃公司是这一时期著名的煤化工企业之一。

在这一时期，新型的煤化工技术不断出现，包括煤直接液化、间接液化和气化等技术。煤直接液化是将煤与氢气在催化剂作用下反应，生成液体燃料。间接液化是将煤气化生成合成气，然后通过催化剂作用将合成气转化为液体燃料或化学品。气化是将煤与氧气和水蒸气反应，产生合成气和焦炭。这些技术的应用使得煤化工行业得以快速发展，并成为能源领域的重要组成部分。

此外，这一时期还出现了许多重要的煤化工产品和过程。例如，19世纪中叶，德国化学家Carl Bosch成功开发出了高压气化技术，使得煤气化过程更加高效和工业化。20世纪初，德国化学家Fritz Ziegler开发出了以苯酚为原料合成塑料的方法，为煤化工行业提供了新的发展方向。同时，在这一时期还出现了以煤为原料生产氨肥、染料、炸药等化学品的过程和方法。这些产品和过程的发明为煤化工行业的发展提供了强有力的支持。

（3）萧条时期

20世纪50年代到70年代初，随着石油和天然气资源的发现和开采，煤化工行业进入了一个萧条时期。石油和天然气的使用成本较低，且具有更好的燃烧性能和更少的环境污染，逐渐取代了煤作为主要能源来源的地位。此外，第二次世界大战后，随着世界各国经济的恢复和发展，对能源的需求不断增加，石油和天然气的供应相对充足，也加速了煤化工行业的萧条。这一时期，许多煤化工企业陷入了困境，技术进步缓慢，产业规模缩小。

尽管如此，一些国家仍然致力于发展煤化工产业。例如，中国在20世纪

60 年代开始大规模建设煤炭能源基地，并引进了先进的煤气化技术来提高能源利用效率。此外，一些发达国家也在这一时期开始探索将煤炭资源转化为燃料和化学品的新技术。例如，美国在 20 世纪 70 年代初开始研究将煤炭直接液化的技术，并取得了一些重要的成果。

（4）再次崛起时期

20 世纪 70 年代初，中东战争爆发，石油价格大幅上涨，全球石油供应紧张，这为煤化工行业的再次崛起提供了契机。各国政府和企业开始重视可再生能源的开发和利用，以缓解能源供应的压力。在此背景下，煤化工行业再次受到关注，各国开始加大投入进行煤化工技术的研究和开发。这一时期出现了许多新型煤化工技术，如水煤浆技术、甲醇合成汽油技术等。这些技术的应用使得煤化工行业得以快速发展，并成为二次能源领域的重要组成部分。

（5）升级发展时期

随着技术的不断进步和发展以及全球环保意识的提高，现代煤化工产业逐渐向高效、环保、可持续发展的方向迈进。例如，新型的煤气化技术和先进的污染控制技术可以使煤化工产业在生产过程中实现低排放或零排放；同时，一些新的煤化工技术也可以使煤炭资源得到更充分的利用，从而提高能源利用效率并减少对环境的影响；另外，现代煤化工产业还可以通过与其他可再生能源的结合，实现多元化的能源供应，提高能源安全性。

首先，新型煤气化技术的应用为煤化工行业带来了新的发展机遇。煤气化技术是将煤转化为合成气的重要手段，是煤化工行业的基础。随着技术的不断进步，新型煤气化技术如气流床气化、流化床气化等逐渐得到广泛应用。这些技术具有更高的能源转化效率和更低的环境污染，为煤化工行业的发展提供了有力支持。

其次，甲醇合成汽油技术的发展也为煤化工行业的再次崛起作出了重要贡献。甲醇合成汽油技术是一种将甲醇转化为汽油的重要技术手段。随着技术的不断进步，甲醇合成汽油的效率和品质都得到了大幅提升。通过该技术的应用，不仅可以生产出高质量的汽油产品，还可以实现煤炭资源的充分利用，提高能源利用效率。

此外，煤化工行业的发展还受到了政府政策的支持。许多国家都出台了相关政策来鼓励和支持煤化工行业的发展。例如，中国政府在"十四五"规划中提出了要大力发展现代煤化工产业，推动煤炭清洁高效利用，促进能源结构调整和优化。这些政策的出台为煤化工行业的发展提供了有力保障。

综上所述，煤化工行业经历了从初创时期、全面发展时期、萧条时期到再次崛起时期的历史演变，现在已经进入了全新升级发展时期。在这个过程中，煤化工技术不断改进和发展，从最初的炼焦和煤气生产到现代的新型煤化工技术，如水煤浆技术和甲醇合成汽油技术等。虽然石油和天然气的发现和开采对煤化工行业造成了冲击，但随着石油价格的上涨和全球能源供应的压力，煤化工行业再次崛起并成为可再生能源领域的重要组成部分。未来随着能源结构的调整和环保要求的提高，煤化工行业将继续朝着高效、环保、可持续发展的方向迈进。

1.2.2　煤气化发展趋势

煤气化技术是一种将固体煤转化为可燃气体的过程，产生的合成气可用于发电、燃料生产以及化学品制造等领域。随着全球能源需求的增加和对清洁能源的迫切需求，煤气化技术逐渐成为研究的焦点。随着技术的进步，煤气化不仅在传统的能源领域得到应用，还在其他领域取得了显著的应用拓展。在能源领域，煤气化产生的合成气被广泛应用于发电和液体燃料的生产。在化学工业中，合成气可用于合成甲醇、氨等化学品。此外，煤气化技术在煤制油、化肥生产、高端化工品制造等领域也逐渐发挥着重要作用[5-7]。

未来，煤气化技术将朝着更为可持续和清洁的方向发展。可持续发展是当今全球社会面临的一项紧迫任务，而煤气化技术正逐渐成为实现这一目标的关键技术之一。

首先，碳捕获与储存（CCS）。随着社会对气候变化的关注日益增加，减少二氧化碳排放成为全球可持续发展的核心任务之一。在煤气化技术中，通过引入碳捕获与储存技术，可以有效减少燃烧过程中产生的二氧化碳释放到大气中的量。碳捕获与储存技术通过将二氧化碳从煤气中分离，并将其安全储存在地下，实现了煤气化过程的碳中和。这不仅有助于满足渐增的能源需求，还可以显著减缓气候变化的不良影响。值得注意的是，全球各地已经涌现出一系列碳捕获与储存的示范项目。这些项目通过在发电厂和化工厂等领域的应用，为推动煤气化技术向更为环保和可持续发展的方向迈进提供了有力的支持。未来，碳捕获与储存技术将成为煤气化技术不可或缺的一部分，为可持续发展注入新的动力。

第二，煤气化联产技术创新。煤气化联产技术是指通过一次煤气化过程，同时产生多种有价值的产物。这种技术极大地提高了资源的利用效率，减少了废物的产生，符合可持续发展的理念。其中，气化-制氢、气化-合成氨等联产技术备受关注。在气化-制氢过程中，通过煤气化反应产生的合成气可直接用于制取氢气。氢气是一种清洁能源，可用于燃料电池、工业制备等领域。这不仅提高了煤气化的经济效益，同时也减少了对传统燃料的需求，为可持续能源的应用提供了有力支持。在气化-合成氨过程中，合成气经过一系列反应制得氨。氨是化肥和多种化学品的重要原料，其制备过程中嵌套的气化技术使得煤气化产业在化工领域的应用更加广泛。通过这种联产技术，煤气化产业的产值得以提升，同时降低了对自然资源的过度依赖，推动了可持续发展。

第三，可再生能源整合。随着可再生能源技术的不断进步，将其与煤气化技术整合成为实现可持续发展的重要途径之一。太阳能、风能等可再生能源的不稳定性一直是其应用的制约因素，而煤气化技术的灵活性使其能够应对这种不稳定性。通过在煤气化过程中引入可再生能源，不仅可以提高能源利用效率，还能够实现能源的可储存性，从而更好地适应不同的能源需求。煤气化技术与太阳能、风能的结合还可以产生更为清洁的合成气，进一步减少了燃烧过程中的污染物排放。这种清洁合成气可以广泛应用于发电、液体燃料的生产等领域，为实现低碳经济提供了新的路径。

然而，尽管煤气化技术在可持续发展方面有了巨大进步，但仍然面临一些挑战[8-10]。首先，高效、低成本的碳捕获与储存技术仍然是一个亟待解决的问题。其次，煤炭资源的开采和利用会对环境造成一定的影响，需要采取相应的环保措施来减少对环境的影响，并且煤气化技术在大规模应用中可能受到地理位置、资源可及性等因素的限制，需要在不同地区找到适用的技术解决方案。同时，煤化工行业在生产过程中会产生大量的废水和废气，需要采取相应的治理措施使其达到环保标准。最后，社会对煤气化技术的接受度也是影响其可持续发展的因素之一，公众对于环保、安全等问题的关切需要引起重视。

为了应对这些挑战，许多煤化工企业开始加强技术创新和环保管理，提高生产效率和环保水平。同时，也应该加大科研投入，推动碳捕获与储存技术的创新；建立多能源供应体系，提高能源的整合利用效率；加强社会宣传与教育，提高公众对煤气化技术的了解程度。通过这些努力，煤气化技术将更好地融入全球可持续发展的格局。

总之，煤气化技术在可持续发展方面正朝着碳中和、资源高效利用、可再生能源整合等多个方向积极发展。通过碳捕获与储存技术的应用、煤气化联产技术的创新以及可再生能源的整合，煤气化技术将更好地满足能源需求，减少环境影响，促进经济可持续发展。然而，仍需科研人员、产业界和政府共同努力，解决面临的挑战，推动煤气化技术朝着更为可持续的未来迈进，为全球能源和环境问题的解决提供更为切实可行的方案。

1.3 煤气化研究方法

1.3.1 煤气化实验研究

煤气化实验研究的方法多样，有热重分析法（TGA）、管式沉降炉法、金属丝网加热法和等离子法等，最常用的方法是热重分析法和管式沉降炉法。

（1）热重分析法

TGA 是指将样品静置于坩埚，提前设定好升温及气氛控制程序，得到样品在特定气氛及升温条件下的质量、差热等随时间变化等信息的一种热分析技术。由测得的信息可计算出样品失重过程中的反应活性与各特征参数。该方法所需样品质量较少，通过改变供给气体流速以及样品质量，可减少外扩散对样品燃烧的影响，所得参数重复性较好，且能够达到一般研究所需的精度和灵敏度。

热重分析法可分为加热条件持续变化的动态分析法和维持加热条件不变的静态分析法。动态法又叫程序升温热重法，由于其升温速率较低，导致煤粉在较低温度下就已燃尽，与实际燃烧过程有很大差别而不被采用。静态分析法，又称恒压热重法和恒温热重法，研究的是样品在保持压力不变或温度不变的条件下其质量损失量的变化规律。

孙锐等[11] 在 TGA/SDTA851 型热重分析仪上，对四种经历不同热过程的焦炭进行等温热重实验，实验温度范围为 773～1023K，研究了煤焦燃烧反应动力学特性及其影响因素。结合半转化率法和等转化率法将求得的活化能进行了比较，结果显示二者在化学反应动力区的反应活化能很接近。

张力等[12] 利用综合热分析仪以非等温热重法研究了升温速率及粒径对两种劣质煤粉在 CO_2 气氛下气化反应特性的影响规律，考察了灰分对该煤气化反应特性的影响，并采用均相反应模型（HM），利用 Freeman-Carroll 法计算拟合得到各条件下气化反应动力学参数，结果表明，两种劣质煤 CO_2 气化反应级数都是 1.0 级。

王俊琪等[13] 采用 TGA/SDTA851 型热天平对不同煤种、不同升温速率、不同灰煤比下的煤快速热解特性进行了试验研究，并采用 Coast-Redfern 积分方法分别对煤的热解动力特性和灰对煤的热解动力特性的影响进行了分析求解，得出了煤热解的表观动力学参数。

王贤华等[14]采用加压热重分析仪研究了神府煤在不同压力下的热解失重特性，采用挥发分释放综合特性指数（D）与非等温法，结合不同的扩散机制函数分析了神府煤加压热解动力学机制。热解反应动力学参数采用三维球扩散（Jander方程）机制函数分析，结果表明，三维球扩散模型比较适合神府煤的加压热解机制，低温段活化能随热解压力的增大先增大后减小，但明显高于高温段热解活化能。

许慎启等[15]用加压热天平对神府煤焦与CO_2的气化反应进行分析，考察了温度、压力对神府煤焦与CO_2气化动力学特性的影响及气化反应速率随反应时间变化的关系，并建立了正态分布动力学经验模型。并与随机孔模型比较分析，结果表明正态分布时间模型能较好地描述煤焦的气化反应速率随时间的变化过程。

陈鸿伟等[16]采用SDTQ600型差示扫描量热仪与热重分析仪等设备，利用等转化率法计算气化反应活化能，并比较了不同模型计算值与等转化率法计算值的相似度，以确定较为符合准东煤气化过程的反应动力学模型。

（2）管式沉降炉法

管式沉降炉（DTF）因具有较高的炉温和升温速率（可达$10^4 \sim 10^5$ K/s）以及颗粒在炉内停留时间较短等条件，使其能够很好地模拟实际炉膛工况。

DTF包含燃烧器与燃烧室两部分，其主体又分为着火段及燃尽段。着火段最高温度可升至1000℃，适合各种煤的着火条件。燃尽段温度最高可达到1500℃，接近实际煤粉锅炉的最高温度范围，并且煤粉在燃烧时处于运动状态，与实际锅炉情况类似。但是由于DTF的燃烧室体积较小，煤粉火焰的稳定性较差，这使得DTF实验不受控制的因素较多。

（3）金属丝网加热法

金属丝网加热法是在高压环境下，通过电流流过耐高温腐蚀的特殊金属丝网，使其瞬间达到高温状态，加热丝网上的煤粉，产生高温高压的反应条件。此装置可以广泛地应用于煤在加压条件下的热解、气化和燃烧等多种化学反应过程的研究。

这种方法的优点在于能独立控制环境压力、加热速率和终温，且加热速率快（可达104℃/s），终温高（最高可达2000℃）。缺点是金属丝加热本身及金属丝与煤粒之间的传热均存在着一个滞后时间，这就增加了实验的不确定性；此外，要在金属丝网内埋入只有一颗粒厚度的煤层来测量煤粉温度是困难的，将金属丝的温度直接视为煤粉的温度，也是不严格的[17]。

（4）等离子法

等离子法即等离子体煤气化，是指煤在氧化性电弧等离子体气氛中（如氧气、空气、二氧化碳、水蒸气或它们的混合物）生成合成气的方法。

采用热等离子体技术由粉煤直接生产乙炔，具有环境友好、能耗低、流程简单、生产能力大、经济效益好的优点，是一条具有工业发展前景的先进工艺路线。在目前开发过程中，等离子热解反应器结焦堵塞、系统运行的稳定性差、完整的系统集成与优化、乙炔收率和能量利用率的提高等问题需要进一步研究攻克。目前，等离子体辅助煤气化的研究在我国尚处于起步阶段，需要解决的问题很多，在等离子体中的煤气化反应动力学实验研究数据还较少。

1.3.2 反应动力学研究

气化炉概念上分为三个反应区：热解和挥发燃烧区、燃烧气化区和气化区。气化化学反应主要包括如下三个过程：热解过程、燃烧气化过程以及污染物生成过程。

（1）热解过程

热解过程主要是挥发分析出，主要有以下经验模型用于模拟脱挥发分。

单——阶反应模型（SFOM）[18]，脱挥发分速率的温度依赖性由 Arrhenius 方程控制，然而，它不能准确地遵循在不同温度范围内被激活的热解过程中发生的复杂的竞争反应。

$$\frac{dY}{dt} = (Y_0 - Y) A T^{\rho} e^{-E/(RT_P)} \tag{1-1}$$

式（1-1）为双竞争反应热解模型（C2SM）[19]，该模型基于不同温度下两个平行的竞争反应，产生挥发分和焦炭以及来自原煤的固体副产物。双竞争反应模型方程如下：

$$Y_{vol}(t) = \int_0^t (a_1 r_1 + a_2 r_2) \exp\left(-\int_0^t (r_1 + r_2) dt\right) dt \tag{1-2}$$

$$r_{1,2} = k_{1,2} \exp\left(\frac{-E_{1,2}}{RT_P}\right) \tag{1-3}$$

Fletcher 等[20] 提出了一步全局反应来模拟挥发分析出，其中化学计量系数由工业分析和元素分析确定，反应方程式如下：

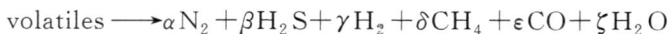

$$volatiles \longrightarrow \alpha N_2 + \beta H_2 S + \gamma H_2 + \delta CH_4 + \varepsilon CO + \zeta H_2 O$$

Grant 等[21] 和 Fletcher 等[22] 提出了化学渗透脱挥发分（CPD）模型，该模型利用渗透理论的结构特征来描述焦油的产率和质量分布，以及从化学断裂键中获得的轻质气体。模型中轻质气体的产率取决于所罗门所描述的常规化学动力学，但焦油的释放和炭化过程受渗透理论描述的晶格统计的影响。用 CPD 模型和粒子平均加热速率来估算挥发分的质量分数。

Solomon 等[23-25] 将气体析出的官能团模型（FG）和焦油形成的统计模型（DVC）结合在一起，提出了挥发分析出 FG-DVC 模型，其中改进的领域包括：①细化了关于内部和外部运输的假设；②除了乙烯以外，还解释了氢化结构和桥键结构；③包括了聚甲烯分子。该模型能精确预测压力、脱挥发分温度、等级和升温速率的变化。

Niksa 等[26,27] 提出了 FLASHCHAIN 分布式能键模型，该模型理论引用了一个新的煤化学组成、一个四步反应机理、链式统计和闪蒸类比模型来解释各类煤种的脱挥发分，在任何条件下可为任何煤提供可靠的气体和焦油产率以及焦油的分子量分布。

Vascellari 等[28] 开发了一种煤热解动力学预处理器（PKP）软件，按照下面的步骤执行：①根据工业分析和元素分析来定义网络模型的动力学参数；②使用粒子加热速率作为输入，从网络模型中估算脱挥发分产率和速率；③通过最小化定义的目标函数，校准经验模型参数；④考虑从校准获得的动力学参数进行 CFD 模拟。最后，可以从 CFD 模拟中获得准确的粒子加热速率，并且可以重复步骤②～④直到得到收敛解。

（2）燃烧气化过程

煤气化动力学模型主要有缩核模型、体积模型、随机孔模型。

Zhang 等[29] 采用 Wen 等[30] 使用的未反应核收缩模型模拟焦炭气化过程，该模型所考虑的四个非均相反应如下：

$$C(s) + \lambda O_2 \longrightarrow 2(1-\lambda)CO + (2\lambda - 1)CO_2$$

$$C(s) + H_2O \Longleftrightarrow CO + H_2$$

$$C(s) + CO_2 \longrightarrow 2CO$$

$$C(s) + 2H_2 \longrightarrow CH_4$$

气相反应由以下五个反应描述，其中前三个反应是著名的 Jones-Lindstedt 机理[31]，第四个反应来自 DeSouza-Santos[32]，只有第四个反应可逆，而剩下的四个反应不可逆。

$$H_2 + 0.5O_2 \longrightarrow H_2O$$

$$CH_4 + 0.5O_2 \longrightarrow CO + 2H_2$$

$$CH_4 + H_2O \longrightarrow CO + 3H_2$$

$$CO + H_2O \Longleftrightarrow CO_2 + H_2$$

$$CO + 0.5O_2 \longrightarrow CO_2$$

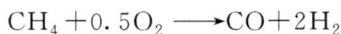

Halama 等[33] 认为焦炭与 H_2 可能发生反应，且反应速度比其他非均相气化反应慢几个数量级。只考虑了焦炭与 O_2、CO_2 和 H_2O 发生反应的方程，忽略了与 H_2 发生的反应。

$$C + \frac{1}{2}O_2 \longrightarrow CO$$

$$C + CO_2 \longrightarrow 2CO$$

$$C + H_2O \longrightarrow CO + H_2$$

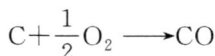

气相反应采用如下 Jones-Lindstedt 碳氢燃烧方程以及 Westbrook & Dryer 加入的反应动力学方程，忽略了公式 $H_2 + \frac{1}{2}O_2 \Longleftrightarrow H_2O$ 的向后反应。

$$C_x H_y O_z N_a + \left(\frac{x-z}{2}\right)O_2 \longrightarrow xCO + \frac{y}{2}H_2 + \frac{a}{2}N_2$$

$$C_x H_y O_z N_a + (x-z)H_2O \longrightarrow xCO + \left[\frac{y}{2} + (x-z)\right]H_2 + \frac{a}{2}N_2$$

$$H_2 + \frac{1}{2}O_2 \Longleftrightarrow H_2O$$

$$CO + H_2O \Longleftrightarrow CO_2 + H_2$$

$$CO + \frac{1}{2}O_2 \longrightarrow CO_2$$

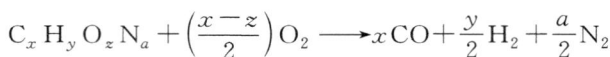

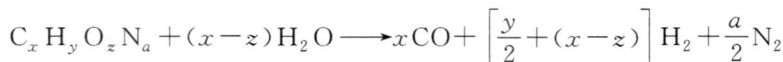

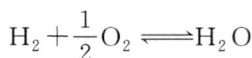

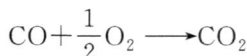

Bhatia 等[34,35] 提出了随机孔模型（RPM），通过引入孔结构参数 ψ，成功地描述了气固反应过程中固体反应物孔结构的变化对反应速率的影响。RPM 认为多孔介质由具有任意孔径分布的圆柱孔构成，气化反应主要在微孔内表面上进行，反应速率与孔结构的变化直接相关，即与微孔表面积变化成正比。孔结构的变化是孔扩容和孔重叠（合并）效应相互竞争的结果，孔扩容效应使微孔的总表面积增大，而孔重叠效应则导致孔总表面积减小。此外，假定气化反应在动力学区域进行，忽略气体扩散的影响。由此得到反应速率随时间或转化率的变化关系式为：

$$X = 1 - \exp\left[-\tau\left(1 + \frac{\psi\tau}{4}\right)\right] \tag{1-4}$$

$$\frac{dX}{d\tau} = (1-X)[1 - \psi\ln(1-X)]^{1/2} \tag{1-5}$$

$$\tau = \frac{K_s C^n S_0 t}{1-\varepsilon_0} \tag{1-6}$$

$$\psi = \frac{4\pi L_0 (1-\varepsilon_0)}{S_0^2} \tag{1-7}$$

式中，X 为转化率；τ 为无因次时间；K_s 为表面反应速率常数；C^n 为气体局部浓度；t 为反应时间；S_0、L_0、ε_0 分别为初始比表面积、初始孔总长以及初始孔隙率。

RPM 可以很好地解释炭、煤焦在动力学控制区的气化行为，既适用于存在最大反应速率的情况，也适用于反应速率逐步减小的情况。

Bhatia 等[36] 于 1996 年针对之前的 RPM 进行了修改，提出离散随机孔模型，该模型考虑了微孔间的离散因素，引入离散参数 α，使 ψ 减小，使模拟值与实验值吻合得更好。α 表示微孔固体离散性的相对重要性，当 $\alpha \to 0$ 时，离散随机孔模型和随机孔模型完全相同。

Gupta 和 Bhatia[37] 于 2000 年又对离散随机孔模型提出了修改，主要考虑了附有官能团或氢的初始孔表面与随后出现的新孔表面反应性的差异。不过这种改进在解释低转化反应和表面积演变，有一定的意义，但在焦炭-蒸汽反应数据上，改进效果不明显。

Halama 等[33] 认为高温使碳颗粒内部孔隙闭合，这种影响不能用随机孔隙模型来描述，为此，提出了一种新的高温孔隙结构模型。该模型基于以下假设：

① 粒子建模为柱状孔（碳基质）和矿物质均匀分布的球形微孔模型；

② 内表面积是由平均孔径和孔隙系统的总长度 L_{pore} 确定的；

③ 外部表面积作为一个球体的多孔表面计算；

④ 孔隙交叉导致孔隙系统总长度减小；

⑤ 孔隙闭合和粒径减小，或碳基体体积减小，导致孔隙系统总长度和孔隙容积减少；

⑥ 孔隙结构参数基于粒子热运动轨迹针对每一个粒子时间步长分别计算。

在特定的燃烧条件下，各种孔隙大小参与反应和气化反应的发生对整个转化和温度演化有不可忽视的影响，Singer 等[38] 建立了多孔煤焦颗粒气化和燃烧的综合预测模型，该模型是一个反应性多孔煤焦颗粒及其周围边界层的一维、球对称、瞬态模型，采用自适应随机孔隙模型和一致通量方程来描述一个不断发展的多模态孔隙结构。

顾菁等[39] 根据前人的研究结果对随机孔模型进行了修正，考虑使用机理函数 Avrami-Erofeev 方程（随机核化模型）$[-\ln(1-x)]^{1/3} = K_s C_{A0}^n t$。所得修正随机孔模型的碳转化率（$X$）与反应时间（$t$）的关系表达式为：

$$X=1-\exp\left[-kt(a+bkt+k^2t^2)\right] \tag{1-8}$$

式中，$k=K_sC_{A0}^n$，C_{A0}^n 为初始气体反应物浓度；n 为气体反应级数；结构参数 $a=\dfrac{S_0}{1-\varepsilon_0}$，$b=\dfrac{\pi L_0}{1-\varepsilon_0}$，代表了孔结构对煤焦气化特性的影响。

然后对淮南煤和贵州煤进行了实验，并与未反应核收缩模型和随机孔模型进行比较。结果表明，修正随机孔模型的拟合效果优于随机孔模型和未反应核收缩模型的拟合效果，能很好地体现煤焦气化反应的动力学特征，且该模型适用于不同煤焦的气化反应模拟。

（3）污染物生成过程

煤气化过程中主要生成氮和硫相关污染物[40]。对于氮氧化物，只考虑燃料型 NO_x 的生成机理，因为在煤燃烧过程的热力型 NO_x、快速型 NO_x 和燃料型 NO_x 生成中，燃料型 NO_x 占主导地位。一般来说，煤中的 N 元素在挥发分析出过程中首先转化为氮氧化物的中间物，如 HCN 和/或 NH_3。然后这两个中间物质形成 NO_x 或氧化成 N_2。在一步法脱挥发分过程中，只有 N_2 重新释放，NH_3 和/或 HCN 的形成需要进一步考虑，用下列反应模拟 NO/NH_3/HCN 的生成：

$$NH_3 \Longleftrightarrow 0.5N_2+1.5H_2$$
$$NH_3+0.75O_2 \Longleftrightarrow 0.5N_2+1.5H_2O$$
$$NO+NH_3+0.25O_2 \Longleftrightarrow N_2+1.5H_2O$$
$$NH_3+1.25O_2 \Longleftrightarrow NO+1.5H_2O$$
$$HCN+H_2O \Longleftrightarrow NH_3+CO$$

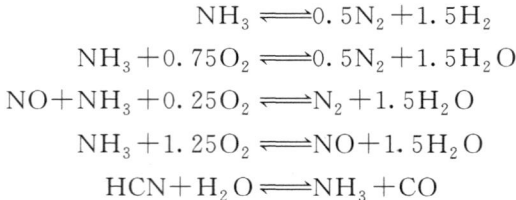

脱挥发分过程中释放的以硫化氢形式存在的硫可以进一步与 O_2 和 CO 反应，由以下三个全局反应描述硫化物的形成：

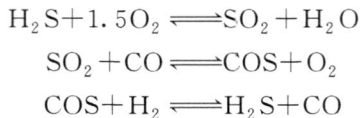

$$H_2S+1.5O_2 \Longleftrightarrow SO_2+H_2O$$
$$SO_2+CO \Longleftrightarrow COS+O_2$$
$$COS+H_2 \Longleftrightarrow H_2S+CO$$

1.3.3 其他研究方法

范峻铭等[40] 将模拟分为煤热解、气体燃烧和气化反应 3 个过程，以未反应核收缩模型为依据，利用 Aspen Plus 模拟软件对水煤浆气化过程进行了动力学模拟，动力学反应通过外部 Fortran 编写子程序，利用 DⅡ 动态链接进行数据传递，着重研究了受动力学控制的 Texaco 煤浆气化过程。

郭斯茂等[41] 发明和研制出了超临界水流化床反应器，实现了高浓度煤浆的连续高效气化。超临界水气化技术从原理上避免了传统煤燃烧/气化过程伴生的 SO_x、NO_x 以及悬浮颗粒物等污染物，同时能很方便地实现煤气化后的富集与捕集。

对反应器几何模型的数值计算采用 RNG k-ε 湍流模型，并使用增强壁面函数法计算连续相流场；采用 ICEM 生成结构化网格，并满足网格无关性以及湍流 $y^+ < 1$。由于所涉及的工况处于流化床稀相区，所以仅考虑颗粒与超临界水相的相互作用，不考虑颗粒与颗粒的碰撞，采用颗粒随机轨道模型计算颗粒轨迹。质量、动量、能量方程及组分输运方程采用 SIMPLE 算法在 Fluent 求解器中耦合求解，对流项采用 QUICK 格式。壁面与流体之间的辐射计算采用 P1 模型。

刘皓等[42] 建立了一套能同时实现高温高压和快速加热的实验设备和研究方法，使煤气化反应动力学基础研究能在与实际气流床煤气化炉相近的条件下进行。实验设备为一个特制的高温加压流化床，容器内的温度通过调节冷却水流量来控制，压力通过调节高压氮气和背压阀维持；预热过程中用压缩空气作为流化介质，正式实验时切换成二氧化碳与氮气的混合气。结果表明，高温快速加热条件下，除了温度以外，CO_2 分压是影响煤气化特性的重要因素。

梁杰等[43] 通过刘庄煤与二氧化碳和水蒸气反应活性实验，研究了煤气化过程中 CO_2 还原反应和 H_2O（g）分解反应的动力学特征，确定了其化学反应的速率表达式，根据测得的反应速率常数，结合 Arrhenius 图求出频率因子和活化能。

陈晓辉等[44] 利用化工动力学软件 CHEMKIN 建立了流化床-气流床耦合反应器等效网络模型，在直径为 300mm 反应器中的煤气化实验结果基础上，充分考虑耦合反应器不同区域物料间的两相流动、传质传热，对耦合反应器各部分流体力学特征以及耦合反应器中不同区域的化学反应进行了分析。利用模型对飞灰的碳转化率、耦合反应器的碳转化率、耦合反应器内温度分布及物料停留时间进行计算。对比单独流化床煤气化，耦合后气化炉出口气体组成中 CO 含量升高，CO_2 含量降低，其他气体含量无明显变化。

弥勇等[45] 通过对典型煤气化过程建立 Aspen 模型进行模拟分析，较好地模拟了煤气化过程，优化并确定其气化温度、平衡温度、氧耗、氧煤比、蒸汽量、蒸汽煤比、煤气成分和热损失等工艺参数，可以为过程设计提供充分和可靠的依据。

刘志宾等[46] 采用小室建模方法，在质量、能量平衡的基础上建立了Texaco 煤气化炉的稳态动力学模型。建立的模型为连续小室未反应核收缩模型，即将煤的高温分解和挥发分燃烧区视为一个独立"小室"（约为气化炉高度的 1/20），沿气化炉高度方向将煤焦燃烧区以及气化区分成若干小室，每个小室看作一个独立的参数单元。模型仿真结果与多个煤种的气化试验数据相吻合。

吴学成等[47] 采用 C++语言程序编写了挥发分析出模型、气化模型和能量方程，气化反应速度采用四阶 Runge-Kutta 公式计算。模型编写中考虑了煤热解和气化所经历的各反应过程，如 $C-O_2$、$C-H_2O$、$C-CO_2$、$C-H_2$ 等异相反应以及挥发分燃烧、水煤气平衡、甲烷蒸汽重整等均相反应。

阎琪轩等[48] 通过采用 n 级速率方程和 L-H 速率方程研究分压对气化速率的影响，结果发现，二者所得的参数都随总压发生变化，因而在总压变化时都不适用。因此，提出一种简单实用的经验速率方程式来定量描述 CO_2 分压对煤气化速率的影响。经误差分析，所提出的经验速率方程模拟误差都小于10%，能较好地预测煤焦 CO_2 气化反应速率。

邓中乙等[49] 借助 CFD 软件平台首次建立了三维喷动流化床气化动力学模型。建立的模型中包含以下子模型：气固流动模型，煤的挥发分析出模型，焦炭气固非均相反应模型，气相间的均相反应模型。模型中采用动力学平衡模型来描述挥发分释放后的产物分布，假设焦炭的非均相反应速率是由气体的扩散和化学反应动力学共同控制，而气相间的反应完全由反应动力学因素控制。

李伟伟等[50] 以神木煤焦为研究对象，在小型加压固定床上考察了不同气化剂（水蒸气、二氧化碳、氢气）、催化剂负载量、水蒸气分压、氢气分压和一氧化碳分压对碳转化率和气化反应速率的影响。基于 Langmuir-Hinshel-wood（L-H）方程，结合随机孔模型，同时考虑催化剂负载量及气化产物分压的影响，建立了煤焦催化水蒸气气化动力学模型，模型预测反应速率常数与实验值误差在 10% 以内，说明建立的动力学模型可以较好地模拟煤焦的催化水蒸气气化反应过程。

针对煤的催化气化反应中以往的动力学模型不再适用这一情况，许多研究者以气固非催化缩核反应动力学模型为基础，考虑催化剂对反应的作用，并将催化剂的影响因素用一个催化有效因子函数来表达，该函数包括催化剂的催化能力、加入量以及滞留效应等。张泽凯等[51] 建立了适合于煤催化气化反应的修正缩核反应动力学模型，王黎等[52] 建立了适用于煤焦催化气化反应的修正随机孔模型。

　　针对煤气化实验和反应动力学研究前人已做了大量工作，随着煤气化技术的不断革新，研究煤气化动力学的技术手段也一直在改进，产生了许多研究煤气化反应动力学的方法，这些方法的提出和改进给煤气化技术的发展提供了很多有价值的参考，并为煤气化的工业化提供了重要的指导。但是由于煤气化动力学研究手段和方法的多样性，不同研究者得到的气化反应动力学数据存在一定差异。

　　我国在煤气化的研究和生产方面虽已取得一定成绩，但仍需要加快研究步伐，创新提高气化炉的质量和性能，为煤气化的大规模化工业应用提供指导，特别是在整体煤气化燃料电池发电技术研究方面，要持续加大研发投入，从而实现煤电技术的根本性变革。

参考文献

[1]　孙广，赵子忠，刘友，等．煤炭气化发展现状及趋势 [C] //2007 中国钢铁年会，2007.

[2]　王立庆．我国煤气化技术概况及发展趋势 [J]．氮肥与合成气，2014 (9)：1-7.

[3]　汪寿建．国内外新型煤化工及煤气化技术发展动态分析 [J]．化肥设计，2011，49 (1)：1-5.

[4]　戴厚良，何祚云．煤气化技术发展的现状和进展 [J]．石油炼制与化工，2014，45 (4)：1-7.

[5]　汪寿建．现代煤气化技术发展趋势及应用综述 [J]．化工进展，2016，35 (3)：6-17.

[6]　唐宏青．煤气化技术发展动向 [C] //全国化工合成氨设计技术中心站技术交流会．中国石油和化工勘察设计协会，2014.

[7]　赵勇．煤炭气化产业的发展现状和工业化前景 [J]．化肥设计，2009 (2)：10-12，19.

[8]　步学朋，忻仕河，王鹏，等．煤炭气化发展及应用中的热点问题探讨 [J]．洁净煤技术，2007，13 (2)：59-63.

[9]　裴双．煤炭气化发展及应用中的热点问题探讨 [J]．工程技术：全文版，2023.

[10]　高磊，王越，马飞．煤炭气化发展及应用标准中的热点问题探讨 [J]．中国石油和化工标准与质量，2021 (21)：7-8.

[11]　孙锐，廖坚，Kelebopile L，等．温热重分析法对煤焦反应动力学特性研究 [J]．煤炭转化，2010：57-63.

[12]　张力，彭锦，杨仲卿．CO_2 气氛下劣质煤气化及动力学特性实验研究 [J]．热能动力工程，2012 (3)：72-77，130.

[13]　王俊琪，方梦祥，骆仲泱，等．煤的快速热解动力学研究 [J]．中国电机工程学报，2007 (17)：20-24.

[14]　王贤华，鞠付栋，杨海平，等．神府煤加压热解特性及热解动力学分析 [J]．中国电机工程学报，2011，31 (11)：42-46.

[15]　许慎启，周志杰，杨帆，等．神府煤焦与 CO_2 的气化反应动力学分析 [J]．中国电机工程学报，2009，29 (2)：43-48.

[16] 陈鸿伟，穆兴龙，王远鑫，等. 准东煤气化动力学模型研究 [J]. 动力工程学报，2016，36 (9)：690-696.

[17] 代松涛，许慎启，于广锁. 煤气化反应动力学实验研究方法进展 [J]. 煤炭转化，2008 (3)：90-95.

[18] Badzioch S，Hawksley P. Kinetics of thermal decomposition of pulverized coal particles [J]. Ind. Eng. Chem. Process Des. Develop.，1970，9 (5)：521-530.

[19] Kobayashi H，Howard J B，Sarofim A F. Coal devolatilization at high temperatures [J]. Proc. Combust. Inst.，1977，16 (1)：411-425.

[20] Fletcher T H，Kerstein A R，Pugmire R J，et al. Chemical percolation model for devolatilization. 2. Temperature and heating rate effects on product yields [J]. Energy Fuels，1990，4 (1)：54-60.

[21] Grant D M，Perlmutte D D. Chemical model of coal devolatilization using percolation lattice statistics [J]. Energy Fuels，1989，3 (2)：175-186.

[22] Fletcher T H，Kerstein A R，Pugmire R J，et al. Chemical percolation model for devolatilization. 3. Direct use of carbon 13 NMR data to predict effects of coal type [J]. Energy Fuels，1992，6 (4)：414-431.

[23] Solomon P R，Hamblen D G，Carangelo R M，et al. General model of coal devolatilization [J]. Energy Fuels，1988，2 (4)：405-422.

[24] Solomon P R，Hamblen D G，Carangelo R M，et al. Models of tar formation during coal devolatilization [J]. Combustion and Flame，1988，71 (2)：137-146.

[25] Solomon P R，Hamblen D G，Yu Z Z，et al. Network models of coal thermal decomposition [J]. Fuel，1990，69 (6)：754-763.

[26] Niksa S，Kerstein A R. The distributed-energy chain model for rapid coal devolatilization kinetics. Part I. Formulation [J]. Combustion and Flame，1986，66 (2)：95-109.

[27] Niksa S，Kerstein A R. On the role of macromolecular configuration in rapid coal devolatilization [J]. Fuel，1987，66 (10)：1389-1399.

[28] Vascellari M，Arora R，Pollack M，et al. Simulation of entrained flow gasification with advanced coal conversion submodels. Part 1：Pyrolysis [J]. Fuel，2013，113：654-669.

[29] Zhang B，Ren Z，Shi S，et al. Numerical analysis of gasification and emission characteristics of a two-stage entrained flow gasifier [J]. Chemical Engineering Science，2016，152：227-238.

[30] Wen C Y，Chaung T Z. Entrainment coal gasification modeling [J]. Ind. Eng. Chem. Process Des. Dev.，1979，18 (4)：684-695.

[31] Jones W P，Lindstedt R P. Global reaction schemes for hydrocarbon combustion [J]. Combustion and Flame，1988，73 (3)：233-249.

[32] De Souza-Santos M L. Comprehensive modeling and simulation of fluidized bed boilers and gasifiers [J]. Fuel Processing Technology，1989，68 (12)：1507-1521.

[33] Halama S，Spliethoff H. Numerical simulation of entrained flow gasification：Reaction kinetics and char structure evolution [J]. Fuel Processing Technology，2015，138：314-324.

[34] Bhatia S K，Perlmutte D D. A rondom pore model for fluid-solid reactions (Ⅰ)：Isothermal，ki-

netic control [J]. AIChE J., 1980, 26 (3): 379-386.

[35] Bhatia S K, Perlmutte D D. A random pore model for fluid-solid reations (Ⅱ): Diffusion and transport effects [J]. AIChE J., 1981, 27 (2): 247-254.

[36] Bhatia S K, Vartak B J. Reaction of micro porous solids the discrete random pore model [J]. Carbon, 1996, 34 (11): 1383-1391.

[37] Gupta J S, Bhatia S K. A modified discrete random pore model allowing for different initial surface reactivity [J]. Carbon, 2000, 38: 47-58.

[38] Singer S L, Ghoniem A F. Comprehensive gasification modeling of char particles with multi-modal pore structures [J]. Combustion and Flame, 2013, 160 (1): 120-137.

[39] 顾菁, 吴诗勇, 吴幼青, 等. 高温煤焦/CO_2 气化反应的动力学研究 [J]. 煤炭转化, 2013, 36 (1): 43-46, 50.

[40] 范峻铭, 诸林, 唐诗, 等. Texaco 水煤浆气化过程动力学模拟 [J]. 煤炭科学技术, 2013, 41 (S2): 385-387.

[41] 郭斯茂, 郭烈锦, 聂立, 等. 超临界水流化床内煤气化过程建模与仿真 (1): 数学模型及物理场分布规律 [J]. 工程热物理学报, 2014, 35 (3): 99-103.

[42] 刘皓, 黄永俊, 杨落恢, 等. 高温快速加热条件下压力对煤气化反应特性的影响 [J]. 燃烧科学与技术, 2012, 18 (1): 9-23.

[43] 梁杰, 刘淑琴, 余力, 等. 刘庄煤气化反应动力学特征的研究 [J]. 中国矿业大学学报, 2000 (4): 60-62.

[44] 陈晓辉, 贾亚龙, 冯杰, 等. 流化床-气流床耦合反应器中煤气化特性 [J]. 化工学报, 2011, 62 (12): 182-189.

[45] 弥勇, 余安华. 煤气化模拟计算模型 [J]. 化工设计, 2010, 20 (2): 13-15.

[46] 刘志宾, 赵文杰, 唐昕, 等. 喷流床煤气化炉的建模 [J]. 热力发电, 2009, 38 (2): 15-18, 22.

[47] 吴学成, 王勤辉, 骆仲泱, 等. 气化参数影响气流床煤气化的模型研究--模型建立及验证 [J]. 浙江大学学报 (工学版), 2004 (10): 124-128, 149.

[48] 阎琪轩, 李风海, 王建飞, 等. 压力对煤焦 CO_2 气化反应动力学参数的影响 [J]. 化学工程, 2014, 42 (8): 78-82, 88.

[49] 邓中乙, 肖睿, 金保升, 等. 压力对喷动流化床煤气化影响数值模拟 [J]. 热能动力工程, 2009, 24 (4): 112-117, 136.

[50] 李伟伟, 李克忠, 康守国, 等. 煤催化气化中非均相反应动力学的研究 [J]. 燃料化学学报, 2014 (3): 36-42.

[51] 张泽凯, 王黎, 刘业奎, 等. 煤催化气化的修正缩核反应模型研究 [J]. 西安交通大学学报, 2003 (3): 92-95.

[52] 王黎, 张占涛, 张丽. 煤焦催化气化的修正随机孔模型研究 [J]. 西安交通大学学报, 2006 (3): 77-81.

第 2 章

煤气化基本原理

2.1 煤气化基础

2.1.1 煤气化目的

煤气化是指在高温常压或加压条件下，煤、焦炭、半焦等固体燃料与气化剂反应，转化为气体产物和少量残渣的过程。主要气化剂包括水蒸气、空气（或氧气）或它们的混合气，涉及一系列均相与非均相化学反应。所得气体产物根据原料煤质、气化剂种类和气化过程的不同而有不同组成，可分为空气煤气、半水煤气、水煤气等。该过程可用于生产燃料煤气、工业窑炉用气和城市煤气；同时也用于制造合成气，作为合成氨、合成甲醇和合成液体燃料的原料，是煤化工的重要过程之一[1-4]。

早在 18 世纪末英国就开始将煤气用于街道照明。在 20 世纪初，欧洲国家采用干馏方法生产干馏煤气。第二次世界大战期间，煤气化技术在德国得到迅速发展，随后在 20 世纪 50 年代，由于石油和天然气的低廉价格，煤气化技术发展相对缓慢。然而，20 世纪 70 年代石油危机的出现使各国开始重视煤气化技术。煤气化技术的成功应用（如合成气制甲醇、碳基合成制醋酸等化学品），大大促进了该技术的发展。通过煤气化将丰富的煤炭资源转化为化工合成原料，如合成氨、甲醇、二甲醚及合成液体燃料等，使煤化工企业由单一的能源供应转向为经济社会提供化工原料和洁净能源，并获得较高经济效益。随着化工技术的不断发展，以煤气化为龙头的化工生产为企业带来较高的附加值，如煤炭发电可增值 2 倍，煤制甲醇可增值约 4 倍，甲醇进一步深加工得到烯烃等产品可增值 8～12 倍。因此，以煤为原料，经煤气化生产下游产品并获得利润，成为企业产业链发展的总趋势。

总体而言，煤气化技术广泛应用于工业生产和民用煤气、化工合成原料气、合成燃料油原料气、制造氢燃料电池、煤气联合循环发电、合成天然气和火箭燃料等领域。其应用不仅最大限度地减小了对环境的危害，同时也满足了未来经济、社会对能源的需求，促进了煤炭的高效清洁利用。

2.1.2　煤气化技术分类

目前应用开发的煤气化包括多种类型。这些煤气炉都有一个共同的特点：在高温下，煤与气化剂发生反应，将固体燃料转化为气体燃料，最后只留下了含有灰的渣滓。常用的气化剂有水蒸气、氧（空气）和 CO_2。粗煤气气体中主要生成物为 CO、H_2、CH_4，伴生气体为 CO_2、H_2O 等。此外，硫化物、碳氢化合物以及其他微量成分也可能存在，但各种气体的具体构成取决于煤的种类、气化技术和气化剂的组成等，这些因素同时影响气化反应的热力学和动力学条件。气化方法有多种，将在以下进行详细介绍[5-9]。

（1）按制取煤气的热值分类

以下按制取煤气在标准状态下的热值把煤气化工艺分成三类：①制取低热值煤气方法，煤气热值低于 $2000kcal/m^3$；②制取中热值煤气方法，煤气热值处于 $4000 \sim 8000kcal/m^3$ 之间；③制取高热值煤气方法，煤气热值高于 $8000kcal/m^3$。

（2）按供热方式分类

煤气化过程的热平衡表明总反应是吸热的，期间必须为其供应热量。但各种过程所需要的热量是不同的，这主要由过程设计和煤的性质决定的，一般需要消耗气化用煤发热量的 15%～35%，顺流式气化取上限，逆流式气化取下限，其供热方式有以下几种途径。

① 自热式冷却法。这是一种直接供热方式，又称部分气化方法。气化过程中没有外部的供热，煤和水蒸气气化反应所需的热量是通过燃烧另一部分煤和气化剂中的氧气放出热量来供应的。这是目前各种工业用煤气炉最常用的供热方式。气化剂可以是工业用氧气，也可以用空气。气化过程可以是间歇性的热积累，也可以是连续的自热气化。

② 间接供热法。这种方法是使煤炭只与水蒸气发生气化反应，用煤气炉从外部通过管壁供应热量。因此，这一过程被称为外热式（或排列式）煤的水气化。这种技术多被利用在流化床和气化床上面。外热可以利用电力加热或核反应加热，这种方式只有利用多电地区的电力或充分利用核反应堆的余热，才

有经济性。

③ 煤的水蒸气气化和加氢气化相结合法。这种煤气化的方法中，煤在两个阶段经历不同的反应过程。首先，煤通过与水蒸气反应，进行水蒸气气化，生成一些气体产物。然后，这些产物再与氢气反应，进行加氢气化，形成更丰富的气体组分。具体来说，在煤的水蒸气气化阶段，煤与水蒸气在高温条件下反应，产生一氧化碳、氢气、二氧化碳等气体。而在加氢气化阶段，这些气体与氢气发生反应，生成更高热值的气体，主要包括甲烷等。这种相结合的气化方法的优势在于可以通过两个阶段的不同反应，逐步提高气体的热值和质量，使得最终产物更适合用作燃料或化工原料。此方法也有助于控制气化反应的条件，提高过程的效率和产物的选择性。

④ 热载体供热。在一个单独的反应器内，通过燃烧煤或焦炭和空气，产生高温的热载体，然后利用这个热载体对煤进行供热。具体来说，热载体可以是固体（比如石灰石）、液体熔盐或熔渣等。在这个过程中，煤或焦炭与空气发生燃烧反应，产生大量的热能，使热载体升温。随后，这个高温的热载体被引入煤气化反应器，通过传热的方式对煤进行供热，促使气化反应发生。

（3）按气化剂分类

气化方法按使用气化剂的不同可分为如下几种。

① 空气-蒸汽气化。空气-蒸汽气化是一种常见的煤气化方法，其中使用空气（或富氧空气）和水蒸气作为气化剂，使煤发生气化反应。这个过程可以分为两个主要类型，即空气-蒸汽内部蓄热的间歇制气和富氧空气-蒸汽自热式的连续制气。在空气-蒸汽内部蓄热的间歇制气中，气化过程分为间歇性的几个阶段，其中煤在气化炉中与空气和水蒸气反应，产生煤气。随后，气化炉关闭，以便进行下一轮的气化。这种方式通常涉及煤气炉的周期性操作。在富氧空气-蒸汽自热式的连续制气中，煤通过与富氧空气和水蒸气反应，不需要外部的供热，因为反应本身产生的热量足以维持气化过程，气化过程是连续的，这种自热式气化方法通常更高效。

通常，使用空气为气化剂制得的煤气称为空气煤气，主要成分包括大量的氮气、二氧化碳以及一定量的一氧化碳和氧气。而使用水蒸气为气化剂制得的煤气称为水煤气，其主要成分包括氢气、一氧化碳、二氧化碳以及甲烷。在一些情况下，混合空气和水蒸气作为气化剂制得的煤气称为发生炉煤气。此外，在合成氨工业中，将 $(CO + H_2) : N_2 \approx 3 : 1$ 的煤气称为半水煤气。

② 氧气-蒸汽气化。氧气-蒸汽气化是一种主流的煤气化方法，它采用工业氧气和水蒸气作为主要气化剂，驱动煤发生气化反应。在高温条件下，氧气和水蒸气与煤发生反应，产生包括一氧化碳、氢气、二氧化碳等在内的气体混合物。这一过程在现代气化技术中得到广泛应用，其优势在于生成的合成气体更为纯净，不含大量氮气，因此特别适用于需要高纯度气体的工业领域。此外，由于不含氮气，气化过程更容易控制，使其在化工和能源生产等领域得到广泛应用。

③ 氢气气化。以氢气或富含氢气的气体为气化剂，推动煤发生气化反应。在这个过程中，氢气与煤在高温和高压条件下发生气化反应，生成富含甲烷等高热值气体。这种方法的独特之处在于其气体产物富含高热值组分，且不产生含氮气体，因此在需要高纯度和高热值气体的工业过程中得到了广泛应用，如合成气体制备和化学品生产。相对于其他气化方法，氢气气化具有更好的气体纯度和选择性，使其在特殊工业应用中成为常见选择。

（4）按煤料与气化剂的接触方式分类

按气化炉内煤料与气化剂的接触方式划分，可分为固定床气化、流化床气化、气流床气化和熔融床气化[10]。

气固相间的反应器习惯称为床，即在一个圆筒形的容器内安装一块多孔水平分布板，将固体放在分布板上，形成床层或床。气化剂被连续引入容器底部，均匀地通过分布板和固体床层向上流动，由出口流出。若使气流速度逐渐增大，则固体颗粒将分别呈现固定、流化和气流状态（这三种状态的形成还与固体和气体的性质、温度、压力等有关），从而分别形成固定床、流化床和气流床等。

① 固定床气化。在气化过程中，块煤或碎煤由气化炉顶部加入，一般要求加煤粒度为 6～50mm，气化剂由气化炉底部加入，煤料与气化剂逆流接触，流动气体的上升力不致使固体颗粒的相对位置发生变化，即固体颗粒处于相对固定状态，气化炉内各反应层高度也基本上维持不变，因此称为固定床气化。实际上由于煤从炉顶加入，含有残炭的灰渣自炉底排出，气化过程中，煤粒在气化炉内是逐渐缓慢往下移动的，比较准确的名称应称为移动床气化。固定床气化又可按操作方式进行如下分类。比如，按气化压力来分类，可以分为常压固定床和加压固定床；按排渣的性质来分类，可以分为固态排渣固定床和液态排渣固定床；按气化剂性质来分类，可以分为空气煤气、水煤气、混合煤气、

富氧蒸汽固定床等。

② 流化床气化。流化床气化也称沸腾床气化。它是以粒度为 3~5mm 的小颗粒煤为气化原料，在气化炉内使其悬浮分散在垂直上升的气流中，而不被气流带出，煤粒在无秩序的沸腾状态下迅速进行混合、反应和热交换，从而使得煤料层内的温度和组成均一，易于控制，提高了气化效率。

③ 气流床气化。气流床气化又叫喷动床气化。它是一种并流气化，用气化剂将粒度为 100mm 以下的煤粉带入气化炉内，或将煤粉先制成水煤浆用泵打入气化炉内。煤料在高于其灰熔点的温度下与气化剂瞬时（反应时间只有几秒钟）发生燃烧反应和气化反应，温度高达 2000℃，灰渣以液态形式排出气化炉。这种运动形态，相当于流态化技术领域里对固体颗粒的"气流输送"，习惯上称为气流床气化。

④ 熔融床气化。熔融床气化，它是将煤粉和气化剂以切线方向并流高速喷入温度较高（1600~1700℃）且高度稳定的熔池内，把一部分动能传给熔渣，使池内熔融物做螺旋状的旋转运动并气化，此时，气、液、固三相密切接触，在高温条件下完成气化反应。生成以 H_2 和 CO 为主要成分的煤气，生成的煤气由炉顶导出，灰渣则以液态和熔融物一起溢流出气化炉。熔融床有三类：熔渣床、熔盐床和熔铁床。优点为炉内温度很高，燃料一进入床内便迅速被加热气化，因而没有焦油类的物质生成。熔融床不同于固定床、流化床和气流床，对煤的粒度没有过分限制，大部分熔融床气化炉使用磨得很粗的煤，也包括粉煤。熔融床也可以使用强黏结性煤、高灰煤和高硫煤。缺点是热损失大，熔融物对环境污染严重，高温熔盐会对炉体造成严重腐蚀。目前此气化技术已不再发展。

四种气化技术及炉内温度分布示意图如图 2-1 所示。

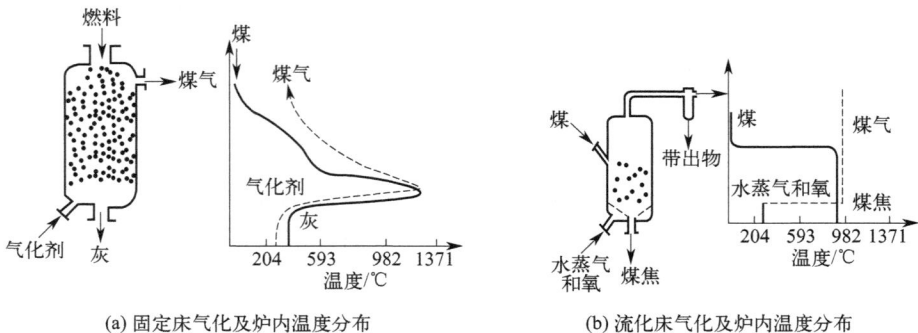

(a) 固定床气化及炉内温度分布　　　　(b) 流化床气化及炉内温度分布

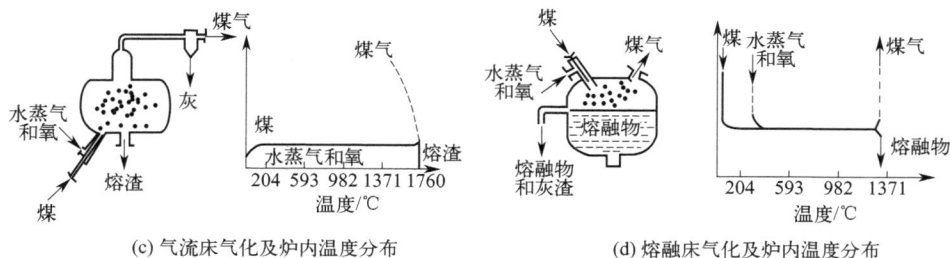

(c) 气流床气化及炉内温度分布　　　　　　　(d) 熔融床气化及炉内温度分布

图 2-1　四种气化技术及炉内温度分布示意

2.2　煤气化原理

2.2.1　煤气化过程及主要气化反应

在气化炉内，煤炭经历了干燥、热解、气化和燃烧几个过程，现将各个过程逐一介绍。

（1）干燥

湿煤（操作燃料）加入气化炉后，由于煤与热气流之间的热交换，煤中的水分蒸发。

（2）热解

气化炉内的热解过程是指在高温条件下，煤或其他碳质物质与气化剂（通常是水蒸气、氧气或混合气体）反应的过程。这个过程是煤气化的关键步骤之一。炼焦过程是在隔绝空气条件下煤热解的典型而完整的例子。由于煤是由矿物质、有机大分子化合物等构成的极复杂混合物，受热后的变化与煤自身的化学特性、孔隙结构以及热条件密切相关。需要指出的是，在煤炭气化过程中，煤的热解行为与炼焦和煤液化过程中的煤热解存在明显区别。这主要体现在以下几个方面[11]。

① 在块状或大颗粒状煤存在的固定床气化过程中，热解温度较低，通常在 700℃以下，按煤焦加工惯例，属低温热解（干馏）区段。

② 热解过程中，床层中煤粒间有较强烈的气流流动，不同于炼焦炉中自身生成物的缓慢流动，其对煤的升温速率及热解产物的二次热分解反应影响较大。

③ 在粉煤气化（沸腾床和气流床）工艺中，煤炭中水分的蒸发、煤热解以及煤粒与气化剂之间的化学反应几乎是同时并存的，且在短暂的时间内完成。

煤热解过程中还会发生典型的物理化学变化[12-14]。在物理形态变化方面，在热解阶段，煤中的有机质随温度的提高而发生一系列变化，其结果为煤中的挥发分逸出，并残存半焦或焦炭。从室温到 350℃ 为干燥脱气阶段，150℃ 之前主要是干燥阶段。在 150~200℃ 的温度范围内，释放出煤中吸附的气体，主要包括甲烷、二氧化碳和氮气。当温度超过 200℃ 时，有机质开始发生分解。以褐煤为例，在 200℃ 以上，褐煤经历脱基反应，而在 300℃ 左右则开始热解反应。相比之下，烟煤和无烟煤的原始分子结构在这个温度范围内仅经历有限的热变化，主要表现为缩合作用。在 350~550℃ 范围内，煤经历了活跃的分解过程，其中解聚和分解反应占据主导地位，导致大量挥发性物质的生成，包括煤气和焦油。与此同时，煤在这个阶段生成了半焦，其中煤中的灰分几乎全部存在于半焦中。煤气的成分主要包括一氧化碳、二氧化碳以及其他气态烃类成分，特别是烟煤，尤其是中等煤阶的烟煤，在这个阶段经历了软化、熔融、流动和膨胀的过程，直至再次固化。在这个过程中，发生了一系列特殊现象，形成了气液固三相共存的胶质体。在产物中，烃类和焦油的蒸气开始出现。在大约 450℃，焦油量达到最大，在 450~550℃ 的温度范围内，气体析出量最大。对于黏结性较差的气化用煤，胶质体的形成可能不太显著，半焦不能以大块形式黏附在一起，而是保持着松散的原粒度大小，或在受到压力和热量影响时发生碎裂。这一阶段的煤热解过程是复杂而多变的，涉及煤的物理状态的变化、气体和焦油的生成以及半焦的形成。在大于 550℃ 时，以缩聚反应为主，又称二次脱气阶段。半焦变成焦炭，析出的焦油量极少，挥发分主要是多种烃类气体、氢气和碳的氧化物。

对于热解过程中的化学形态变化，煤热解的化学反应异常复杂，其中存在着多种反应途径。这些反应主要可分为裂解和缩聚两大类。在热解的初期，裂解反应占主导地位，而在热解的后期，则主要以缩聚反应为主。总体而言，热解反应的宏观形式可以概括为：煤在加热条件下产生煤气、焦油、焦炭，其中，煤气包括 CO_2、CO、CH_4、H_2O、H_2、NH_3、H_2S 等。

一次热分解产物中的挥发性成分在析出过程中，若受到更高温度的作用，就可能发生二次热分解反应。主要的二次热分解反应包括裂解反应、芳构化反应、加氢反应和缩合反应。因此，煤热解产物的组成不仅与最终加热温度有关，还与是否发生二次热分解反应密切相关。

在煤热解的后期，主要以缩聚反应为主。550～600℃主要发生胶质体再固化过程，其结果是生成半焦。当温度进一步升高时，芳香结构脱氢缩聚，在半焦转变为焦炭。

这个阶段的二次热分解反应是煤热解过程中的关键步骤，它直接影响煤热解产物的最终形态和性质。不同的反应路径和温度条件导致了不同类型的产物，从半焦到焦炭的形成是在高温环境中发生的一系列复杂而重要的反应。

（3）气化

气化炉中的气化反应是一个十分复杂的反应体系。由于煤炭的分子结构异常复杂，包括碳、氢、氧等多种元素，因此在讨论气化反应时，我们通常以以下基本假定为前提：仅考虑煤炭中的主要元素碳，并在气化反应之前考虑煤的干馏或热解过程。在这种情况下，气化反应主要指的是煤中的碳与气化剂中的氧气、水蒸气和氢气之间的反应，同时也包括碳与反应产物以及不同反应产物之间的相互作用。

气化反应根据反应物的相态差异可以分为两种类型，即非均相反应和均相反应。前者是指气化剂或气态反应产物与固体煤或煤焦之间的反应；后者则是指气态反应产物之间的相互反应，或者与气化剂之间的反应。在气化装置中，由于不同气化剂的存在，会发生不同类型的气化反应，包括平行反应和连串反应。通常将气化反应分为三种类型：碳氧间的反应、水蒸气分解反应和甲烷生成反应。

这些反应类型的理解对于设计和优化气化过程至关重要，因为它们直接影响着产物的组成和气化反应的效率。

① 碳氧间的反应。碳与氧气之间的反应也被称作碳的氧化反应。以空气为气化剂时，碳与氧气之间的化学反应有：

$$C+O_2 \longrightarrow CO_2$$

$$C+CO_2 \longrightarrow 2CO$$

$$2CO+O_2 \longrightarrow 2CO_2$$

上述反应中，碳与二氧化碳间的反应 $C+CO_2 \longrightarrow CO$ 常称为二氧化碳还原反应，该反应是一较强的吸热反应，需在高温条件下才能进行。除该反应外，其他 3 个反应均为放热反应。

② 水蒸气分解反应。在一定温度下，碳与水蒸气之间发生下列反应：

$$C+H_2O \longrightarrow CO+H_2$$

$$C+2H_2O \longrightarrow CO_2+2H_2$$

这是制造水煤气的主要反应，也称为水蒸气分解反应，两反应均为吸热反应。反应生成的一氧化碳可进一步和水蒸气发生如下反应：

$$CO+H_2O \longrightarrow CO_2+H_2$$

该反应称为一氧化碳变换反应，也被称为均相水煤气反应或水煤气平衡反应，是一种放热反应。在相关工艺过程中，为了将一氧化碳全部或部分转变为氢气，通常会在气化炉外部利用这个反应。目前，所有的合成氨厂和煤气厂制氢装置均设有变换工序，采用专用催化剂，并使用专有技术术语"变换反应"。一氧化碳变换反应的主要目的是提高气体中氢气的含量，因为氢气是许多工业过程中重要的原料。通过这一反应，可以有效地将一氧化碳转化为氢气，提高合成气的质量。催化剂的使用在这个过程中是关键的，它能够促使反应在相对较低的温度下进行，提高反应的效率。这个步骤的存在有助于优化整个气化过程，使得产生的气体更符合特定的工业需求。

③ 甲烷生成反应。煤气中的甲烷，一部分来自煤中挥发物的热分解，另一部分则是气化炉内的碳与煤气中的氢气反应以及气体产物之间反应的结果。

$$C+2H_2 \longrightarrow CH_4$$

$$CO+3H_2 \longrightarrow CH_4+H_2O$$

$$2CO+2H_2 \longrightarrow CH_4+CO_2$$

$$CO_2+4H_2 \longrightarrow CH_4+2H_2O$$

上述生成甲烷的反应均为放热反应。

④ 煤中其他元素与气化剂的反应。煤炭中还含有少量元素氮（N）和硫（S），它们与气化剂 O_2、H_2O、H_2 以及反应中生成的气态反应产物之间可能进行的反应如下：

$$S+O_2 \longrightarrow SO_2$$

$$SO_2+3H_2 \longrightarrow H_2S+2H_2O$$

$$SO_2+2CO \longrightarrow S+2CO_2$$

$$2H_2S+SO_2 \longrightarrow 3S+2H_2O$$

$$C+2S \longrightarrow CS_2$$

$$CO+S \longrightarrow COS$$

$$N_2+3H_2 \longrightarrow 2NH_3$$

$$N_2+H_2O+2CO \longrightarrow 2HCN+\frac{3}{2}O_2$$

$$N_2+xO_2 \longrightarrow 2NO_x$$

由此产生煤气中含有硫和氮的产物。这些产物包括可能导致腐蚀和污染的物质，需要在气体净化过程中予以去除。其中，含硫化合物主要包括 H_2S、COS、CS_2 等，而其他含硫化合物只占较小比例。在含氮化合物中，NH_3 是主要产物，而 NO_x （主要是 NO 以及微量的 NO_2） 和 HCN 为次要产物。

值得进一步指出的是，前面列举的气化反应是煤炭气化的基本化学反应。不同的气化过程是由这些或其中的一部分反应以串联或平行的方式组合而成的。上述反应方程式指明了反应的初始和终末状态，可用于进行物料和热量的衡算，同时也可用于计算由这些反应方程式所表示的平衡常数。然而，这些反应方程式并不能详细说明反应本身的机理。

2.2.2　平衡计算及组分预测

选择不同的炉型和气化剂以及调整气化压力，能够获得不同组分的煤气。不同类型的工业煤气在气体组成、热值以及主要用途上都存在差异。表 2-1 是各类工业煤气的气体组成，其中，空气煤气主要用于燃烧发电；水煤气用来燃烧、合成氨、合成油、制氢，混合煤气（发生炉煤气）的用途是当作燃料气和高热值煤气的稀释气，半水煤气通常用作合成氨。生产工业用煤气时需要根据具体用途选择适当的气化剂和操作条件，以满足生产的需求。

表 2-1　工业煤气的气体组成、热值

种类	气化剂	气体成分/%							热值/(MJ/m³)
		H_2	CO	CO_2	N_2	CH_4	O_2	H_2S	
空气煤气	空气	0.9	33.4	0.6	64.6	0.5	0.2	—	3.76～4.60
水煤气	水蒸气和氧气	50.0	37.3	6.5	5.5	0.3	0.2	0.2	10.03～11.29

种类	气化剂	气体成分/%							热值/(MJ/m³)
		H₂	CO	CO₂	N₂	CH₄	O₂	H₂S	
混合煤气 （发生炉煤气）	水蒸气、O₂、空气	11.0	27.5	6.0	55	0.3	0.2	—	5.02~5.23
半水煤气	水蒸气、空气	37.0	33.3	6.6	22.4	0.3	0.2	0.2	8.78~9.61
地下气化煤气	—	14~17	15~19	9~11	53~55	1.4~1.5	0.2~0.3	—	—

2.2.3 煤气化过程三维综合预测

煤气化过程的理论计算是建立在各模型（如湍流流动、辐射、离散相、挥发分释放及煤焦气化模型等）相互耦合的基础上，由于各模型参数的多元化，导致炉内煤气化过程的计算非常复杂。以往集成的挥发分释放及煤焦气化模型均认为煤气化反应活性与转化率无关，在国家重点研发计划项目"CO₂近零排放的煤气化发电技术"的资助下，本项目组耦合了气固两相辐射特性参数求解算法，揭示了变压条件下辐射特性参数的变化规律，构建了精确高效非灰气固两相辐射模型和煤气化过程三维综合预测模型；明晰了详细的煤颗粒气化动力学特性、精确非灰辐射模型及煤粉粗细程度对煤气化碳转化率、气化反应速率的影响。

基于上述构建的精确非灰气固两相辐射模型，项目组开展了煤气化过程三维综合预测，本书将展示三种不同工况的计算结果。其中，工况一考虑了精确非灰辐射模型，煤粉颗粒为超细煤粉，但并未考虑详细的煤颗粒气化动力学特性；工况二考虑了精确非灰辐射模型及详细的煤颗粒气化动力学特性，但煤粉颗粒粒径为粗煤粉；工况三考虑了精确非灰辐射模型及详细的煤颗粒气化动力学特性，且煤粉颗粒为超细煤粉。

（1）工况一

工况一考虑了精确非灰辐射模型，煤粉颗粒为超细煤粉，但并未考虑详细的煤颗粒气化动力学特性。由图 2-2 可以看出，在第一阶段的完全搅拌反应器（PSR，perfectly stirred reactor）中，速度分布不均匀性程度大，在第二阶段的 PSR 中，速度较低且梯度较小。下层喷嘴出口气流速度约为 95m/s，上层喷嘴出口气流速度约为 13m/s，并且在喷嘴前端的射流区和附近的回流区，速度梯度较大，湍流强度也较大，其中，喉部的局部区域出现速度较大的情况，可能由于下层反应容器中发生的剧烈反应影响了气相场和温度场，进而导致速度的变化。颗粒最小及最大和平均停留时间分别为 $t_{min}=1.04\times10^{-3}$s，$t_{max}=10.6$s，$t_{avg}=1.83$s，标准差 $t_{std}=1.45$s，可以看出粒径的减小，平均停留时间整体增加。

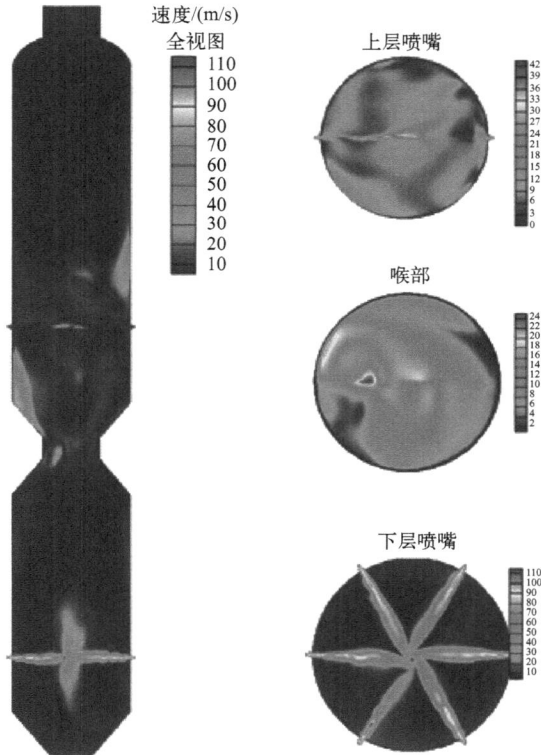

图 2-2　不同截面的速度云图（工况一）

从图 2-3 可以看出，气化炉的温度分布范围大致为 900～1200K，并且温度和流场的梯度变化相对应，温度变化剧烈的区域，湍流程度大，流场变化较快。射流中心区的温度最低，随着反应进行，温度快速升高，射流区外部及回流区温度变化较大。从下层喷嘴温度云图看出，燃料以顺时针的六角切圆形式燃烧，这样使得煤粉与氧化剂充分混合，利于燃烧反应的进行。

图 2-4 为不同剖面的组分云图，在下层反应器的底部以及壁面，CO 的摩

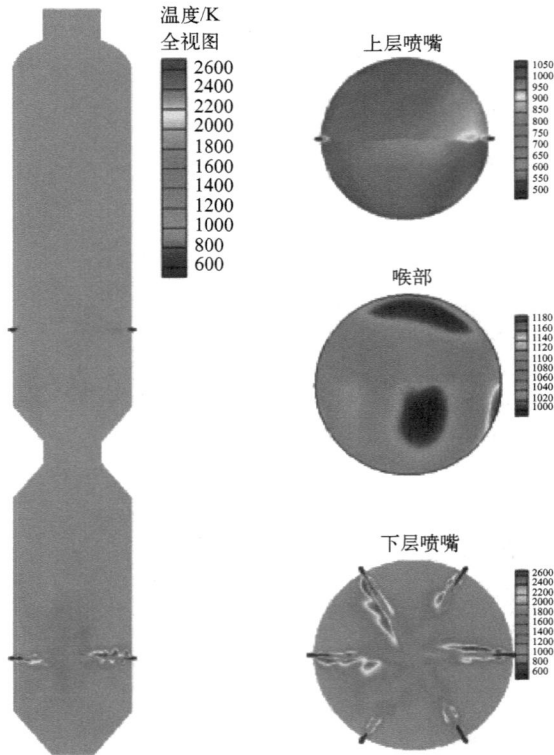

图 2-3 不同截面的温度云图（工况一）

尔分数较高，大约在 0.6 以上，可能由于回流区内的氧化剂组分较少，生成的 CO 较多；而喷嘴及附近的 CO_2 较高，这是由于此处的氧气浓度充足，燃烧反应完全，生成了大量 CO_2，CO 也就随之减少。氢气和一氧化碳的摩尔分数分布在整个气化炉中较为均匀。

（2）工况二

工况二考虑了精确非灰辐射模型及详细的煤颗粒气化动力学特性，但煤粉颗粒粒径为粗煤粉。从图 2-5 可以看出，同样在第一阶段的 PSR 中，速度分布不均匀性程度大，在第二阶段的 PSR 中，速度较低且梯度较小。下层喷嘴出口气流速度约为 90m/s，上层喷嘴出口气流速度约为 14m/s。颗粒最小及最大和平均停留时间分别为 $t_{min}=7.77\times10^{-4}$s，$t_{max}=1.15$s，$t_{avg}=1.38$s，标准差 $t_{std}=0.96$s。

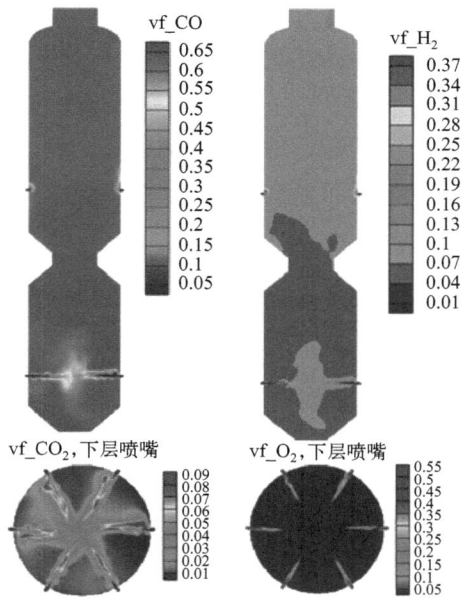

图 2-4　$Z=0$ 截面以及下层喷嘴横截面的组分云图（工况一）

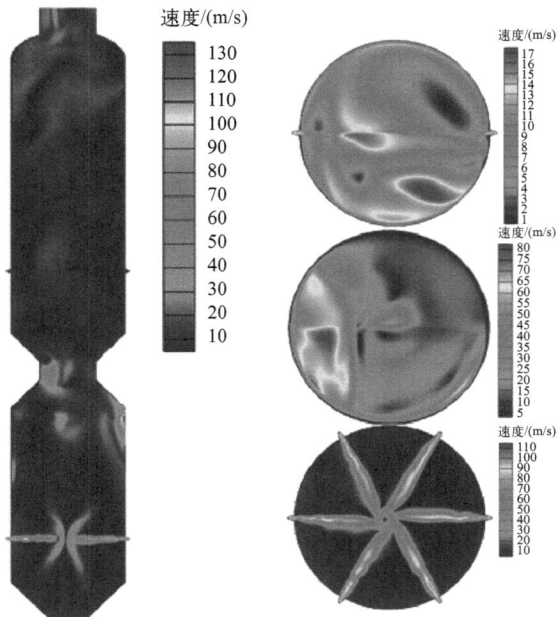

图 2-5　不同截面的速度云图（工况二）

从图 2-6 可以看出，工况二中气化炉的温度分布范围大致为 1200～1500K，由于考虑了气化动力学特性，温度显著高于工况一。图 2-7 为不同剖面的组分云图，相对于工况一，CO 和 CO_2 分布情况相似，但氢气的摩尔分数分布在整个气化炉中较为均匀，与 CO 相同的是，在出口处出现局部低浓度区域，这是出口流体出现回流而导致的。

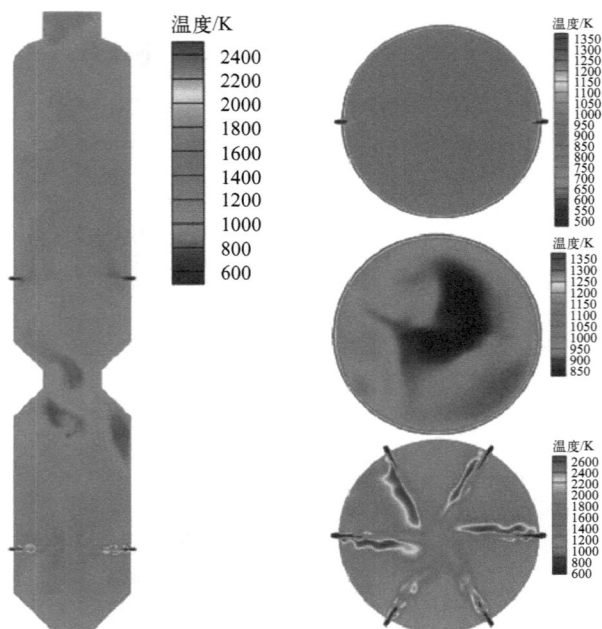

图 2-6　不同截面的温度云图（工况二）

（3）工况三

工况三考虑了精确非灰辐射模型及详细的煤颗粒气化动力学特性，且煤粉为超细煤粉。从图 2-8 可以看出，三种工况的速度分布呈现出一致性，即在第一阶段的 PSR 中，速度分布不均匀性程度大，在第二阶段的 PSR 中，速度较低且梯度较小。工况三中下层喷嘴出口气流速度约为 90m/s，上层喷嘴出口气流速度约为 13m/s，颗粒最小及最大和平均停留时间分别为 $t_{min}=5.51\times10^{-4}$ s，$t_{max}=5.52$ s，$t_{avg}=0.8$ s，标准差 $t_{std}=0.68$ s。

图 2-9 展示了工况三不同截面的温度云图，可以看出，气化炉的温度分布范围大致为 1100～1400K，高于工况一，但低于工况二。

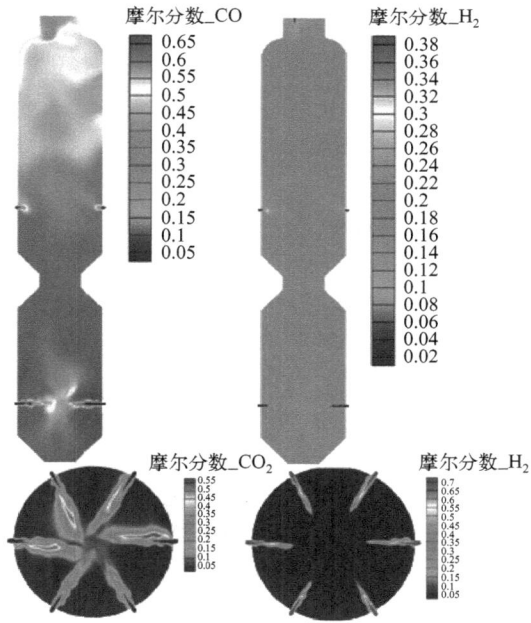

图 2-7　$Z=0$ 截面以及下层喷嘴横截面的组分云图（工况二）

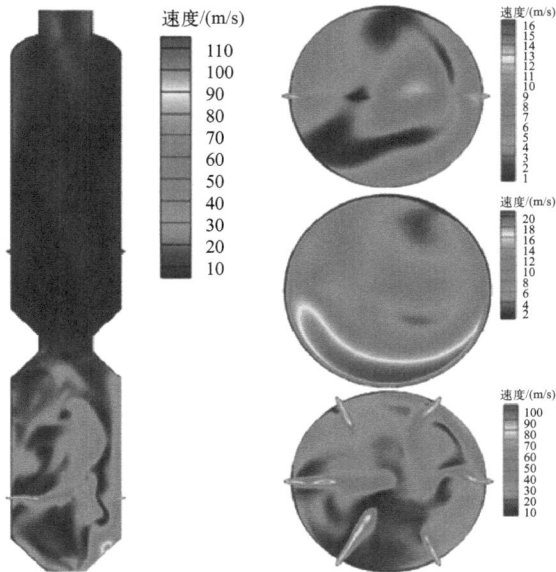

图 2-8　不同截面的速度云图（工况三）

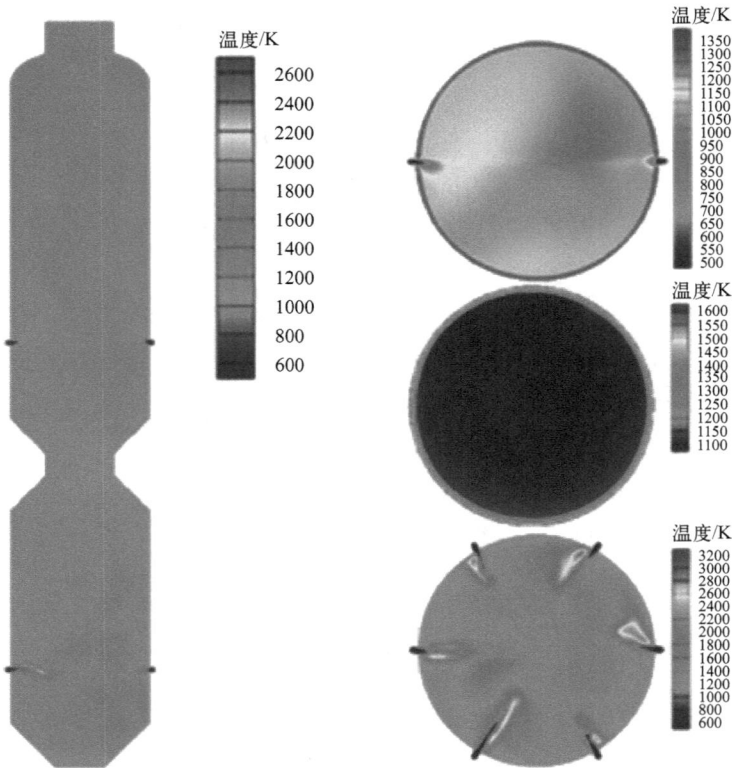

图 2-9　不同截面的温度云图（工况三）

图 2-10 为工况三不同剖面的组分云图，在下层反应器的底部以及壁面，CO 的摩尔分数较高，大约在 0.65～0.70 范围内，可能由于回流区内的氧化剂组分较少，生成的 CO 较多；而喷嘴附近的 CO_2 较高，这是由于此处的氧气浓度充足，燃烧反应完全，生成了大量 CO_2，CO 也就随之减少。

（4）产气组分浓度及评价指标

表 2-2、表 2-3 分别显示了三种情况下的产气组分浓度以及评价指标的结果，当考虑了精确非灰辐射模型及煤颗粒气化动力学特性，碳转换率小幅上升，而冷煤气效率大幅上升，从 78.30％上升至 92.33％；当煤粉中位粒径从 $67\mu m$ 下降至 $38\mu m$ 时，碳转换率和冷煤气效率均有上升，当进一步下降至 $31\mu m$ 时，碳转换率不再改变，而冷煤气效率依旧有所提升。

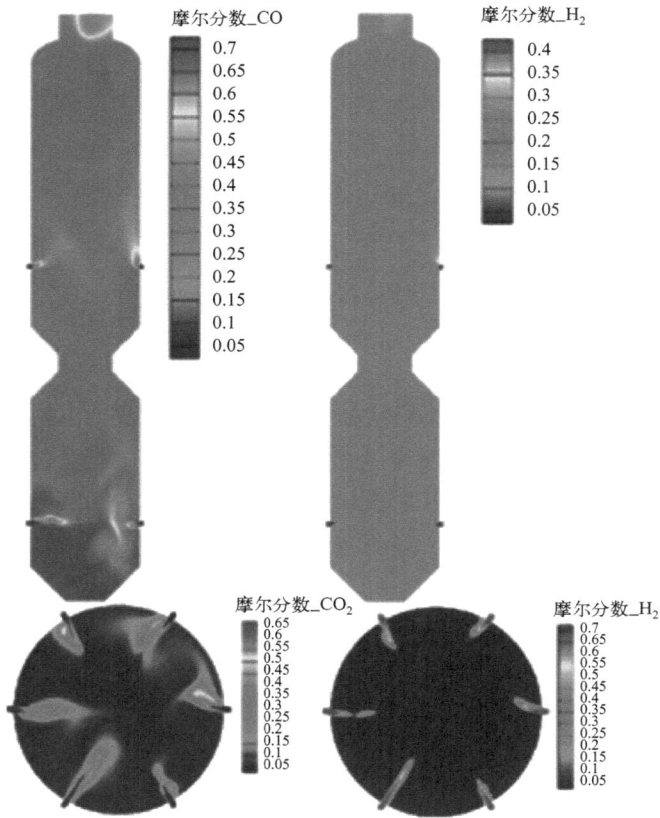

图 2-10　$Z=0$ 截面以及下层喷嘴横截面的组分云图（工况三）

表 2-2　三个工况下的产气组分分数

项目	CO/%	H_2/%	CO_2/%
工况一	62.50	22.40	3.44
工况二	54.12	20.07	8.37
工况三	64.16	24.16	5.05

表 2-3　三个工况下的评价指标计算结果

项目	碳转化率/%	冷煤气效率/%
工况一	97.60	78.30
工况二	97.06	68.17
工况三	98.14	92.33

基于该精确煤气化三维综合预测模型，可有效揭示不同变量参数对冷煤气效率和碳转换率影响的规律，给冷煤气效率及碳转换率提升技术的发展提供基础支撑；同时，该模型可实现 CO_2 等污染物排放准确预测，有利于碳减排技术的发展，符合国家双碳计划目标，满足了国家对能源清洁高效利用的发展需求。

2.3 煤特性对气化的影响

影响气化效果的煤性质包括反应活性、黏结性、结渣性、热稳定性、机械强度及粒度。通常使用反应活性描述煤特性对气化的影响。反应活性是指在一定条件下，煤炭与不同的气体介质，如二氧化碳、氧气、水蒸气、氢气相互作用的反应能力。

2.3.1 煤种

（1）成煤过程

煤是由植物残骸经过复杂的生物化学作用和物理化学作用转变而成的。这个转变过程叫作植物的成煤过程。一般认为，成煤过程分为两个阶段：泥炭化阶段和煤化阶段。

① 泥炭化阶段。泥炭化阶段是煤炭形成的过程之一。这一过程始于植物残体和有机物在湿地和沼泽地区的沉积。在缺氧的湿地条件下，有机物经历缓慢的分解，形成泥炭。植物残体在这一湿润环境中逐渐转变，经历了水分饱和和有机物的缺氧分解，最终形成泥炭。这个过程中，泥炭逐渐被压实，有机物质逐渐转变为腐殖质。总体而言，泥炭化是一种在湿地环境中逐渐形成泥炭的过程，其主要成分包括未分解的植物残体和腐殖质。这种类型煤炭的特点是碳含量较低，属于比较原始的煤炭类型。

② 煤化阶段。煤化阶段包含两个连续的过程。第一阶段，在地热和压力的作用下，泥炭层发生压实、失水、肢体老化、硬结等各种变化而成为褐煤。褐煤的密度比泥炭大，在组成上也发生了显著的变化，碳含量相对增加，腐殖酸含量减少，氧含量也减少。因为煤是一种有机岩，所以这个过程又叫作成岩作用。第二阶段，褐煤转变为烟煤和无烟煤的过程，在这个过程中，煤的性质发生变化，所以这个过程又叫作变质作用。地壳继续下沉，褐煤的覆盖层也随

之加厚。在地热和静压力的作用下，褐煤继续经受着物理化学变化而被压实、失水。其内部组成、结构和性质都进一步发生变化。这个过程就是褐煤变成烟煤的变质作用。烟煤比褐煤碳含量增高，氧含量减少，腐殖酸在烟煤中已经不存在了。烟煤继续进行着变质作用，由低变质程度向高变质程度变化，从而出现了低变质程度的长焰烟、气煤，中等变质程度的肥煤、焦煤和高变质程度的瘦煤、贫煤。它们之间的碳含量也随着变质程度的加深而增大，而含氧量则逐渐减少。

不同煤种的组成和性质相差是非常大的，即使是同一煤种，由于成煤的条件不同，性质的差异也较大。煤的结构、组成以及变质程度之间的差异，会直接影响和决定煤气化过程工艺条件的选择，也会影响煤气化的结果，如煤气的组成和产率、灰渣的熔点和黏结性以及焦油的产率和组成等。

（2）气化用煤的分类

气化用煤的种类对气化过程有很大的影响，煤种不仅影响气化产品的产率与质量，而且关系到气化的生产操作条件。所以，在选择气化用煤种类时，必须结合气化方式和气化炉的结构进行考虑，也要充分利用资源，合理选用原料。

气化用煤可以根据其性质和成分的不同进行分类。以下是一些常见的气化用煤的分类。①碳化程度：可分为泥炭、褐煤、烟煤、无烟煤、亚煤。其中，无烟煤碳化程度最高，泥炭碳化程度最低。②岩石结构：可分为烛煤、丝炭、暗煤、亮煤和镜煤。含有 95% 以上镜质体的为镜煤，煤表面光亮，质地坚实；含有镜质体和亮质体的为亮煤；含粗粒体的为暗煤；含丝质体的为丝炭；由许多小孢子形成的微粒体组成的为烛煤。③挥发性成分：可分为贫煤、瘦煤、焦煤、肥煤、气煤和长焰煤。其中焦煤和肥煤最适合用于炼焦碳。

这些分类主要基于煤炭的碳含量、挥发分、灰分等性质以及其在气化过程中产生的气体组成和热值等因素。在实际应用中，选择气化用煤的类型通常要根据具体的气化工艺和所需的气体产物特性来进行。现分别叙述如下：①无烟煤、贫煤。无烟煤和贫煤都属于变质程度非常高的煤种。这类煤种气化时不黏结，不会产生焦油，所生产的煤气中只含有少量的甲烷，不饱和烃类化合物极少，无烟煤是最年老的一个煤种，其挥发分低、含碳量最高、光泽强、密度大、硬度高、燃点高，加热时不产生胶质体、无烟。无烟煤在我国的储量约占总储量的 18%，按工艺利用特性不同又将无烟煤分为年老无烟煤、典型无烟煤和年轻无烟煤。贫煤是烟煤中煤化程度最高、挥发分最低而接近无烟煤的一种煤，热值较高。②烟煤。烟煤属中等变质煤种。这种煤气化时黏结，并且产生焦油，煤气中的不饱和烃类化合物较多，煤气的热值较高。烟煤在我国的煤炭分类中，分为长焰煤、气煤、气肥煤、肥煤、1/3 焦煤、焦煤、1/2 中黏煤、弱黏煤、不黏煤、瘦煤、贫瘦煤和贫煤 12 个类别。其中，贫煤无黏结性，归入第一类；长焰煤、不黏煤和弱黏煤在一定条件下可作为气化用煤。中国的烟煤主要分布在北方各省，华北区的储量约占全国总储量的 60％以上。③褐煤。褐煤是变质程度较低的煤，外观呈褐色到黑色。气化时不黏结，但产生焦油，加热时不产生胶质体，含有较高的内在水分和数量不等的腐殖酸，挥发分高，加热时不软化、不熔融。我国褐煤的储量约占总储量的 10％，根据其性质和利用特征，褐煤分为两个小类，即年老褐煤和年轻褐煤。④泥炭煤。泥炭煤中含有大量的腐殖酸，挥发分产率 70％左右。气化时不黏结，但产生焦油和脂肪酸，生产的煤气中含有大量的甲烷和不饱和烃类化合物。煤的种类繁多，质量也相差悬殊，不同类型的煤有不同的用途。一般来说，结焦性好或黏结性好的煤是优质的炼焦用煤，热稳定性好的无烟块煤是合成氨的主要原料，挥发分和发热量都高的煤是较好的动力用煤，一些低灰、低硫的年轻煤则是加压气化制造煤气和加氢液化制取人造液体燃料的较好原料。

（3）不同煤种对气化的影响

① 对煤气的组分和产率的影响。煤气的发热值在定义上可以分为两种，即高热值（HHV）和低热值（LHV）。高热值是在煤气完全燃烧的情况下，燃烧产物中的水分以液态形式存在的情况下测量得到的热值。高热值考虑了水蒸气凝结释放的潜热，因此高热值通常比低热值更高。低热值是在煤气完全燃烧的情况下，将燃烧产物中的水分以气态形式存在的情况下测量得到的热值。低热值不考虑水蒸气凝结释放的潜热，因此相对于高热值，它要略低一些。对于不同的煤种，其产生的煤气组成和相应的高热值和低热值会有所不同。褐煤作为年轻煤种，其气化产物中甲烷含量较高，因此其热值相对较高，这与其低变质程度和高挥发分有关。因此，在选择气化原料时，需要考虑煤种的特性以及产生的煤气的热值和组成。此外，不同煤种还会对产率产生影响。一般来说，煤中挥发分越高，转变为焦油的有机物就越多，煤气的产率越低。例如，气化泥炭煤时，煤中有 20％的碳被消耗在生成焦油上；气化无烟煤时，这种消耗却很少。此外，随着煤中挥发分的增加，粗煤气中的二氧化碳是增加的，这样脱除二氧化碳后的净煤气产率下降得更快。

② 对消耗指标的影响。煤气化过程主要是煤中的碳和水蒸气反应生成氢

气和一氧化碳的过程，这一反应需要吸收大量的热量，该热量是通过炉内的碳和氧气燃烧以后放出的热量来维持的。不同煤种，其变质程度不同，随着变质程度的加深，从泥炭煤、褐煤、烟煤到无烟煤，煤中碳的质量分数从 55%～62% 增至 88.98%，在气化时所消耗的水蒸气、氧气等气化剂的数量也相应增大。

2.3.2　水分

　　煤中的水分存在三种形式：外在水分、内在水分和结晶水。外在水分主要来源于煤的开采、运输、储存和洗选过程，在煤的外表面和大毛细孔中润湿。带有外在水分的煤称为应用煤，失去外在水分的煤为风干煤。内在水分是吸附或凝聚在煤内部较小毛细孔中的水分，失去内在水分的煤为绝对干燥煤。结晶水以硫酸钙（$CaSO_4 \cdot 2H_2O$）、高岭土（$Al_2O_3 \cdot 2SiO_2 \cdot 2H_2O$）等形式存在，通常需要高于 200℃ 的温度才能析出。煤中水分与煤的变质程度密切相关。随着煤的变质程度的增加，从泥炭到褐煤、烟煤再到无烟煤，水分逐渐减少。然而，从年轻无烟煤到年老无烟煤，水分又有所增加。泥炭的水分含量最高，内在水分可达 12%～45%；褐煤次之，内在水分为 5.0%～24.5%；长焰煤为 0.9%～8.7%；贫煤为 0～0.6%；无烟煤为 1.0%～4.0%。在常压气化中，气化用煤中水分含量过高会影响干馏的正常进行，未经充分干燥的煤进入气化段后会降低气化段的温度，导致甲烷生成反应和二氧化碳、水蒸气的还原反应速率显著下降，降低煤气的产率和气化效率。加压气化对炉温的要求较常压气化低，炉身较高，能提供较高的干燥层，允许进炉煤的水分含量较高。适量的水分对加压气化有好处，水分高的煤挥发分较多，在干馏阶段形成的气孔率高，进入气化层时气化容易进行，从而提高气化速率和生成的煤气质量。

　　不同的炉型对气化用煤的水分含量要求也不同。固定床要求气化炉顶部温度高于煤气露点温度，避免液态水的形成。当煤中水分含量太高而加热速度过快时，煤中水分逸出过快，容易导致煤块碎裂，增加出炉煤气的含尘量。此外，高水含量的煤气在后续工段的冷却过程中会产生大量废液，增加废水处理量。一般生产中，煤中水分含量控制在 8%～10%。对于流化床和气流床气化，要求固体颗粒的含水量小于 5%。特别是对于烟煤的气流床气化法，采用干法加料时，原料煤的水分含量应小于 2%。

2.3.3 灰分

煤中的灰分来自三部分：原始植物中的矿物质、煤层形成中掺杂的矿物质和采煤过程中夹带的矸石，其中矸石可通过洗选加工的方式除掉或减少。灰分含量测量通常是在（815±10）℃的温度下将煤中的可燃物完全燃烧，然后对留下的残留物称重，经计算得到煤的灰分产率（$A/\%$）。煤灰成分分析指分析煤灰中的 Al_2O_3、SiO_2、Fe_2O_3、CaO、MgO、TiO_2、SO_3、Na_2O 和 K_2O 等各成分的含量，其中 Al_2O_3、SiO_2 通常称为酸性氧化物，一般认为其含量高时煤灰的熔点较高，灰黏度也高；而 Fe_2O_3、CaO、MgO、Na_2O 和 K_2O 称为碱性氧化物，其含量高时煤灰熔点和灰黏度会降低。

煤灰成分中 Na_2O 和 K_2O 称为碱金属氧化物，它们的存在对煤气化时的化学活性有促进作用，但对煤的燃烧锅炉和气化炉的后系统又会带来玷污的麻烦，尤其是 Na_2O，被称为造成玷污的祸首。烟气中碱金属氧化物的存在，会腐蚀高温燃气轮机的叶片，而这些氧化物只能在 650℃ 以下时才能变成固态，在高温除尘时又很难将其脱除干净，进而对煤气化下游的高温余热锅炉及燃气轮机等设备带来腐蚀问题。

2.3.4 挥发分

挥发分是指煤在加热时，有机质部分裂解、聚合、缩聚，低分子部分呈气态逸出，水分也随之蒸发，矿物质中的碳酸盐分解，逸出二氧化碳等。除去水分的部分即为挥发分产率，挥发分中有干馏时放出的煤气、焦油、其他油类。干馏煤气中含有氢气、一氧化碳、二氧化碳和轻质烃类。煤的挥发分作为煤利用价值和煤分类的重要指标，也是煤转化与燃烧可以利用的部分，它与煤的性质存在一定的关系。煤的挥发分产率与煤的变质程度有关，随着变质程度的提高，煤的挥发分逐渐降低。一般来说，年轻煤的挥发分产率高，年老煤的挥发分产率低。

对于富含挥发分和焦油的煤炭来说，采用中低温热解方法析出固体燃料中所含活性较好的富氢挥发分，并获得焦油和热解煤气，然后将所产生的半焦作为原料，经气化制取合成气，从而实现煤的热解气化分级转化，具有较大的应用前景。热解气化分级转化技术通过中温热解过程，获得的煤焦油具有较高的利用价值。除可以从煤焦油中提取高价值的化学品外，以煤焦油为原料通过加氢工艺制取高品质液体燃料的能耗和成本与合成气合成液体燃料比有大幅降低，而热解所获得的煤气则可以与半焦气化生成的合成气一起用于后续化工合成。

2.3.5　粒度

煤的粒度在气化过程中占有非常重要的地位。粒度的不同，直接影响到气化炉的运行负荷、煤气和焦油的产率以及气化时的各项消耗指标。煤和灰分都是热的不良导体，热导率小，传热速度慢，因此粒度的大小对传热过程的影响尤其显著，进而影响焦油的产率。粒度越大，传热越慢，煤粒内外温差越大，粒内焦油蒸气的扩散和停留时间增加，焦油的热分解加剧。通常情况下，不同的煤种在不同的气化炉里进行气化时，对其粒度的要求也不一样。

煤的粒度主要影响其适用的气化工艺。固定床用原煤一般采用 6～13mm、13～25mm、25～50mm 或 50～100mm 的粒级煤（粒级范围依所用煤种类不同而异），以保证床层的孔隙率。流化床气化技术是以粒度为 0～10mm 的小颗粒煤为气化原料，气化剂从炉体下部进入粉煤层，在适当的煤粒度和气速下，与碎煤形成流化状态（固体燃料颗粒悬浮于气相中，运动如沸腾的液体一般）。气流床气化用气化剂（蒸汽和氧）将粒度为 $100\mu m$ 以下的煤粉带入气化炉内，也可将煤粉先制成水煤浆，然后用泵打入气化炉内。

此外，煤的粒度也受抗碎强度和可磨性的影响。固定床气化原料要求为一定粒度的块煤，块煤原料在运输、转运、筛分过程中会有挤压，摔裂，使块煤发生破碎，块煤的抗碎强度就是评价煤抵抗外力而避免破碎的一种性能指标。抗碎强度与煤的变质程度、风化氧化和成煤条件有关。固定床气化炉要求原煤抗碎强度在 60% 以上，一般好的块煤可达到 90% 以上，而褐煤会稍微差些。煤的可磨性是指煤磨成一定粒度细粉的难易程度，用 HGI 表示，HGI 数值越高表示越容易磨碎。

超细煤粉微尺度效应与氧化技术将有助于进一步提高气化效率、改善灰熔融流动性以及调控污染物生成等，为气流床气化技术的高效、安全和稳定运行提供重要保障，是气流床气化技术潜在的研究发展方向。

在国家重点研发计划项目"CO_2 近零排放的煤气化发电技术"中，本项目组以神华烟煤为对象，探索了煤粒径变化对煤超细化过程中颗粒表面化学与微观结构变化规律、无机矿物组成分布以及硫、氮元素含量及赋存形态的影响规律，以及对煤 CO_2 气化动力学、热解、燃烧及灰熔融特性的影响。本书将展示基本物理化学性质、CO_2 气化动力学、煤热解特性和燃烧特性等相关方面的研究成果。

（1）基本物理化学性质

项目组采用元素分析仪、傅里叶变换红外光谱仪和扫描电子显微镜对不同粒径煤粉的元素组成、官能团分布及微观表面形貌进行了分析。结果表明，随着煤粉粒径的减小，C、N、S 元素含量逐渐增加，而 H、O 元素含量呈现逐渐减小的趋势，说明煤粉的细化有利于 C 元素的富集，进而提高煤粉燃烧活性，但超细煤粉的燃烧可能会加大后续燃烧烟气净化的负担；超细煤颗粒表面羟基官能团增多，而芳烃 C $=$ C 及 CH_3 官能团减少，随着煤粉的细化，其微观表面逐渐变得粗糙，可促进煤的燃烧，提高反应活性。

（2） CO_2 气化动力学

项目组采用分布式活化能模型及单一动力学模型开展了超细煤气化动力学研究，建立了气化反应动力学计算方法，获得了不同反应温度、不同粒度分布、超细煤颗粒 CO_2 气化反应速率、反应级数与活化能等动力学参数。分布式活化能模型结果表明，同样实验条件下，即随着粒径的增加，固体残余量逐渐减小。热解阶段活化能变化范围较宽，集中于 $100 \sim 300kJ/mol$；而气化阶段的活化能范围较窄，集中于 $180 \sim 280kJ/mol$。不管是热解阶段还是气化阶段，粒径变化对活化能数值的影响不大。

（3）煤热解特性

煤具有大分子结构，受热会发生裂解，释放可燃气体，产生焦油和焦炭。不同粒径煤样具有相似的热解过程，可分为三个阶段，如图 2-11 所示。阶段 Ⅰ 为初温至 $350℃$，该阶段煤样缓慢失重，主要进行水分及表面吸附气体的释放；阶段 Ⅱ 为 $350 \sim 800℃$，该阶段煤样快速失重，主要是煤的大分子结构发生解聚，释放大量可燃气体，剩下半焦；阶段 Ⅲ 为 $800 \sim 1100℃$，该阶段煤样缓慢失重，主要是半焦缩聚为焦炭。

粒径对神华烟煤的热解过程具有一定影响。从图 2-11 可以看出，不同粒径煤样的最终固体残余量各不相同，随着粒径的减小，固体残余量具有增大的趋势，即最终失重量具有减小的趋势。这是由于煤是一种非均相物质，在煤的粉碎过程中，不同煤岩成分的可磨性不同，随着粒径的细化，煤中以离散形式存在于有机体外的矿物质逐渐增加，挥发分产率逐渐降低，热解失重量逐渐减小。

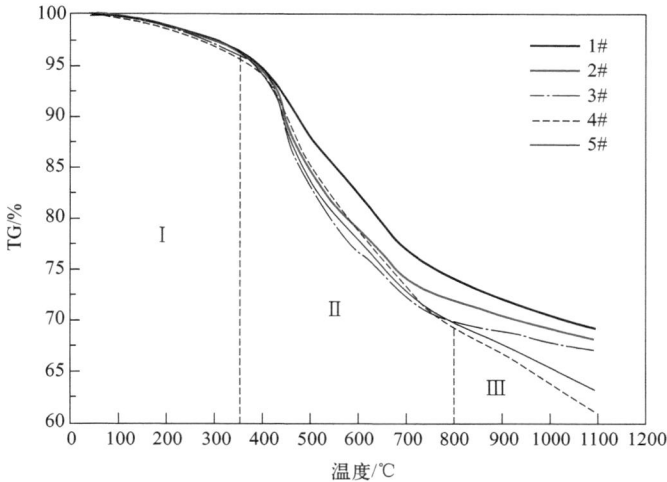

图 2-11　不同粒径煤样氮气气氛下的 TG 曲线

（4）煤燃烧特性

不同粒径煤样的燃烧失重曲线如图 2-12 所示。可以看出，不同粒径神华烟煤的燃烧失重曲线的趋势非常相似，为了准确描述其燃烧特性，本项目组对如下煤燃烧特征参数进行了重点分析。着火温度是煤样发生剧烈氧化反应时的最低温度，采用 TG-DTG 法确定，即 TG 曲线上失重速率最大点的切线与失去全水的样品开始失重时的水平线的交点所对应的温度，用 T_i 表示。

燃尽温度为煤燃烧失重速率小于 1%/min 时所对应的温度，用 T_h 表示。

综合燃烧特性指数是反映煤粉着火与燃尽特性的综合性指标，其定义如下：

$$S = \frac{(\mathrm{d}\omega/\mathrm{d}t)_{max}(\mathrm{d}\omega/\mathrm{d}t)_{mean}}{T_i^2 T_f} \tag{2-1}$$

式中，$(\mathrm{d}\omega/\mathrm{d}t)_{max}$ 为最大失重速率，%/min；$(\mathrm{d}\omega/\mathrm{d}t)_{mean}$ 为平均失重速率，%/min；T_i 为着火温度，K；T_f 为燃尽温度，K；S 为综合燃烧特性指数，$1/(\mathrm{min}^2 \cdot \mathrm{K}^3)$。

从图 2-12 可以看出，经过细化后的煤粉的失重速率最高，煤中易燃物质的整体燃烧速率得以明显提高。从表 2-4 可以看出，随着煤粉粒径的减小，着火温度 T_i 具有降低的趋势，尤其是 1♯ 超细化煤样的着火温度最低，这是因

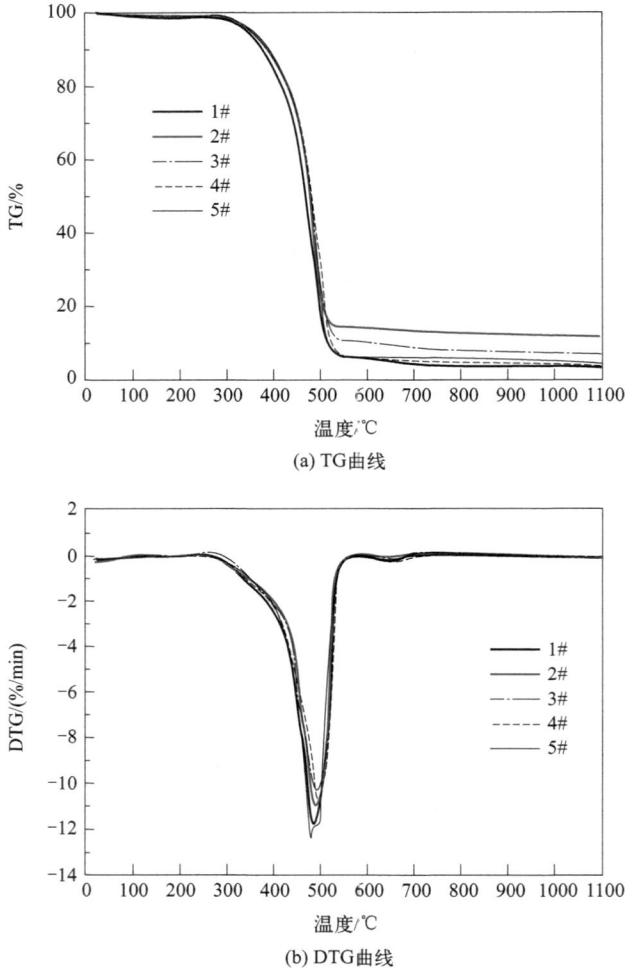

图 2-12 不同粒径煤样空气气氛下的燃烧失重曲线

为随着煤粉粒径的减小，颗粒的比表面积逐渐增大，有利于挥发分的析出与固定碳的燃烧。不同粒径神华烟煤的燃尽温度 T_f 也不相同，随着煤粉的细化，其燃尽温度也呈现先升高后降低的趋势，其中 1# 超细化煤样的燃尽温度最低，3# 煤样的燃尽温度最高。不同粒径煤样的最大失重速率也不同，随着煤粉的细化，煤颗粒的最大失重速率 $(d\omega/dt)_{max}$ 先降低后升高，其中 1# 超细化煤颗粒的最大失重速率最高。1# 煤样的综合燃烧特性指数 S 最高，表明超细化煤粉的燃烧特性最好。

表 2-4　不同粒径煤样的燃烧特征参数

样品	T_i/K	T_f/K	$(\mathrm{d}\omega/\mathrm{d}t)_{mean}$ /(%/min)	$(\mathrm{d}\omega/\mathrm{d}t)_{max}$ /(%/min)	S /(min^{-2}/K^3)
1#	694.72	800.39	−6.81	−11.98	2.11×10^{-7}
2#	697.29	800.55	−6.40	−11.10	1.83×10^{-7}
3#	698.83	806.38	−6.53	−10.39	1.72×10^{-7}
4#	698.13	809.23	−6.71	−10.72	1.82×10^{-7}
5#	699.23	804.38	−6.80	−11.91	2.06×10^{-7}

　　随着大型高效节能超细煤粉制备系统的成功研发，本项目组解决了超细煤粉制备能耗高、磨耗高、安全性差等问题，为超细煤粉（40μm 级）的转化利用奠定了基础。煤是由不同岩相成分组成的具有多种官能团和化学键的大分子复杂混合物，微细化粉碎技术可以改变煤粉自身的物理化学特性，使得煤中有机组分与无机矿物质的解离更加充分。与常规煤粉相比，超细煤粉具有更快的反应动力学、更高的燃烧效率和更好的燃烧稳定性，具有广阔的应用前景。

2.3.6　灰熔融特性

　　灰熔点就是灰分熔融时的温度。煤灰熔点是煤灰熔融性的俗称，煤灰由于是由多种化合物组成的混合物，因此没有固定的灰熔点，而只有一个很宽的熔化温度区间。灰分在受热情况下，一般经过三个过程，定义了初始变形温度 DT、软化温度 ST、半球温度 HT 和流动温度 FT 四个特征温度（图 2-13），用以表征某种煤灰的灰熔点高低。煤气化时一般用软化温度作为原料灰熔融性的主要指标。

原形　　　　DT　　　　　　ST　　　　　　　　HT　　　　　　FT

图 2-13　煤灰灰锥熔融特征示意图

DT—灰锥尖歪斜；ST—灰锥尖触及地面；HT—灰锥熔成半球状；FT—<1.5mm 的薄层

煤气化时的灰熔点有两个方面的含义。

一个是气化炉正常操作时，不至于使灰熔融而影响正常生产的最高温度；

另一个是采用液态排渣的气化炉所必须超过的最低温度。

在气化炉的氧化层，由于温度较高，灰分可能熔融成黏稠性物质并结成大块，这就是通常讲的结渣性。其危害性有下面几点：①影响气化剂的均匀分布，增加排灰的困难；②为防止结渣、采用较低的操作温度而影响了煤气的质量和产量；③气化炉的内壁由于结渣而缩短了寿命。

煤的结渣性与灰熔点有一定的关系。一般来说，灰熔点低的煤在气化时容易结渣，为防止结渣，就要加大水蒸气的用量，使氧化层的温度维持在灰熔点以下，对于灰熔点高的煤种可采用较高的操作温度，在较低的汽气比下获得较高的气化强度。

一般用于固态排渣气化炉的煤，在气化时不能出现结渣，其灰熔点应大于1250℃；液态排渣却相反，灰熔点越低越好，但要保证有一定的流动性，其黏度应小于25Pa·s，若黏度太大，液渣的流动性变差，还有可能出现结渣。

采用液态排渣的气化炉，可以对入炉煤采用混配的方法。对一些高黏度灰渣的煤，可以混配一些低黏度灰渣的煤，以达到液态排渣的要求；也可以通过添加一定的助溶剂提高液渣的流动性。由于我国的煤灰渣多属于酸性渣，助溶剂常选用碱性的 CaO 或热解能产生 CaO 的 $CaCO_3$，一般添加的原则是如果煤灰中 SiO_2/Al_2O_3（质量比）小于 3 时，CaO 在灰中的含量达 30%～35% 时，灰熔点最低；若再增加 CaO 的含量，灰熔点不仅不降低，反而有可能升高；但如果大于 3 时，SiO_2 含量大于 50%，灰中 CaO 含量为 20%～25% 时，灰熔点最低，如果再增加 CaO，其灰熔点将超过 1350℃。

2.4　气化过程污染物释放及赋存规律

2.4.1　煤中汞的形态变化

在煤炭利用过程中，汞的释放形式不同于自然界中汞的释放形式。气体中的汞有三种气态形式：元素汞（Hg^0）、氧化汞（Hg^{2+}）和颗粒汞（Hg^P）。其中，Hg^{2+} 可通过湿法烟气脱硫（WFGD）和/或选择性催化还原（SCR）技术去除。同样，Hg^P 也可以通过静电除尘（ESP）或织物过滤器（FF）等颗粒物收集设备轻松去除。煤中汞的形态变化如图 2-14 所示。由于单质汞极易挥发，不溶于水，因此很难用传统方法去除。煤气化过程中的气氛与燃烧过程中的气氛明显不同，主要是因为前者具有较强的还原性。在煤热解过程中，大部分汞以蒸气的形式从煤中释放出来，主要是单质汞。

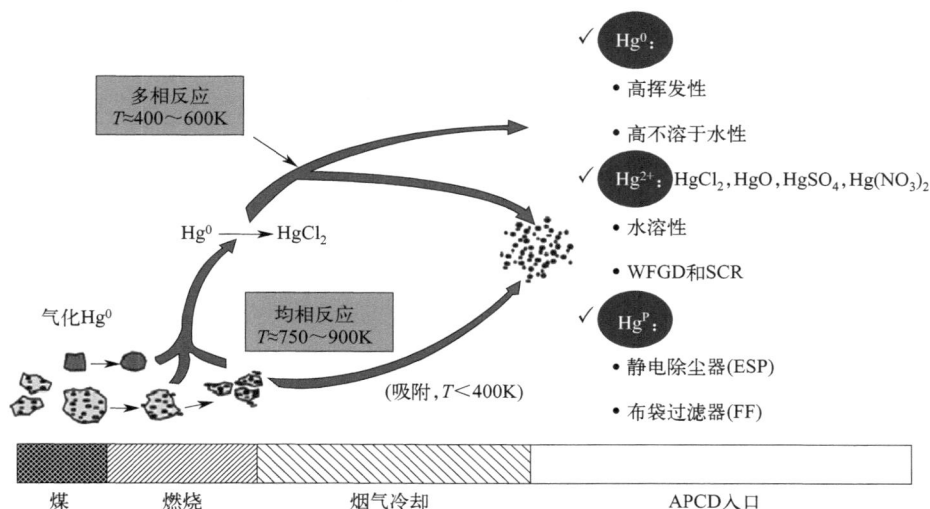

图 2-14　煤中汞的形态变化

汞的催化氧化很难在还原性大气中进行，气体中超过 93％ 的汞以 Hg^0 的形式存在，汞的浓度高于燃煤烟气。在 580℃ 时，煤中几乎所有的汞都以气相存在。

本项目组基于小型气流床气化试验探索了微量元素的沉淀特性，发现汞主要以气相形式存在于 500～600℃ 的温度范围内。通过 HSC 的热计算发现，汞的释放温度范围为 300～900℃，初始释放温度为 300℃。当气化温度升至 900℃ 时，汞几乎完全释放，大部分汞为元素气态汞，只有少量汞处于化合物状态。在煤气化过程中，压力会影响汞的释放。当气化温度低于 1000℃ 时，压力表现出抑制作用，500℃ 时抑制作用最强。

同时，本项目组还利用 OHM 和 CVAFS 研究了四种典型中国动力煤的高温热解，探索了高温煤热解气化过程中汞的释放规律：气化过程中汞的释放速率较高，主要是元素汞；温度对汞的释放和氧化影响最大。随着热解温度的升高，热解气体中汞的释放量增加。当气化温度达到 1000℃ 时，煤中汞的释放率可达 90％ 以上。同时，煤中的卤素和酸性金属化合物会促进汞的释放。

2.4.2　煤中硫的形态变化

气化过程同时会发生 S、N 等杂原子的反应，其产物会引起设备腐蚀、催化剂中毒和环境污染，因此必须通过净化工艺将其脱除。主要反应见表 2-5[8]。

表 2-5　煤中硫形态演变的化学反应

序号	反应方程式
1	$S+O_2 \longrightarrow SO_2$
2	$S+O_2+3H_2 \longrightarrow H_2S+2H_2O$
3	$SO_2+2CO \longrightarrow S+2CO_2$
4	$SO_2+2H_2S \longrightarrow 3S+2H_2O$
5	$2S+C \longrightarrow CS_2$
6	$S+CO \longrightarrow COS$
7	$N_2+3H_2 \longrightarrow 2NH_3$
8	$2N_2+2H_2O+4CO \longrightarrow 4HCN+3O_2$
9	$N_2+O_2 \longrightarrow 2NO$

因此反应产物中有硫及含硫的化合物和含氮化合物，它们的存在可能造成设备的腐蚀和环境的污染，故煤气使用之前必须净化。

已经工业化应用的煤气脱硫方法有很多种，通常可分为干法和湿法两大类。干法脱硫很难用于大规模合成气生产过程中的煤气脱硫，但它对煤气精脱硫具有特别重要的意义。工业生产上使用的干法脱硫剂有多种，常用的如氧化铁脱硫剂、氧化锌脱硫剂、活性炭脱硫剂等。湿法脱硫是目前大型工业装置应用最多的方法，根据所用脱硫剂性质以及脱硫反应机理的不同，湿法脱硫又分为物理法、化学法以及物理化学法三大类。

干法脱硫使用的脱硫剂为固体，当煤气流过固体脱硫剂时，由于选择性吸附、化学反应等原因，使得硫化物被脱硫剂截留，煤气得到净化。湿法脱硫原理是利用液体吸收剂选择性地吸收煤气中的硫化物，包括物理吸收和发生化学反应的化学吸收。

2.5　煤气化过程主要评价指标

2.5.1　碳转化率

碳转化率是指单位质量煤生成煤气中的碳占单位质量煤中碳的百分率，即产品气中含碳量与原料中含碳量之比。碳转化率是评价煤气化过程重要的性能指标之一，其随着操作条件和气化炉设计结构等发生变化。

$$\eta_c = \frac{\dfrac{V \times (CO\% + CO_2\% + CH_4\%)}{22.414} \times 12.011}{M \times m} \times 100\%$$

$$= \frac{CO\% + CO_2\% + CH_4\%}{22.414 \times m} \times 12.011 \times \frac{V}{M} \times 100\%$$

$$= \frac{CO\% + CO_2\% + CH_4\%}{22.414 \times m} \times 12.011 \times G \times 100\% \tag{2-2}$$

式中，η_c 为碳转化率，%；V 为煤气产量，Nm^3/h；$CO\%$ 为产品气中 CO 的体积含量，%；$CO_2\%$ 为产品气中 CO_2 的体积含量，%；$CH_4\%$ 为产品气中 CH_4 的体积含量，%；M 为原料煤的质量，kg；m 为原料中碳的质量含量，%；G 为标准状态下产品气的产率，Nm^3/kg。

2.5.2　冷煤气效率

气化效率是指生成物的发热量与所使用原料发热量之比，在只利用冷煤气的潜热时称为冷煤气效率[6]。

当不包括焦油时：

$$\eta_{\text{气}} = \frac{Q_g V}{Q_{coal}} \times 100\% \tag{2-3}$$

式中，$\eta_{\text{气}}$ 为气化效率；Q_g 为生成煤气的热值，kJ/m^3；V 为煤气产率，m^3/kg；Q_{coal} 为原料煤发热量，kJ/kg。

当包括焦油时：

$$\eta_{\text{气}} = \frac{Q_g V + Q_{tar}}{Q_{coal}} \times 100\% \tag{2-4}$$

式中，Q_{tar} 为单位原料气化生成焦油的热量，kJ/kg。

2.5.3　气化强度

气化强度是指气化炉炉体单位截面上的生成强度。气化强度可以有以下三种不同的表示方法：以消耗的原料量表示，单位为 $kg/(m^2 \cdot h)$；以生产的煤气量表示，单位为 $m^3/(m^2 \cdot h)$；以产生的热量表示，单位为 $kJ/(m^2 \cdot h)$。气化炉的生产能力主要取决于气化炉截面积和气化强度。气化强度与气化方法、气化原料特性以及气化炉的结构有关。实际的气化炉在生产煤气时，一般煤种和气化炉的截面积都是固定的，只有适当提高气化强度，才能提高生产能力，同时改善煤气的质量。

2.5.4 单炉生产能力

煤气化炉的单炉生产能力是指每个独立运行的煤气化炉在一定时间内能够生产的煤气量。这个参数通常以标准体积或质量单位来表示，比如每小时产生的标准立方米煤气或每天产生的吨煤气。煤气化炉的单炉生产能力受到多种因素的影响，包括炉型、煤种、操作条件等，其中一些主要因素如下[10]。

① 原料煤性质。不同种类和质量的煤炭具有不同的挥发分、固定碳、灰分和硫分等特性。这些性质直接影响气化反应的速率和气化产物的质量，从而影响单炉生产能力。

② 气化剂选择。使用不同的气化剂，如空气、氧气或蒸汽，会对气化反应的效率和产物的组成产生重要影响。氧气气化通常能提高产气速率，但也会增加操作成本。

③ 气化炉设计和类型。气化炉的设计和类型，如固定床、流化床或气流床等，会影响气化反应的进行方式。

每种类型的气化炉都有其适用的原料和操作参数，从而影响了生产能力。对于固定床煤气化炉，单炉生产能力通常在每天几十到几百吨之间，具体取决于炉体规模和设计参数。固定床煤气化炉适用于较小规模的生产。对于流化床煤气化炉，单炉生产能力相对较高，可以达到每天数百到数千吨。流化床煤气化炉具有良好的煤料适应性和高效的气化特性。对于气流床煤气化炉，单炉生产能力通常在每天数百到数千吨之间。气流床煤气化炉在大规模煤气化工艺中具有较高的产能和较好的操作稳定性。①操作参数：温度、压力和气化时间等操作参数会直接影响气化反应的进行。通过优化这些参数，可以提高气化效率和产气量，从而增加生产能力。②气化工艺选择：不同的气化工艺，如干燥气化、气体化和水煤气转换等，对气化效率和产物的质量有影响。选择适合工厂需求的工艺路线是提高生产能力的关键。③设备状态和维护：气化炉的设备状态和维护状况对生产能力有直接影响。定期的设备检修和维护可以确保设备处于最佳运行状态，从而提高生产效率。④原料处理：原料煤的前处理，包括煤的破碎、干燥和预处理等，对于提高气化反应的效率和产气量至关重要。⑤环境条件：气化炉运行的环境条件，如气温和湿度等，也可能影响气化反应的进行，进而影响生产能力。

这些因素相互作用，需要在工程设计和运营中进行综合考虑，以实现最佳的单炉生产能力。在实际操作中，通过不断优化和调整这些因素，可以提高煤气化炉的整体性能和生产效率。

2.5.5　热效率

气化炉的热效率是指在将煤转化为合成气或其他气体燃料的过程中，有效利用煤中化学能量的程度。它表示所有直接加入气化过程中的热量与所供给总热量的百分比，反映了能量利用的效果。热效率的计算通常考虑煤的热值和气化过程中产生的煤气的热值。

煤气化的热效率受到多个因素的影响。首先，气化过程的类型，如固定床气化、流化床气化等，会对热效率产生影响，其中流化床气化通常具有较高的热效率。其次，气化反应的温度和压力是影响热效率的重要因素，通常较高的气化温度有助于提高热效率。此外，选择不同的气化剂、煤的性质以及废热的回收利用也都会对热效率产生影响。

总体而言，通过优化气化工艺参数、选择适当的气化剂、提高废热回收水平，可以提高煤气化的热效率。在实际生产中，由于存在多种热损失，实际气化效率一般为 $70\%\sim80\%$。气化过程中的能量损失主要包括煤气带走的显热、未分解水蒸气以及带出物、焦油、灰渣排放的化学热、潜热和显热等。

2.6　小结

煤气化是一种将固体煤转化为可燃气体的过程，其基本原理涉及煤的热解、气化和反应机制。这一过程通常在高温、高压、缺氧或部分氧气的环境中进行，以实现煤的化学转化，从而产生合成气体，主要包括一氧化碳和氢气。

在气化过程中，煤中的碳、氢等元素与水蒸气发生反应，形成合成气体，其中一氧化碳是主要组成成分之一，具有重要的工业应用价值。煤气化过程中的反应机制也包括一系列的氧化还原反应。在高温条件下，煤中的碳与氧发生氧化还原反应，生成一氧化碳。同时，水蒸气与煤中的碳和氢反应，生成氢气。这些反应构成了煤气化过程中复杂的化学反应网络，需要严格控制反应条件，以提高合成气体的产率和质量，从而为化学工业、能源生产等领域提供重要的原料和能源来源。随着技术的不断进步，煤气化在清洁能源和化学工业中的应用前景将变得更加广阔。

参考文献

[1] 张双全. 煤化学 [M]. 4 版. 徐州：中国矿业大学出版社，2015.

[2] 许世森，张东亮，任永强. 大规模煤气化技术 [M]. 北京：化学工业出版社，2006.

[3] 乌云. 煤炭气化工艺与操作 [M]. 北京：北京理工大学出版社，2013.

[4] 苏楠，王琰. 现代煤气化技术发展趋势及应用综述 [J]. 工程技术：文摘版，2016.

[5] 亢万忠. 煤化工技术 [M]. 北京：中国石化出版社，2017.

[6] 王立庆. 我国煤气化技术概况及发展趋势 [J]. 氮肥与合成气，2014 (9)：1-7.

[7] 朱宝轩，霍琪. 化工工艺基础 [M]. 北京：化学二业出版社，2004.

[8] 戴厚良，何祚云. 煤气化技术发展的现状和进展 [J]. 石油炼制与化工，2014，45 (4)：1-7.

[9] 孙鸿，张子峰，黄健. 煤化工工艺学 [M]. 北京：化学工业出版社，2012.

[10] 岑可法. 先进清洁煤燃烧与气化技术 [M]. 北京：科学出版社，2014.

[11] 张庆庚，李凡，李好管. 煤化工设计基础 [M]. 北京：化学工业出版社，2012.

[12] 许祥静. 煤气化生产技术 [M]. 北京：化学工业出版社，2010.

[13] 裴双. 煤炭气化发展及应用中的热点问题探讨 [J]. 工程技术：全文版，2023.

[14] 何选明. 煤化学 [M]. 2 版. 北京：冶金工业出版社，2010.

第 3 章

空气分离技术

3.1 概述

3.1.1 空气的组成

空气含有氮气、氧气以及氩气等其他微量气体，其主要组成如表 3-1 所示。除表中所列的固定组分外，空气中还含有数量不定的灰尘、水分、乙炔以及二氧化硫、硫化氢、一氧化氮、一氧化二氮等微量杂质。不同气体的组成不同，所具有的理化性质也存在差异，空气中的主要成分是氧和氮，它们均以分子状态存在。分子是保持它原有性质的最小颗粒，而分子的数目非常多，并且不停地在做无规则运动，因此，空气中的氧、氮等分子是均匀地相互掺混在一起的。利用空气中不同组分的气体完成某些工艺流程，满足人们生产需求是进行空气分离的最终目的。

表 3-1 空气的组成部分[1]

组成	分子式	体积分数/%	质量分数/%	分子量
氧	O_2	20.85	23.1	32.00
氮	N_2	78.09	75.6	28.016
氩	Ar	0.932	1.286	39.944
二氧化碳	CO_2	0.03	0.046	44.010
氖	Ne	$(15 \sim 18) \times 10^{-4}$	1.2×10^{-3}	20.183
氦	He	$(4.9 \sim 5.3) \times 10^{-4}$	0.7×10^{-4}	4.003
氪	Kr	1.08×10^{-4}	3×10^{-4}	83.80
氙	Xe	0.08×10^{-4}	0.4×10^{-4}	131.3
氢	H_2	0.5×10^{-4}	0.036×10^{-4}	2.016
臭氧	O_3	$(0.01 \sim 0.02) \times 10^{-4}$	0.2×10^{-4}	48.00

3.1.2 空气的物理化学性质

空气主要由氮气（约占体积的 78%）、氧气（约占体积的 21%）、氩气（约占体积的 0.9%）、水蒸气、二氧化碳和其他稀有气体等组成，空气密度在标准条件下约为 $1.225kg/m^3$，并受到温度和压力的影响。空气具有一定的溶解度，空气中各种气体的溶解度受到温度、压力和溶质浓度等因素的影响。此外，空气是一种可压缩的物质，当受到外力压缩时，其体积会减小。空气具有一定的压力，通常用标准大气压作为参考值，压力随着海拔的升高而逐渐降低。

人们利用空气中各种气体的不同性质，来实现气体的分离。以下是一些常用的性质。

① 沸点：氮气和氧气的沸点差异较大，氮气的沸点为 $-195.79℃$，氧气的沸点为 $-183℃$。这个差异可以被用来进行空气的低温分离，例如通过冷凝法或者低温蒸馏。

② 溶解度：氧气在水中具有较高的溶解度，而氮气的溶解度相对较低。利用氧气在水中的高溶解度，可以通过吸附剂吸附空气中的氧气，从而实现氧气的富集。

③ 密度差异：空气中的不同成分具有不同的密度。利用气体的密度差异，可以通过重力分离或者分子筛等方法，实现空气中不同成分的分离。

④ 压缩性：空气是可压缩的，当空气受到压缩时，其中的成分会发生体积变化。通过压缩空气并控制释放压力，可以实现氧气和氮气等成分的分离。

⑤ 透过性：部分气体在特定的膜材料上有较高的透过性，例如氧气对一些聚合物膜具有较高的透过性，而氮气透过性较低。可以利用膜分离技术来实现氧气和氮气的分离。

3.1.3 空气分离技术的应用和发展

空气分离是指利用变压吸附、膜分离等技术，根据不同气体物理性质将空气中的氧气、氮气、氩气等气体提取出来的过程。进入到 21 世纪以来，伴随着国民经济的快速发展，工艺技术的不断完善，社会对各种气体的需求量不断攀升，各种形式的空气分离技术与设备被研发并推广。空气分离技术被广泛应用于钢铁冶金、电子、化工、航天等领域，可以说在各个工业领域均能看到空气分离设备的身影。在利用空气分离技术或设备时，应根据不同空气分离技术与设备的使用特点与工艺，选取能够高质量满足需求的技术与设备，防止在使用过程中，过度追求新工艺技术，要保证所选用的空气分离技术与设备具有较高的安全性，以达到节约能耗、降低成本的目的。

空气分离的方法可分为低温和非低温两种，其中非低温空气分离方法包括变压吸附、膜分离、化学分离等。非低温法空分流程主要用于规模相对较小和产品纯度要求不高的空分装置，不能生产稀有气体以及液体产品。变压吸附法、膜分离法等在过去十年中得到了长足的发展，在一定的规模和使用条件下已成为低温法空气分离装置的强劲对手，但是由于这几种方法的固有缺点使它们在很多应用领域是无法与低温法空气分离装置相匹敌的[2]。

（1）低温深冷技术

低温深冷技术（cryogenic process）分离工艺是先将空气通过压缩、膨胀降温，直至空气液化，再利用氧、氮的汽化温度（沸点）不同（在大气压力下，氧的沸点为 90K，氮的沸点为 77K），沸点低的氮相对于氧要容易汽化这个特性，在精馏塔内让温度较高的蒸气与温度较低的液体不断相互接触，液体中的氮较多地蒸发，气体中的氧较多地冷凝，使上升蒸气中的含氮量不断提高，下流液体中的含氧量不断增大，以此实现空气分离。要将空气液化，需将空气冷却到 100K 以下的温度，这种制冷叫深度冷冻；而利用沸点差将液空分离的过程叫精馏过程。低温深冷技术分离工艺是深冷与精馏的组合，是目前应用最为广泛的空气分离方法。目前我国生产的空分设备的形式、种类繁多。有生产气态氧、氮的装置，也有生产液态氧、氮的装置。但就低温深冷技术分离工艺流程而言，主要有四种：高压、中压、高低压和全低压流程。

1903 年，德国林德利用焦耳-汤姆逊效应，采用高压节流技术发明了世界第一台 10m³/h 空分装置，世界上第一台工业性空分装置就此诞生。1906 年，德国海兰特采用一台高压（20MPa）膨胀机将空气液化并生产液氧，建立了"海兰特液化循环"。1907 年，德国梅塞尔用干燥氮气反流来预冷压缩空气以回收冷量。1924 年，德国富兰克提出在中大型空分装置上采用金属填料蓄冷器。1930 年，德国林德设计并制成第一台工业规模林德-富兰克（蓄冷器）型空分装置。1932 年，苏联拉赫曼提出将部分膨胀空气直接送入上塔参与精馏的"拉赫曼原理"。同年德国林德在林德-富兰克型制氧机上采用了轴流单级冲动式透平膨胀机。1939 年，苏联卡皮查发明高效率透平膨胀机，并开始研究全低压空分设备。1940 年，德国林德开发高低压空分流程。20 世纪 40 年代末，美国发明切换式换热器并用于空分装置。1956 年，美国联碳公司、林德分公司在高压空分装置上使用分子筛纯化器处理加工空气。1976 年，日本神钢在空分装置上采用计算机进行控制。1978 年，德国林德开发液氧泵内压缩流程。20 世纪 70 年代末，苏尔寿公司将规整填料用于空分装置精馏塔。1980 年，德国林德提出使用分子筛纯化器和增压透平膨胀机的空分流程。1990 年，德国林德开发规整填料全精馏无氢制氩空分流程。2002 年，德国林德开发快速变负荷空分装置。2009 年，德国林德开发空分装置远程操作中心[3]。

低温空气分离装置技术已日趋成熟，主要表现在低温空气分离装置流程自全精馏制氩流程出现近 30 年来，再没出现根本性变革。随着全球经济的发展，能源危机与环境恶化伴随而来。为了实现《巴黎协定》确定的控制全球气温上升的目标，到 2030 年全球 CO_2 排放强度下降应超过 30%。空分装置是耗能大户，通过对典型的煤化工企业进行能耗计算，空分装置的能耗可占全厂能耗的 40%。降低空分装置的能耗已成为社会经济可持续发展的迫切需求，推动着空分装置朝以下特点发展。

① 大型化。钢铁行业产能压缩以及大型煤化工项目的上马，推动着空分装置朝大型化方向发展。同时，随着空分装置制氧规模的扩大，单位制氧能耗有显著的降低。相关部件方面，曼透平、西门子和沈鼓等已开发和生产出满足十万等级空分装置的大型压缩机；高效规整填料的研发成功，使得大型空分设备配套的精馏塔设备尺寸可以满足运输条件的要求；实际运行的多种类型空分装置提供了丰富的数据，空分流程计算越来越精确，使得装置的尺寸不再无谓放大。

② 高自动化。随着集散控制系统（DCS）以及先进控制技术（APC）等的发展与普及，提高工业过程的自动化程度变得越来越简单。提高装置的自动化程度，实现空分装置自动变负荷控制，将极大提高空分装置的运行效率，有效降低装置的故障率。

③ 低能耗化。压缩机组的效率在提高，能耗不断降低；新型规整填料的成功研发，使得精馏塔的精馏效率不断提高；新型分子筛吸附剂的研制成功，有效延长了分子筛纯化器的吸附周期；新型节能型蒸汽加热器研制成功，高效的主冷结构有效降低了主冷氧氮的换热温差。

（2）膜分离法

相对于现有的空气分离技术，膜分离法（membrane process）属于新一代气体分离技术，通过一定的压力，依据气体中待分离的分子在膜表面的附着及溶解扩散能力的不同，使气体中的各种成分进行有效的分离。它和深冷分离法相比，主要特色在于它绝无任何化学反应出现，不使用任何化学添加剂，同时成本较低，能源的消耗较少，适应性也较强，装置水平的配置规模大小要求也较低，安全系数高，可信赖度高，当然应用也比较广泛。在当前社会，这种技术已经相对成熟，并且在很多气体分离领域被广泛应用。同时，这项技术带来的巨大经济和社会效益也使其成为分离技术中最重要的手段之一。

1831 年，Mitchell 研究了天然橡胶的透气性，并进行了氢气和二氧化碳混合气的渗透实验，发现不同气体分子透过膜的速率是不同的，首次揭示膜分离实现气体分离的可能性。1866 年，Graham 研究了橡胶膜的气体渗透性能，将空气中的氧含量从 21％ 富集到 41％，并提出了溶解扩散机理。1950 年，Weller 和 Steiter 用厚度为 $25\mu m$ 的乙基纤维素膜制备出了含氧 32.6％ 的富氧空气。1954 年，Mears 研究了玻璃态聚合物的透气性，拓宽了膜材料的选择范围。同年，Brubaker 和 Kammermeyer 采用聚乙烯、丁酸-纤维素、氯乙烯-乙酸乙烯共聚体和聚三氟氯乙烯等膜，对混合气体进行了分离浓缩，发现硅橡胶膜对气体的渗透速率高出乙基纤维素膜 500 倍，具有优越的渗透性。1965 年，Stern 等利用含氟高分子膜从天然气中分离氦，并进行了工业规模的设计。该阶段气体分离膜通量小或膜组件制造困难，并未实现气体分离膜在工业中的大规模应用。1979 年，美国 Mondtanto 公司在聚砜中空纤维膜外表面上涂覆致密的硅橡胶表层，并研制出"prism"气体分离膜装置，得到高渗透率、高选择性的复合膜，成功将其应用在合成氨弛放气中回收氢气。该项技术在全球引起巨大的反响，成为气体膜分离技术发展过程中的里程碑，使得其在气体膜分离市场中占有重要地位。Mondtanto 公司"prism"膜的成功开发，推进了 Dow Chemica、Separex、Envirogenics、W. R. Grace、Ube 等公司对气体膜分离器商品化的研究进程，从此气体分离膜的研究和应用进入了快速发展阶段。气体分离膜技术开始应用于合成氨弛放气、炼厂气和其他石油/化工排放气中氢的回收，开创了气体膜分离技术大规模工业应用的时代。除了氢氮分离膜外，富氮、富氧膜分离也得到长足进展和工业应用。气体膜法分离技术广泛用于从气相中制取高浓度组分（如从空气中制取富氧、富氮）、去除有害组分（如从天然气中脱除 CO_2、H_2S 等气体）、回收有益成分（如合成氨弛放气中氢的回收）等，从而达到浓缩、回收、净化等目的。我国的气体分离膜目前已广泛应用于空气富氮、富氧，并在气体的脱湿干燥、水果保鲜、煤气脱硫、天然气除酸性气体等方面也取得了可喜的成果，下面对气体分离膜在空气富氮、富氧中的应用进行简要介绍。

① 空气富氮。

氮气作为惰性气体，广泛应用于油井保护、三次采油、气体置换、电子制造、金属加工、各种易爆物的储存运输及食品保鲜等领域。世界各地以往一般采用传统的深冷法和变压吸附（PSA）技术从空气中制取 N_2，但这种装置复杂，操作麻烦，投资大，能耗高。用膜法分离技术从空气中富集氮气在克服了以上缺点的同时，可得到纯度高于 99.5% 的富氮产品，生产成本仅为液氮的 1/3～1/2。

与液氮运输法相比，膜法富氮有以下优点：不需要储罐，不用汽化器，无挥发损失；与变压吸附法相比，膜法富氮设备无运动部件，产品氮气无须过滤即可使用；与惰性气体发生器相比，膜法富氮装置更安全，产品氮气不含二氧化碳和水蒸气。膜法富氮设备紧凑，可移动，启动和停车方便，生产工人不必倒班。另外，膜分离装置占地小，可随时增减分离器根数以扩大或缩小生产能力。由于膜法富氮具有以上特点，在中小规模应用场合，膜分离法在与传统制氮方法的竞争中经常处于优势。德国 Messer 工业气体公司、美国 Praxair 公司和 Air Product and Chemicals 公司等就是膜法制氮的代表性企业。我国膜分离制氮设备过去一直依靠进口，价格昂贵。近年来，国内已开发出中、小型富氮组件，富氮气产量 15～50m^3/h，含 N_2 率 96%～98%，并开始在一些领域中推广应用。

② 空气富氧。

从理论上来讲，凡是需要空气之处均可用富氧来代替，氧气为燃烧过程和动植物呼吸所必需的物质。目前，氧气的耗量仅次于硫酸，为世界第二大化学品，如何获得廉价的氧气是一项热门科研和开发项目。近几年发展起来的膜法富氧空气分离技术，在产品纯度和产气量上目前还不如深冷法和变压吸附法两种技术，如"Prism"氧氮分离器，其产氮量为 0.26～5000m^3/h，氮气纯度为 99.9%，富氧纯度为 30%～42%。然而，膜法空气分离却以节能、快捷、安全、便利等优势而蕴藏着巨大的发展潜力。膜法富氧技术用来制取浓度为 60% 的富氧空气是不经济的，但在制取低浓度的富氧空气时具有竞争力。目前，膜法富氧技术被广泛用于不同领域，已实现的应用包括：富氧助燃、小型家用膜法富氧器、膜法富氧空调机、膜法富氧空气清新器、催化裂化装置富氧再生技术、富氧制硫酸、化学合成氧化反应、克劳斯硫回收工艺、废水和含油污泥处理等。

（3）变压吸附技术

变压吸附（pressure swing adsorption，PSA）技术由 Skarstrom[4] 和 De 等[5] 在 1960 年和 1964 年提出并用于实验室气体分离，20 世纪 70 年代该技术实现工业化生产，1980 年实现了用单床 PSA 法制取医用氧。该方法根据分子筛具有选择性吸附的特点，即氧、氮组分在分子筛上的吸附容量或者吸附速率不同，从而实现空气分离。当空气通过填充有分子筛的吸附塔时，有的分子筛（5A、13X 等）对氮气吸附能力较强，则可以得到高纯度的氧气；有的分子筛（CMS 等）对氧气吸附能力较强，则可以得到高纯度的氮气。当吸附剂达到饱和时，需对吸附剂进行再生以便循环使用，常用的再生方法有热再生和减压再生。变压吸附法最基本的步骤为吸附和解吸，工艺流程简单，操作方便，设备简单且结构紧凑，成本较低。但是，空气中氧气和氩气性质相近难以分离，只通过吸附法难以得到高纯氧气，目前变压吸附法制得的氧气纯度在93％～95％之间，回收率通常处于 60％～70％，制氧能耗为 0.42～0.5kW·h/m³。此外，变压吸附法只适用于中小型规模制氧，一般在制取低于5000m³/h 氧气的场合时更为经济。

在氧气制取方面，变压吸附空气分离技术得到了广泛应用。早在 19 世纪，人们就已经开始使用深冷法进行空气中的氧气分离制取，能够得到高纯度的氧气。但通常情况下，在医疗供氧、废水处理、化工造气等领域，并不需要使用高纯度的氧气。使用变压吸附法进行氧气制取，利用 5A 分子筛将空气中的氧气与氮气分离，采取该方法，可以利用较低的压力进行解吸操作，吸附压力仅为 0.2～0.5MPa。在真空条件下，吸附压力可以达到 0.1MPa。因此在氧气制取方面，变压吸附空气分离技术具有更大的应用优势。

在粮食储存、冶金生产和电子生产等领域，都要使用氮气这一惰性保护气体。使用变压吸附空气分离技术，可以使用碳分子筛进行氮气的吸附。使用该技术，可以通过两个吸附器实现氮气的连续生产，提供的氮气压力为 0.5～0.8MPa，纯度能够达到 99.5％～99.99％。而在装置后进行制冷机的使用，则能够得到不同纯度的液氮，从而满足不同领域对氮气的使用需求。

（4）空气分离技术

冶金行业中，在炼钢时高纯氧可以与碳、磷、硫、硅等物质发生氧化反应，这不但可以降低钢的含碳量，还有利于清除磷、硫、硅等杂质。生产过程中吹氧发生氧化反应产生的热量可提供炼钢所需的能量，缩短生产时间，提高生产效率。在化学工业，氧气主要用于原料气的氧化，例如重油的高温裂化以及煤化工（甲醇、烯烃等）造气用氧，可深化工艺过程，化肥生产、合成氨造气用氧，可以提高化肥产量。此外，氧气在金属切割及焊接等方面也有着广泛的用途。氮气是合成氨、制硝酸的重要原料。氮气的化学性质很不活泼，所以它常被用作保护气。国防工业与医疗保健方面，液氧是现代火箭最好的助燃剂。氧气可维持正常生命活动，用于氧含量不规律的环境，例如潜水作业、登山运动、医疗救助等。液氮在医学上常用作手术冷冻剂等，在高科技领域用于制造低温环境[6]。

工业气体产品中氧气和氮气产品约占90%，而氧气、氮气产品目前主要由空分装置生产。空分装置是用来把空气中的各种组分分离，生产氧、氮以及稀有气体（氦、氖、氩、氪、氙、氢等）的装置。空分装置气体产品在冶金、化工、医疗、电子、食品和玻璃等方面得到了广泛的应用，其中冶金和化工产业消费约40%~60%的工业气体份额。就具体空分气体产品规格而言，不同行业对空分装置产品需求也不尽相同，具体情况见表3-2。

空气分离技术在过去几十年中得到了不断的发展和改进，以满足不同领域的需求，发展趋势可以概括成以下几个方面。

① 新材料的应用。研究人员一直在寻找更高效、更具选择性的膜材料和吸附剂，以提高分离效果和降低能耗。纳米材料、多孔材料和复合材料等新材料的应用已经取得了很大的突破。

② 节能与高效。随着能源和环境被日益关注，空气分离技术的发展趋势是追求更低的能耗和更高的分离效率。通过改进工艺流程、优化设备设计和采用新技术，可以大幅度降低能源消耗和运行成本。

③ 小型化和便携性。随着先进材料和工艺的发展，空气分离设备越来越趋向小型化和便携化。这种趋势使得空气分离技术能够更广泛地应用于移动工业和特殊场景，如航空航天、户外活动等。

④ 综合利用。除了传统的氮氧分离，新兴的研究方向包括空气中二氧化碳的回收和利用。二氧化碳的分离和捕集对环境保护和碳减排具有重要意义。

空气分离技术的应用非常广泛，不断推动着工业、医疗、环保和其他领域的进步。随着科学技术的不断进步，空气分离技术将为人类社会的可持续发展做出更大的贡献。

表 3-2   不同行业对空分装置产品的需求情况[7-10]

	行业	氧需求	氮需求	氩需求	配套空分规模
冶金行业	有色金属	氧压 0.05~1.0MPa			
	高炉炼铁	氧压 0.5~1.0MPa	氮压一般为 C.4MPa、1.0MPa 与 2.5MPa。氮气产品数量与品种少	对氩气纯度要求高,通常 1ppm[①] $O_2 \leqslant 2ppm\ N_2$	高炉炼铁及转炉炼钢每 100 万吨钢配 1 万~1.5 万空分装置
	转炉炼钢	氧压 2.5~3.0MPa			

续表

行业		氧需求	氮需求	氩需求	配套空分规模
化工行业	煤化工化肥	氧压 3.0～10.0MPa	氮压 0.4～11.0MPa,氮产品压力等级 4～5 个,氮产品需求量大	外销为主	① 每 30 万吨合成氨配 3 万～4 万空分装置;② 每 100 万吨甲醇配 10 万空分装置;③ 每 1000 万立方米天然气配 24 万空分装置;④ 每 100 万吨合成油配 10 万～30 万空分装置
	石油化工	氧压(不建设气化装置)2.0～3.0MPa 氧压(建设气化装置)3.0～10.0MPa	低压氮气 0.7～1.0MPa,中压氮气 2.0～3.0MPa 等	外销为主	每 30 万吨乙烯配 1.5 万空分装置
电力行业	燃煤发电碳捕集	氧量大,纯度 95%～98%,压力低	不需要	不需要	—
	煤气化联合循环(IGCC)发电	氧压力(取决于煤气化工艺)3.0～10.0MPa,通常氧纯度≥95%(实际≥85%即可)	氮纯度 96%～99%,需求量小	不需要	每 30 万千瓦电站配 6 万空分装置
电子行业		≥99.999%O_2	≥99.9999%N_2	≥99.999%Ar	对气体纯度要求高,气体纯度每提高一个数量级可推动器件质的飞跃

① 1ppm＝$1×10^{-6}$ $\mu g/g$。

3.2 深冷分离工艺技术

3.2.1 技术概述

20 世纪初期,随着大型低温深冷法空气分离技术的不断开发,工业级的气体分离技术随之有了长足的发展。经过接近一个世纪的发展与完善,大部分气体分离原理已经完成实验室的论证阶段向工业验证阶段转化,甚至于完成大型工业化的验证工作，并在大型工业装置中得到了广泛的应用。目前，深冷分离法是一种较常应用于工业场景的气体分离技术。

气体深冷分离技术先将空气进行压缩、降温、膨胀、液化等形式的处理，利用各个组分不同的沸点，进而实现精馏分离。为了获得高纯度氮气和氧气等基础原料来进行化工生产，通常会使用深冷分离技术，通过运用高压低温的物理分离、节流膨胀制冷等步骤，进而得到纯度合格的产品。在进行生产时，在一定压力下工艺气体经过膨胀与节流会逐渐地积累冷量，温度会降低，此时换热器通过冷热介质热量交换将低温冷量回收，以此来达到气体深冷分离工艺中节约能源消耗的要求，通过提高整个分离处理系统的工作效率，来达到气体净化分离工艺的技术要求。深冷分离技术早期应用于空气分离制氮气、氧气。随着技术发展，深冷分离在合成气分离领域也得到了进展，并有多套工业化装置投入运行。其优点是原料的适用性比较强，依据不同的气体组成可以选择与之相适应的工艺路线[11]，原料处理量大，产品纯度较高，产品收率高。但是因为需要将原料进行液化，因此其能耗也相对较高。

深冷分离法将冷凝分离与低温精馏相结合，通常先将混合气进行液化，在极低的温度范围内（一般为−210～0℃），通过多级冷凝或低温精馏进行气体分离。

（1）冷凝分离

冷凝分离亦称之为部分冷凝法。其基本原理是根据多组分混合气体中各组分的露点（冷凝温度）不同，将混合气体冷却，随着气体温度的不断降低，低沸点的气体组分逐渐液化形成液体，高沸点的气体组分仍然保持气相。此时，进行气液两相分离工作即可将混合气体中某种组分或者某几种组分分离开来。

从原理上讲，混合气体中各组分的露点差别越大，冷凝分离的分离效果就越好；反之，如果各组分露点比较接近，则冷凝分离的效果就差。多组分混合气例如焦炉煤气、天然气、合成气等的分离，往往不能仅靠一次冷凝分离就达到分离效果。此时采用多级冷凝，当混合气被冷却到第一种组分露点并液化后，进入一个分离器，将已液化的组分分离出去，气相进入下一级冷凝器，继续冷却使之产生凝液并分离凝液，如此循环直至达到最终分离效果为止。上述流程中一个冷凝器和一个分离器组成一个冷凝级。采用多个冷凝级组合而成的系统就称之为多级冷凝，多级冷凝的冷凝级数主要由混合气组成以及分离要求而确定。

（2）低温精馏

多次的部分蒸发和部分冷凝过程的结合称为精馏过程。每经过一次部分冷凝和部分蒸发，部分液相蒸发出去，气相中低沸点组分的浓度就得到提高；同时部分气相冷凝到液相中，使高沸点的组分在液相中的浓度提高。如此往复，经过多次便可将混合物中高沸点组分与低沸点组分分离开，最终实现两种组分的分离。

低温精馏是在低温环境中，利用精馏的原理以及混合气体中各组分在给定的温度、压力环境中相对挥发度等物理性质的不同，将低沸点的轻组分从精馏塔顶部引出，而高沸点的重组分在塔釜聚集后引出，最终达到混合气体的分离目的。精馏实际上就是气、液两相在精馏塔系统内的热量传递、质量传递的过程，使各组分在精馏塔每层塔板（或填料）上的气、液相浓度分布发生变化的过程。为了使精馏能够进行，必须保证传质、传热能够顺利进行。即通过设置塔板（或填料）使得气、液两相充分接触；且气、液两相在接触过程中，气相中的易挥发组分浓度要低于平衡时的浓度，液相中的易挥发组分要高于平衡时的浓度，使得气、液两相处于不平衡的状态，才能发生传质与传热过程。在实际工业场景中，低温精馏常常应用于甲烷洗、液氮洗等的深冷分离技术中。

3. 2. 2　工艺流程

空气中主要的两大组成部分是氮气和氧气，通过深冷分离工艺技术来分离氧气与氮气主要生产工艺如图 3-1 所示。首先为了防止杂质对设备造成损坏，需要将空气中的杂质清理干净，通常利用自洁式空气过滤器对空气中的粉尘和固体颗粒等杂质进行清除。经过处理后的空气通过空气压缩机进行增压，增压后的空气进入空气冷却塔中进行预冷，空冷塔分为上下两段，下段为循环水冷却，上段为冰机冷水冷却。这一接触式减温过程既降低了气体温度，也除去了气体中的杂质，达到了净化的目的。出空冷塔的气体进入分子筛，利用分子筛的吸附性除去混合空气中的水蒸气和二氧化碳，防止后期膨胀过程中冻堵现象的发生。出分子筛后的干燥气体分成两部分，大部分直接进入主换热器，小部分通过增压机和膨胀机成为降温过程的主要冷源。通过主换热器后被冷却至饱和温度的干燥空气进入精馏塔下塔作为上升气体，通过膨胀机后的气体进入上塔中段，作为上升气体。进入上塔气体逐渐积累冷量，经过气液对流，会在上塔底部逐渐形成液氧层。下塔的上升气每经过一块塔板，与塔板上的液体进行热与质的交换——气相中的难挥发组分氧逐渐被冷凝，液相中的易挥发组分氮逐渐被蒸发。这样在下塔的顶部得到高纯氮气，在下塔的底部得到富氧液空。富氧液空经节流降压后被送到上塔中部进行二次精馏。与下塔精馏的原理相同，液体下流时，经多次部分蒸发，氮较多地蒸发出来，于是下流液体中的含氧浓度不断升高，到达上塔底部可得到高纯度的液氧，这部分液氧在冷凝蒸器中吸热而蒸发成氧气，作为上塔的上升气再次参与精馏过程。液氧的一部分可以作为产品引出，而氮较多地蒸发到气相中，最终聚集到上塔顶部。上塔顶部的高纯氮可以作为产品通过换热器和压缩机调整至可使用温度及压力后送至各用户。

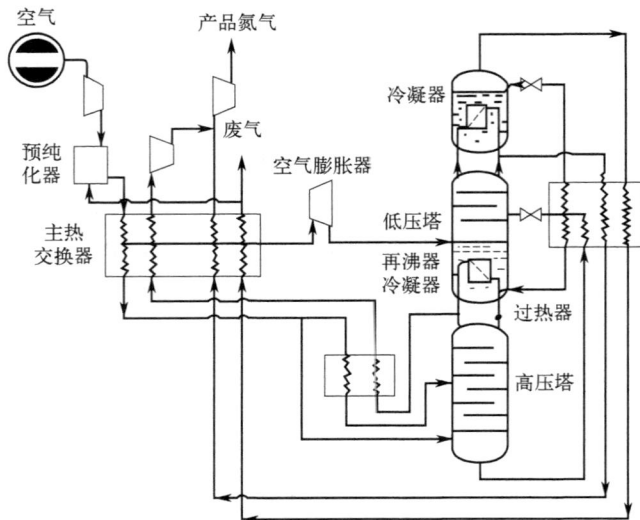

图 3-1　深冷分离工艺流程

　　需要注意的是，气体深冷分离工艺技术中，可以在气体分离后期提高成品气体的温度，但在进行分离的过程当中，需要通过降低温度来提高该工艺的生产安全性和提纯可靠性。在气体深冷分离工艺技术中应当优先选择效率最高的生产设备，提高设备运行时的安全性，保证能够达到生产工艺的基本要求，避免出现会影响生产安全的超压运行，最终达到提高安全和提升产品质量的目的。

3.2.3　空气净化

（1）空气净化在深冷分离工艺中的作用

　　空气是多组分的混合气体，不仅含有水蒸气、二氧化碳、乙炔及其他碳氢化合物，而且含有大量粉尘及机械杂质。这些杂质随空气直接进入空气分离装置与空气动力设备中，会大大降低工业生产的效率和设备使用寿命[12]。因此在深冷分离工艺中，首先需要对原料空气进行除杂净化处理。

固体机械杂质会磨损空压机的叶轮等运转部件，设备在长周期运行时内部的垢层会降低空分设备的冷却效率和等温效率。对空分装置上高速运转的大型设备来说，机械杂质是严重影响设备长周期稳定运行的主要原因之一，因此通常在空气压缩机等空分设备入口管道上设置空气过滤器以清除机械杂质。空气通过压缩机增压后，在空气冷却塔中与水直接接触进行降温和洗涤，从而清除空气中的一部分杂质。此外，压缩空气中的水蒸气、二氧化碳、碳氢化合物等杂质进入低温换热器等设备中会造成冻堵，需要通过分子筛纯化系统去除干净才能更好地保证空气分离精馏系统的安全运转。通过一系列空气净化措施，可以显著地节能并提高空气分离产品的质量，同时降低工业排放物对环境的污染[13]。

（2）自洁式过滤器的结构和空气净化原理

含有灰尘的空气原料在被空气动力设备吸入之后，空气动力设备内部部件在长时间周期的运作过程中会产生磨损，吸入的尘埃同时会在内部转子表面结垢形成垢层，长周期积累的垢层会使得设备中转子的动态平衡精度大幅度下降，其工作寿命也将大大缩短。因此，高精度空气过滤器是空气动力装置必须配备的设备之一。近十年来，自洁式空气过滤器作为各类大型空气动力设备的"保护伞"被广泛应用于石化以及钢铁冶金等行业[14]。

自洁式空气过滤器是一个结构复杂的空分设备，主要可分为过滤控制系统和反吹系统两个部分。控制系统主要由压差控制仪、差压报警器、PLC 自控单元等组成；反吹系统由反吹电磁阀、反吹喷头及文氏管等组成[15]。其结构如图 3-2 所示。

自洁式空气过滤器与空压机入口对接，空压机通过过滤器吸入周围环境的含尘空气，含尘空气经过一级粗过滤网，初次过滤掉颗粒性杂质，然后经过高效过滤筒进行二级过滤，高效过滤筒由于重力惯性、静电吸附、接触阻留等综合作用过滤掉了更为细小的尘埃，产生的洁净空气通过文氏管进入净气室。周期性地运转——过滤的粉尘迎风表面在滤筒的过滤表层形成一层尘膜，随着过滤量的增加，气流阻力也随之增大，当滤层阻力增加到压差上限值时，由压差控制仪将阻力信号传给微处理器，微处理器发出指令自洁系统开始工作。电磁阀接到反吹脉冲指令后，反吹气源瞬间释放出压缩气流，经喷头进入文氏管反吹自洁滤筒内部，将滤料迎风表面的尘膜吹落[16]。过滤阻力值随之下降到压差下限值，此时自洁系统停止工作。

微处理器编程控制仪自洁反吹的模式指令分为两种：程序定时自洁模式和

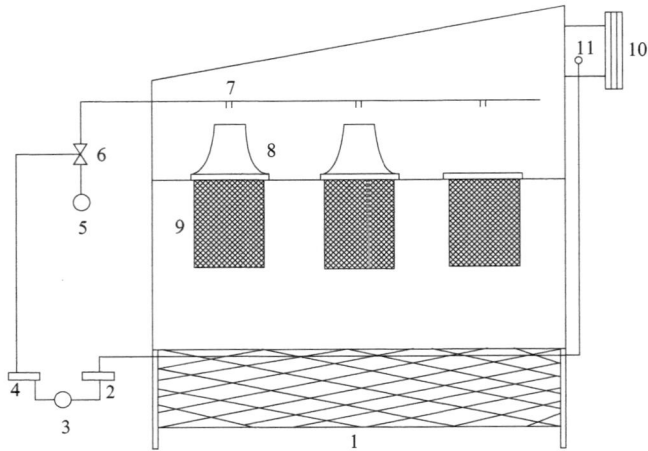

图 3-2 自洁式空气过滤器结构

1—粗过滤网；2—压差控制器；3—压差报警器；4—PLC 控制单元；5—反吹气源；
6—反吹电磁阀；7—反吹喷头；8—文氏管；9—高效过滤筒；10—洁净空气出口；11—负压探头

程序压差自洁模式[17]。程序定时自洁模式是利用系统设定的脉冲宽度，周期性逐次对每组滤筒进行反吹，脉冲宽度可根据现场工艺需求设置；程序压差自洁模式是系统设定合适的压差上限值和压差报警值，当测量压差超过报警值时会自动报警，提示更换过滤桶，当测量压差超过压差上限值时，由计算机程序控制调节反吹脉冲宽度，进行连续自动反吹。一般系统中程序定时自洁模式和程序压差自洁模式同时运行，现场工作人员也可进入手动模式，控制自洁反吹，保障阻力压差始终能保持在规定范围内。

（3）分子筛纯化系统原理

在深冷分离设备中，分子筛纯化装置的作用是清除空气中所含的水分、乙炔、二氧化碳、烯烃等杂质，防止这些杂质随空气进入低温换热器、透平膨胀机或精馏塔等设备，造成管道阀口堵塞，导致氮塞等[18]，从而保证空分设备长期安全运行。

分子筛纯化系统吸附杂质、净化空气的功能是通过吸附剂来实现的。一般利用活性氧化铝对空气中饱和水吸附容量大的特点，初步吸附水分；再利用分子筛进行深度吸附，使处理后的空气干燥到需要的露点。目前，也有在活性氧化铝的下层铺垫惰性氧化铝的。惰性氧化铝具有耐高温高压、化学性能稳定、耐腐蚀等优点，能支撑和保护吸附床层中的活性氧化铝及分子筛，增加气流均布等，但惰性氧化铝本身不会吸附。

空气通常在较低的温度下（520℃左右）进入分子筛吸附器。分子筛对水分、乙炔和二氧化碳等极性或不饱和分子有很强的亲和力，其吸附性能顺序是：水分＞乙炔＞二氧化碳。而出吸附剂床层的空气中杂质的顺序为：甲烷、乙烷＞乙烯、丙烷、二氧化碳＞乙炔＞丙烯＞丁烷＞丁烯。因此在分子筛吸附器工作周期内控制出口空气中二氧化碳的含量，就能达到去除乙炔、丙烯、丁烷和丁烯等的目的。

在实际生产中，一套空分制氧机组需要使用两个分子筛纯化装置，一个装置正常使用，另一个装置则需纯化再生，两个纯化装置如此反复交替工作。分子筛吸附空气纯化系统的能耗约占空气分离总能耗的 11％左右[19]。

3.2.4　空气液化

为了在空分装置中实现空气组分的分离，需要对空气进行液化处理。氮气和氧气的沸点分别为−196℃和−183℃。因此，通过将空气压缩并冷却至二者的冷凝温度以下，氮气和氧气就可以被液化。空气液化可以通过使用制冷剂等来降低空气温度，或者通过提高气体的压力来压缩气体分子，使其接近或达到液化的临界点。液化空气的过程需要克服气体分子之间的相互作用力，使气体分子之间的距离变小，进而使气体转化为液体。在实际应用场景中，通常将两种方法结合，以实现高效的液化处理。

空气的液化过程主要包括压缩、冷却和分离三个步骤。首先，经过净化后的空气进入压缩机组被压缩至高温高压状态，压缩机组主要由压缩机和级间冷却器组成，一般采用的是多级压缩机和多级冷却器，这样可以使压缩过程更接近于等温压缩，同时避免压缩机排气温度过高。在级间冷却器中，高温空气和换热介质进行换热，能够保证进入压缩机的空气温度较低，方便进行压缩机材料和储热装置的选取；同时，采用多级压缩可以使压缩过程更加接近等温过程，机组消耗的功率减小。换热介质在完成换热之后，温度升高并存储在热量储罐中。经过压缩机增压后的空气具有较高的压力，通常在 $100\sim200$ bar（1 bar $=1\times10^5$ Pa）之间。随后就是空气的液化阶段，空气液化阶段设备主要包括蓄冷回热器、节流阀和气液分离器。液化时，高压空气经过蓄冷回热器，液化空气在汽化过程中放出冷量，未液化空气也能提供一部分冷量，高压空气通过吸收这两部分冷量释放热量，实现自身温度的降低。随后，空气又进一步经过节流阀，温度进一步降低，空气被减压至常压状态。经过节流阀后空气出现气液两种状态，并通过气液分离器将两种不同状态的空气分离。

在实际应用中，液化空气的压力需要根据具体需求进行调节。过高的液化压力会增加设备的运行成本和风险，过低的液化压力则会影响液化效果。

3.2.5　空气分离

由于空气是由多种气体组成的混合物，根据各组分的不同特性，可采用不同的方法对空气进行组分分离，从而得到氮、氧等多种工业气体产品。

（1）空气分离的主要方法

通常，空气分离的方法主要可分为以下几种。

① 低温精馏法。蒸馏，主要利用物质不同沸点不同的原理，多次蒸发液体、冷凝部分气体，从而达到分离气体的目的。低温蒸馏是利用压缩机将空气液化，然后依据不同物质的沸点不同，反复进行蒸发和冷凝，可以将沸点低的氮气蒸发掉，将氧气冷却下来。在这个过程中，可以在顶端获得液氮，在底部获得液氧。这样，空气就被分离开了。低温蒸馏的生产过程，可以达到规模生产、扩充种类、提高纯度的效果[20]。

② 吸附法。空气通过分子筛进入吸附塔并被吸附[21]。比如，某些分子筛对氮就具有特别明显的吸附能力，比如5A、13X等。在通过这个分子筛时，空气当中的氧气可以顺利通过，进而提高氮气含量。而沸石分子筛吸附容量低，会限制吸附作用，很容易达到饱和状态，不能再继续进行。因此，需要前后增设多座吸附塔，实现连续供气的目的。在正常的吸附过程中，一般设置两座吸附塔，一座在线吸附，一座离线工作。吸附方法优点明显，投资低，操作简单，但由于周期短，需要经常切换，因而生产能力弱，最终产品浓度也有所限制[22]。

③ 膜分离法。利用聚合材料制作的膜，可以将空气进行渗透分离[23]。当空气通过时，在同一侧获得氮气，另一侧获得氧气。采用膜分离的方法，不需要降低温度，也不需要进行相变，因而装置简单，投资较低，而且操作简便，唯一不足的是氧气浓度只能达到40%，规模化生产程度不高，只适用于小型制氧企业[24]。

④ 化学分离法。高温碱性混合熔融盐在催化剂作用下能吸收空气中的氧，再经降压或升温解吸放出氧气。

综上所述，低温蒸馏方法成本更低，技术更为成熟，是规模化工业生产企业所广泛使用的方法。在低温精馏过程中，空气在一个很低的温度下被液化，并在精馏塔内被分离，这样操作对各产品的选择性很高，所以过程是非常高效的。因为可以通过调节温度与压力来精确控制产品。当然低温精馏也存在缺点，就是过程投资太大，能耗较高。

（2）低温精馏法的分离流程

低温精馏法以空气为原材料，先用低温将空气液化，然后再利用空气中各组分沸点的不同，使用精馏塔对液化的空气进行精馏，最后获得氧（液氧、氧气）、氮（液氮、氮气），或者同时提取一种或者几种稀有气体（氩、氖、氦、氪、氙）。经过净化压缩后的空气进入到主换热器中，当温度降至－170℃时进入精馏塔，在经过多次反复的部分蒸发与冷凝后，空气就会被分离成纯氮和富氧馏分。下塔下部的富氧液体在经过深冷后进入富液分离器被抽出。而下塔上部的混合气体，一部分冷凝又回流到下塔，另一部分则在主换热器冷却后，流到上塔，经过节流降压后，流至上塔中心部位再被主冷器蒸发至上塔塔顶，得到纯氮被抽出[25]，这是上下两塔的蒸馏工艺过程。富氧液体被抽出后，由部分蒸发、部分冷凝共同作用，在去除碳氢混合物后，排入大气当中。其中产生的部分浓缩液上升到上塔内，另一部分在通过主换热器后，再行扩散，并在分子筛中去除了分子再生气体。

3.3　深冷分离主要设备及操作

为了能够达到气体深冷分离的最佳效果，气体深冷过程中设备选择较为重要。其中主要设备包括自洁式空气过滤器、空气压缩机、空冷塔、循环水泵、冰机、分子筛、主换热器、膨胀机、压缩机、精馏塔以及外送用户使用的压缩机等。这些设备的共同作用保证了产出氮气、氧气的质量。针对不同部分需要选择的设备形式也不同，比如空分装置的重要运转设备空气压缩机，需要的气体参数为连续的、压力较低的空气，因此一般会选择连续型离心式压缩机。而送至用户的气体一般需要较高压力以满足长管道输送，因此会采用往复式压缩机。

对于长期运转的设备，还需要正确的操作和定期的维护保养，防止设备疲劳工作，助力装置安全运行。因此针对部分设备一般采取一用一备的使用方法，以保证在设备维修保养过程中不影响整体的生产，提高效率。而设备的正常保养过程根据设备自身性能而定，一般设备运行两到三个月需要倒机检查，保证设备不长期疲劳工作，防止产生安全隐患。

3.3.1 双级精馏塔

精馏塔是一种进行精馏的气液接触装置，内部结构为塔式，分填料塔和板式塔两种类型[26]。在板式塔内，设置有多层次的托盘，包括一定高度的体层。两种塔式类型的工作原理基本一致，在理论上，两种塔的高度相等。在实际操作当中，通常使用的蒸馏装置为两段蒸馏，可分为上下两塔。随着技术的进步，填料塔的制作成本已经大幅度降低，同时还具有降低压缩机出口压力的优点，有效降低了运行成本。

由于单级精馏无法充分将空气进行分离，也无法同时获取高纯度氧和氮，因此实际应用中通常选择双级精馏塔。其原理主要是先将下塔内的空气进行分离，通过蒸馏制出氮、氧浓度高的液体空气，随后进入上塔再进行精馏生产，最后分别获得氧和氮。在上下两塔之间是冷凝器，先加热下塔顶端的氮气，再加热上塔的液氧，当压力升高后，饱和温度也随之升高，氮气被冷凝，氧气被蒸发。这样，最终可以得到纯度较高的氮、氧[27]。

具体来讲，压缩机产生的压缩空气通过净化系统，可以先将水分、灰尘等杂质去除，再通过主换热器，将氮、氧、碳氢化物去除。最后到了精馏塔底部的只有冷却后的气液混合物。液氮在经过冷凝后，流到精馏塔下塔，还可以作为回流使用。从饱和温度来看，下塔中的气体在上升过程中，会遇到较低温度的液态空气，交换热量后，气体温度降低，不断凝结成液体[28]。其中，由于氧气沸点高，冷凝温度高，而氮气却相反，因此，在冷凝过程中，与氮气相比，氧气更容易冷凝，所以最终剩余的氮气浓度会增加，这一工作过程就是部分冷凝。在经过多次部分冷凝后，空气当中的大部分氧气会受到浓缩，最终达到非常高的浓度。这部分氮，通过冷凝器后再行加热，可以制成液氮。在回流后，液氮又向下流动，随之再遇到从塔底升起来的较高温度的气体，交换热量后，部分液体会汽化。由于氮的沸点低，氧的沸点高，因此氮会蒸发出去，进而增加了液态氧的含量，这个工作过程就是部分蒸发。经过前述这样反复的部分蒸发，最终可以得到99％以上浓度的氮、40％以上浓度的氧[29]。具体如图3-3所示。

富氧液体和空气被节流，并被送还到上塔以进行后续蒸馏。上塔精馏类似于下蒸馏塔。经过多次部分蒸发后，氮气成分蒸发量增加，液体中的氧含量不断增加，在底部就可以获得高纯度的液态氧，含氧量高达99％以上。上塔底部的部分液氧，在经过冷凝器时会再次被吸收，蒸发成氧气，而另外一部分则

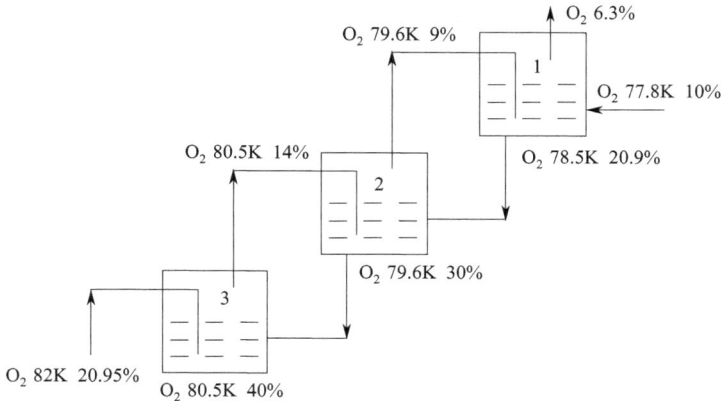

图 3-3 双级精馏塔液化空气的蒸发与冷凝

被取出，再次送进罐内。在操作压力和饱和温度达到标准时，氮气可以作为上升气体。在温度升高过程中，经过多次冷凝，可以不断增加氮的含量。随后，再次蒸馏，这样就可以提取到 99% 以上浓度的液态氮。当上升气体达到塔顶时，可获得氮含量大于 99.99% 的纯氮。以上就是将空气从蒸馏塔中分离成氮和氧的整个过程[30]。

3.3.2 可逆式换热器

可逆式换热器是空分装置中的节能降耗设备。换热器的作用是利用已分馏出来的具有极低温度的氧、氮液体与原料空气进行热交换，使进入制冷工序的原料空气得以预冷，实现冷量回收利用。过程的质量不仅关系到节能降耗的效果，并且直接影响空气分离的质量。

可逆式换热器是铝制经钎焊而成的，与通常的蓄冷器一样，用作空分设备中的自清除主换热器。空气在压缩机中被压缩到 5～6 个大气压，然后在换热器中被空分产品氧气和氮气逆流冷却，从室温（约 300K）降到接近空气的露点（约 100K）。降温所需的冷量来自从精馏塔得到的产品氧、纯氮和污氮。空气和污氮的通道以 10～20min 的周期进行切换。通过切换，沉积在通道中的原含在空气中的水分和二氧化碳等杂质就可由污氮气吸收，带出换热器。这就是这种形式的换热器被称为"自清除可逆式换热器"的缘故。在可逆式换热器中，纯氧、氮及环流氮通过不可逆通道，原料空气中的水和二氧化碳结成霜和干冰冻结在可逆式换热器可逆通道的表面上。当切换通道时，冷的污氮与原料空气流动方向相反，加热到大约环境温度后排至大气。固体的水和干冰受热挥发或升华与污氮一起排至大气，保持通道干净，为下一周期做准备。

可逆式换热器的主要作用是正流空气与返流气体之间通过翅板进行热交换，并在热交换的同时，使正流空气中含有的水分和二氧化碳冻结在翅板表面，而正流空气被冷却到近液化温度进入下塔，返流气体在复热的同时将正流空气冻结的水分和二氧化碳带出装置。

由此可见，若要稳定可逆式换热器的生产工况，就必须保证其长期处于良好的换热状态并具有足够的自清除能力。这就要求控制可逆式换热器各断面上的换热温差，使之不能超过水分和二氧化碳自清除的最大允许温差。否则，将影响水分和二氧化碳的自清除，使阻力增加过快，缩短整个空分分离装置的运转周期。

3.3.3 开车步骤

（1）启动准备

检查供电、供水、供气及空分系统的各设备、仪表、控制程序是否具备启动条件，当满足启动条件后，启动空分系统的空气输送及净化系统，产生洁净的空气，对冷箱内的设备、管道、阀门等进行吹扫，降低冷箱内装置中的水蒸气及灰尘含量。其主要操作步骤为：启动冷却水系统；启动用户仪表空气系统；启动分子筛纯化系统切换程序；启动空气透平压缩机；启动空气预冷系统；启动分子筛纯化系统；加温、吹扫和干燥精馏系统的设备和管路。

（2）冷却阶段

进一步将冷却低温设备从常温冷却到空气液化的温度，为积累液体及氧和氮分离准备低温条件。其主要步骤为：启动增压透平膨胀机制冷；按各冷却流路逐渐给装置降温，直至下塔底部出现液体。

（3）积液和调整阶段

逐步建立各精馏设备的液位，调整各精馏装置至正常操作状态。其主要步骤为：①控制主换热器冷端的温度接近液化点（约−173℃），调整中部空气温度（约−108℃）；②建立空分塔和粗氩塔的液位；③调整空分塔和粗氩塔的工况；④建立精氩塔的液位并调整其工况。

3.3.4 正常操作

（1）主冷凝蒸发器液位的调节

通过对膨胀机膨胀气量的调节来达到对产冷量的调节，使在各种情况下冷凝蒸发器液氧液位稳定在规定范围内。

（2）精馏控制

精馏控制主要指控制好塔内的液位，使出塔的各物料成分稳定。

① 下塔塔釜的液位必须稳定。可将液化空气进上塔调节阀投入自动控制，使下塔液位保持在规定的高度。

② 液氮进上塔调节阀的控制是精馏过程的主要控制点。液氮进上塔调节阀开大，则液氮中的氧含量升高；关小，则液氮中的氧含量降低[31]。

③ 产品气相取出量的多少也将影响产品的纯度。取出量增加，纯度下降；取出量减少，纯度升高。

（3）达到规定指标的调节

① 将全部仪表调节至设定值。

② 用液氮进上塔调节阀调节下塔顶部氮气的浓度和底部液化空气纯度，使其达到规定值。

③ 应先取出少量产品分析，根据分析结果对上塔产品气进行纯度调节，待纯度达到指标后，再逐步增大取出。

（4）变工况操作

电力的消耗在空分设备正常运行的生产成本中占主要部分，因此，减少生产中的无用功，降低氧气放空率，是节约电耗的重要措施。

① 减少氧气产量的变负荷操作。由于氧气等产品的需要量减少或氧气管网压力增高等原因，往往会要求减少氧气的生产量，即降低装置的负荷。其具体操作步骤如下：先减少氧气产品的输出量，同时按比例减少氮气产品量。同时，污氮气量通过污氮气出冷箱总管的压力自动调节。之后，根据已减少的氧气量，以大于或等于 5 倍的比例减少空气进料量，并通过调节（微关）下塔纯液氮回流阀，保持下塔底部压力基本不变。同时，通过调节纯液氮进上塔阀，保持下塔液化空气中氮含量不变。最后，根据冷凝蒸发器液氧液位和液氧产品量的需求情况，调节膨胀空气量。如冷凝蒸发器液氧液位过高，又不特别需要液氧产品，这时应适当减少膨胀空气量。

② 增加氧气产量的变负荷操作。增加氧气产量的操作，其步骤如下：首先，适当开大空压机的导叶，增加空气进料量。通过调节下塔纯液氮回流阀，控制下塔底部压力，使其压力保持不变。调节液氮进上塔调节阀，注意下塔液化空气氧含量。缓慢增加氧气取出量，同比例增加氮气产量。根据冷凝蒸发器液氧液位，可以适当增加膨胀空气量。

③ 增加液氧产量的变负荷操作。当氧气需要量减少时，可通过增加膨胀空气量多生产液氧产品。其操作步骤如下：关小氧气输出阀，减少氧气产量。缓慢增加膨胀空气量（必要时可以增开一台膨胀机，但在增开一台膨胀机时必须先把另一台膨胀机的负荷降下来，然后两台膨胀机逐步加大负荷）。膨胀空气量增加必须缓慢，同时通过旁通阀旁通所增加的膨胀空气量。缓慢关小下塔纯液氮回流阀，使下塔底部压力保持不变。调节液氮进上塔调节阀，使下塔液化空气纯度不变。

在变负荷操作过程中，最容易受影响的是粗氩塔的运行工况。提取粗氩是以从上塔下部抽出的氩馏分气为原料的，上塔精馏工况的好坏直接影响到粗氩塔的精馏工况。但是，有时氧、氮产品纯度未被破坏，上塔精馏工况也达到了正常状态，粗氩塔的精馏工况反而被破坏了。这是因为上塔的上升蒸气和下流液体自上而下的浓度梯度分布发生了变化。在不带制氩系统的空分设备上进行变负荷操作比较简单，仅需考虑上塔顶部氮气的纯度和底部氧气的纯度，但在带制氩系统的空分设备上，还要考虑到上塔每段浓度梯度的分布情况，否则就无法保证制氩系统的正常生产。在手动变负荷操作中，必须遵循"稳中求变，变中求稳"的原则。

（5）正常停车

① 停止供产品气；

② 开启产品管线上的放空阀；

③ 把仪表空气系统切换到备用仪表空气管线上；

④ 停运透平膨胀机；

⑤ 开启空压机空气管路放空阀；

⑥ 停运空气压缩机；

⑦ 停运空冷系统的水泵；

⑧ 停运分子筛纯化系统的切换系统；

⑨ 关闭空气和产品管线，打开冷箱内管线上的排气阀；

⑩ 停运液氧、液氮泵。

此外，若停车时间超过48h，应排放液体；应当关闭所有的阀门（不包括上面提到的阀门），并对各装置进行升温。若停车时间较短，按①~⑩步骤进行操作即可。

需要注意的是，在室外气温低于零度时，停车后需把容器和管道中的水排尽，以免冻结；低温液体不允许在容器内低液位蒸发，当容器内液体只剩下正常液位的 20％时，必须全部排放干净。

3.3.5　设备维护

（1）热交换器的维护

主要是注意压力和温度的变化。当热交换器被冰、干冰或粉末阻塞时就会导致换热器阻力过大，影响正常运行，只能使装置停车，通过加温吹扫来消除。另外还要通过分析热交换器进、出口气体的组分，判断热交换器有无渗漏。

（2）主冷凝蒸发器

控制冷凝蒸发器中液氧的乙炔及其他烃类化合物含量不超过 $0.1mg/m^3$。当乙炔含量过高时，可以通过加大排液量和膨胀量的方式保持液氧的液位，并对冷凝蒸发器中的液氧成分进行分析。如果乙炔含量继续上升，超过 $1mg/m^3$，就应把液体全部排空，停车加温并进行分子筛吸附器再生。因此，为防止乙炔的局部增浓，避免二氧化碳堵塞冷凝蒸发器的换热单元，一定要确保冷凝蒸发器高于低液氧液位运行。若出现液面过低的情况，就需要增加制冷量，确保液位上升到规定范围。正常情况下应保持主冷凝蒸发器在液氧完全淹没的条件下操作。

（3）空分塔

在空分塔上设置压差计，可以测定精馏过程中的压降。第一次启动空分设备时，应将工况调整正常，以后面所测的压降作为调节空分塔运转的依据。压降减小，表明有可能发生渗漏或者塔板上液位太低；压降增加，说明塔内阻力增大，要考虑是否是塔板（填料）堵塞。原因确定后，就应通过降低空分塔负荷来缓解，但是压降仍然增大，就只有通过加温精馏塔消除堵塞。如果空分塔的塔内发生液泛，就会导致精馏塔底部液位升得太高，使最下一块塔板淹没，发生淹塔事故，此时阻力也会显著增大。

（4）分子筛吸附器

分子筛吸附器在运行过程中需要进行切换程序管理。日常运行中，需要定时对吸附器进行检查，看再生和冷却期间是否达到规定的温度，切换时间是否符合规定。如发现异常，应及时进行调整[32]。当吸附器使用两年后，要测定分子筛颗粒破碎情况。必要时，要全部取出分子筛过筛，以清除沉积在上面的微粒和粉末，并按规定添加和更换分子筛。必须选择符合生产要求的分子筛，并确保吸附层达到规定厚度。

3.3.6 故障处理

（1）紧急停车

发生下列情况之一应紧急停车：

① 厂房内起火；

② 分馏塔有大量氮气泄漏；

③ 气体管路有大量气体泄漏；

④ 主电源断电后的紧急停车；

⑤ 其他危及制氮设备安全运行的紧急情况。

对于主电源断电引起的紧急停车，应当紧急通知调度空压制氮停电，后方尽量减少氮气用量，立即开启液氮输送阀向外送氮气。随后，副操迅速在现场关闭分馏塔进气总阀，停膨胀机、预冷机组；主操迅速在控制室操作电脑上开膨胀机进口旁通调节阀到 100%，关膨胀机总进口调节阀到 0%，关下塔液位调节阀到 0%，关产品氮气放空调节阀到 0%，关产品氮气调节阀到 0%，关液氮提取阀到 0%，纯化器点击"暂停"运行，若在加热，则关电炉（停电则自动关）。然后查明事故原因后再做进一步处理。最后，联系调度，查明断电原因，如短时间能恢复供电，则按正常开车步骤开车，待产品气合格后恢复供气。如长时间停电，则需在保证系统安全的情况下手动卸压。

对于其他原因引起的紧急停车。当发生大量气体泄漏时，应当打开氮、氧、空气排空阀对系统卸压，注意不要急剧排放，在操作过程中注意避免被气体吹到身体上；打开门窗保证通风；在保证安全的情况下，尽量将泄漏点隔离开，并上报。当发生火情时，应当就地用灭火器灭火；如火势太大，灭火同时关闭缓冲罐进口阀，可适当开启放空阀，但必须保持系统处于正压状态；通知总变电切断制氮站所有电源，并上报。此外，还须做好停车记录供事后分析处理，如属设备故障，应分析产生的原因并排除它，经开车调试正常后方可投入使用。

（2）供气停止

信号：空压机报警装置鸣响。

后果：系统压力和精馏塔阻力下降，产品纯度被破坏。气体压缩机若继续运转，将导致有关管道出现负压。

紧急措施：停止膨胀机运转；将冷箱置于封闭状态；停止分子筛纯化器再

生。进一步措施：对装置停车。

排除故障方法：按空压机使用维护说明书的规定，查明原因，并采取相应的措施。

（3）供电中断

信号：所有电驱动的机器均停止工作，这些机器上的报警装置鸣响。

后果：系统压力和精馏塔阻力下降；产品纯度被破坏。

紧急措施：停止膨胀机与有关机器的运转，并关闭各进、出口阀。将冷箱置于封闭状态。停止分子筛纯化器再生。进一步措施：把装置由电驱动的机器从电网断开。将装置停车。

排除故障方法：电源故障排除并在电路恢复后视停电时间长短决定冷箱是否需要重新加温，按启动程序重新启动。

（4）膨胀机故障

信号：膨胀机报警装置鸣响。

后果：加工空气压力升高，主冷凝蒸发器液面下降，产量下降。

紧急措施：启动备用膨胀机调整空压机排出压力，使空压机排压稳定，检验产品气的纯度，必要时减少产品量，减少液体排出量，或完全停车。进一步措施：调整空气量和产量到正常值。

排除故障方法：膨胀机常见故障是冰和干冰引起的堵塞，这就必须进行加温。至于其他的故障则应按照膨胀机使用维护说明书的规定查明原因并排除之。

（5）预冷系统故障

信号：进分子筛纯化器的空气温度过高。

后果：分子筛纯化器不能有效地消除空气中的水分和二氧化碳。

紧急措施：装置停车。

排除故障方法：按预冷系统制造厂使用说明书的规定查明原因，消除故障。

（6）仪表空气中断

信号：仪表空气压力报警器鸣响。

后果：吸附器切换装置失效；所有气动仪表失灵；整个空分设备调节失控。

紧急措施：把备用仪表空气阀打开（备用仪表空气源由用户提供），装置即可恢复运行。如果不能正常，则将装置停车。进一步措施：如装置继续运行，应检验产品纯度，检验分子筛纯化器再生和吹冷程度，如不正常则应进行相应调整。

排除故障方法：出现故障原因可能是仪表空气过滤器堵塞，或是阀门或管道泄漏。为此则应消除堵塞，消除泄漏。

（7）阀门故障

所有低温阀门均可能由于泄漏造成冻结，这往往是因填料函密封不严所致。对于冻结的阀门不能用强力开关，以免损坏阀门。可用热气或蒸汽直接吹阀门的冻结部位。注意，在使用蒸汽时不要让水分进入填料函，阀门解冻后应找出泄漏部位并加以消除。

3.4 变压吸附的工艺技术及主要设备

变压吸附（简称 PSA）技术是近几十年来在工业上新崛起的气体分离技术。其基本原理是利用气体组分在固体吸附材料上吸附特性的差异，通过周期性的压力变化过程实现气体的分离。PSA 技术在我国的工业应用有十多年的历史，由于其具有能耗低、流程简单、产品气纯度高等优点，在工业上迅速得到推广，从 1981 年至今已建成的各类具有一定规模的 PSA 工业装置有 400 余套，用于氢气的提纯、CO_2 的提纯（制取食品级 CO_2）、CO 的提纯、变换气脱除 CO_2、天然气的净化、空分制 O_2 和 N_2、煤矿瓦斯气浓缩 CH_4、浓缩和提纯乙烯等领域。

与其他气体分离技术相比，PSA 技术有以下特点。

① 低能耗，PSA 工艺所要求的压力一般在 0.1～2.5MPa，一些有压力的气源可省去再次加压的能耗。

② 可获得高纯度的产品气，如 PSA 制氢装置，产品 H_2 质量分数（下同）可达 98.0%～99.999%。

③ 工艺流程简单，可实现多种气体的分离，对水、硫化物、氨、烃类等杂质有较强的承受能力，无需复杂的预处理工序。

④ 装置的运行由计算机控制，自动化程度高，操作方便，启动后短时间内即可获得合格产品。

3.4.1 基本原理

（1）吸附

吸附是指当两种相态不同的物质接触时，其中密度较低物质的分子在密度较高的物质表面被富集的现象和过程。具有吸附作用的物质（一般为密度相对较大的多孔固体）被称为吸附剂，被吸附的物质（一般为密度相对较小的气体或液体）称为吸附质。吸附按其性质的不同可分为四大类，即化学吸附、活性吸附、毛细管凝缩和物理吸附。变压吸附（PSA）气体分离装置中的吸附主要为物理吸附。

物理吸附是指依靠吸附剂与吸附质分子间的分子力（包括范德华力和电磁力）进行的吸附。其特点是吸附过程中没有化学反应，吸附过程进行得极快，参与吸附的各相物质间的动态平衡在瞬间即可完成，并且这种吸附是完全可逆的。

（2）吸附剂

吸附剂也称吸收剂。这种物质可使活性成分附着在其颗粒表面，使液态微量化合物添加剂变为固态化合物，有利于实施均匀混合，是一种能够有效地从气体或液体中吸附其中某些成分的固体物质。吸附剂一般有以下特点：具有大的比表面、适宜的孔结构及表面结构；对吸附质有强烈的吸附能力；一般不与吸附质和介质发生化学反应；制造方便，容易再生；有极好的吸附性和机械特性。

吸附剂可按孔径大小、颗粒形状、化学成分、表面极性等分类，如粗孔和细孔吸附剂，粉状、粒状、条状吸附剂，碳质和氧化物吸附剂，极性和非极性吸附剂等。常用的吸附剂有以碳质为原料的各种活性炭吸附剂和金属、非金属氧化物类吸附剂（如硅胶、氧化铝、分子筛、天然黏土等）。最具代表性的吸附剂是活性炭，吸附性能相当好，但是成本比较高，曾应用在松花江事件中用来吸附水体中的甲苯。

吸附剂一般都用在工业生产中，因此根据工业的常用性可以把吸附剂分为六大类。

① 硅胶，它主要用于干燥、气体混合物及石油组分的分离等；

② 氧化铝，它也是一种脱水吸附剂；

③ 活性炭，主要用于水处理、脱色和气体处理；

④ 聚丙烯酰胺，主要用于生活污水和有机废水；

⑤ 沸石分子筛，用于气体吸附分离、气体和液体干燥；

⑥ 碳分子筛，主要起运输通道作用，微孔则起分子筛的作用。

（3）吸附平衡

变压吸附的基本原理与压力变化有很大的关系，变压吸附（PSA）就是利用吸附剂对不同气体组分随压力变化而变化的吸附特性，加压吸附部分组分，降压解吸这些组分，从而使吸附剂得到再生，并使不同气体得到分离的过程。如图 3-4 所示，压力越高单位时间内撞击到吸附剂表面的气体分子数越多，因而压力越高平衡吸附容量也就越大；由于温度越高气体分子的动能越大，能被吸附剂表面分子引力束缚的分子就越少，因而温度越高平衡吸附容量也就越小。

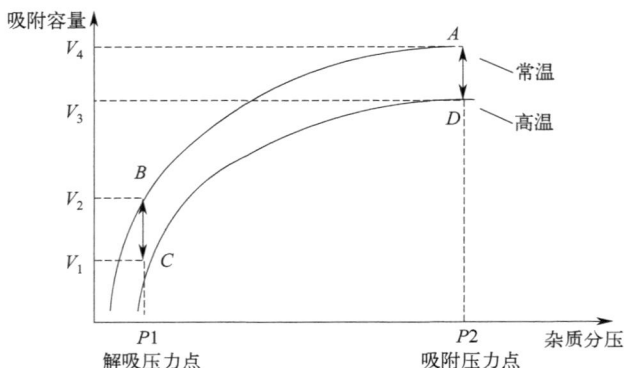

图 3-4　不同温度下的吸附等温线

变压吸附操作由于吸附剂的热导率较小，吸附热和解吸热所引起的吸附剂床层温度变化不大，故可将其看成等温过程。在等温情况下，吸附量随压力的升高而增加，随压力的降低而减少，同时在减压（降至常压或抽真空）过程中，放出被吸附的气体，使吸附剂再生，外界不需要供给热量便可进行吸附剂的再生。变压吸附是基于吸附剂的降压再生而产生的。它以吸附剂在不同压力条件下对混合物中不同组分平衡吸附量的差异为基础，在（相对）高压下进行吸附，在（相对）低压下脱附，从而实现混合物分离的操作过程。

变压吸附分离基本原理可用图 3-5 来说明。各气体组分在某种确定的吸附剂上的吸附量是温度和压力的函数，图中给出 A、B 两种气体在同一温度下在某种吸附剂上的吸附等温线，显然，相同压力下 A 比 B 更容易被该吸附剂吸附。若将 A 与 B 的混合物通过填充该吸附剂的吸附柱，在（相对）高压 P_H 下进行吸附，在相对低的压力 P_L 下解吸。易吸附组分 A 的分压分别为 $P_{A,H}$ 和 $P_{A,L}$，而难吸附组分 B 的分压分别为 $P_{B,H}$ 和 $P_{B,L}$。由图可见，在（相对）高压下，由于组分 A 的平衡吸附量 $q_{A,L}$ 远高于组分 B 的平衡吸附量 $q_{B,L}$，故被优先吸附，而组分 B 则在流出的气流中富集。为使吸附剂再生，将床层压

力降低到 P_L，两组分的平衡吸附量分别为 $q_{A,L}$ 和 $q_{B,L}$。在达到新吸附平衡过程中，脱附的量分别为 $q_{A,H} - q_{A,L}$ 和 $q_{B,H} - q_{B,L}$。这样周期性地变化床层压力，即可达到将 A、B 的混合物分离的目的[33]。

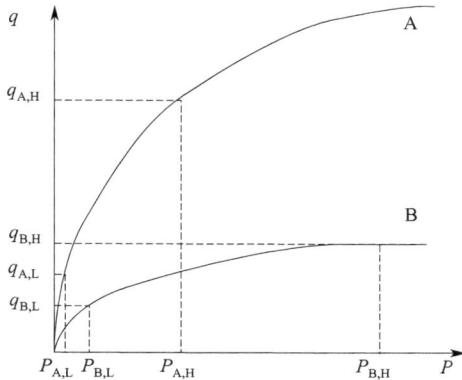

图 3-5　变压吸附分离的基本原理

3.4.2　工艺流程

变压吸附过程工艺主要包括高压吸附、低压解析、塔间均压、逆向放压、顺向放压、吹扫冲洗、终压等工序，通过设定循环来达到吸附纯化的目的。目前对吸附过程的研究，主要集中在改变吸附塔数量，改变过程工序（时间、操作参数、顺序）以及开发新型工艺技术上[34]。

以变压吸附制氢为例，经过预处理后的焦炉煤气自塔底进入吸附塔中正处于吸附工况的吸附塔，在吸附剂选择性吸附的条件下一次性除去氢以外的绝大部分杂质，获得纯度大于 99.9% 的甲醇裂解变压吸附粗制氢气，从塔顶排出送净化工序。

当被吸附杂质的传质区前沿（称为吸附前沿）到达床层出口预留段某一位置，停止吸附，转入再生过程。

吸附剂的再生过程依次如下。

（1）均压降压过程

这是在吸附过程结束后，顺着吸附方向将塔内较高压力的氢气放入其他乙烷甲醇制氢生产装置设计成再生的较低压力吸附塔的过程，这一过程不仅是降压过程，更是回收床层死空间中氢气的过程。本流程共包括三次连续的均压降压过程，以保证氢气的充分回收。

（2）顺放过程

在均压回收氢气过程结束后继续顺着吸附方向进行减压，顺放出来的氢气放入顺放气缓冲罐中混合并储存起来，用作吸附塔冲洗的再生气源。

（3）逆放过程

在顺放结束、吸附前沿已到达床层出口后，逆着吸附方向将吸附塔压力降至接近常压，此时被吸附的杂质开始从吸附中大量解吸出来，解吸气送至解吸气缓冲罐用作预处理系统的再生气源。

（4）冲洗过程

逆放结束后，为使吸附剂得到彻底再生，用顺放气缓冲罐中储存的氢气逆着吸附方向冲洗吸附床层，进一步降低杂质组分的分压，并将杂质冲洗出来。冲洗再生气也送至解吸气缓冲罐用作预处理系统的再生气源。

（5）均压升压过程

在冲洗再生过程完成后，用来自其他吸附塔的较高压力氢气依次对该吸附塔进行升压，这一过程与均压降压过程相对应，不仅是升压过程，而且也是回收其他塔的床层死空间氢气的过程，本流程共包括连续三次均压升压过程。

（6）产品气升压过程

在三次均压升压过程完成后，为了使吸附塔可以平稳地切换至下一次吸附并保证产品纯度在这一过程中不发生波动，需要通过升压调节阀缓慢而平稳地用产品氢气将吸附塔压力升至吸附压力[35]。

3.4.3　主要设备

变压吸附设备主要由这几个部分构成（图3-6）。

（1）压缩空气净化组件

由高效除油器、冷冻式干燥机、精密过滤器和活性炭过滤器组成。工作原理是先进入空气缓冲罐进行缓冲，然后进入高效除油器除去大部分的油、水、尘等杂质，再经冷冻式干燥机进一步除水，经精密过滤器除油、除尘，最后进入活性炭过滤器进一步除油。

（2）原料气分离系统

由吸附塔、压紧装置、附属阀门及仪表电气组成。采用复合床结构设计的

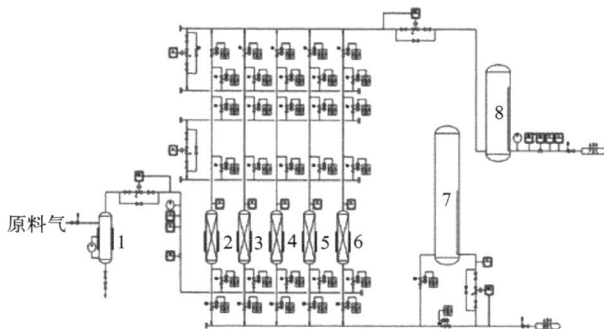

图 3-6　变压吸附主要设备构成[36]

1—气液分离器；2～6—吸附塔；7—空气缓冲罐；8—产品气缓冲罐

吸附塔分 A、B 两塔，塔内填装进口碳分子筛（采用伸展扭转式振动填充法使碳分子筛装填更加均匀）。洁净的压缩空气首先从 A 塔入口端经碳分子筛向出口端流动，此时 O_2、CO_2、H_2O 被其吸附，产品气从吸附塔出口端流出。

（3）产品气缓冲系统

由产品气缓冲罐、精密过滤器、流量计、调压阀、放空部件等组成。产品气缓冲罐主要用于均衡从产品气分离系统分离出来的产品气压力和纯度，以保证连续供给产品气稳定。同时，在吸附塔进行工作切换后，它将本身的部分气体回充吸附塔，一方面帮助吸附塔升压，另一方面也起到保护床层的作用，在设备工作过程中起到极为重要的工艺辅助作用。

（4）空气缓冲罐

由空气缓冲罐及附属阀门仪表组成。空气缓冲罐能降低气流脉动，从而起缓冲作用，减少系统压力的波动，使压缩空气能平稳地通过压缩空气净化组件，以便充分除去油、水、尘等杂质，减少了产品气分离系统的负荷。同时，也为产品气分离系统在进行吸附塔工作切换时，提供短时间内迅速升压所需的大量压缩空气，不仅使吸附塔内压力很快上升到工作压力变压，而且变压吸附设备的空气缓冲罐还保证了设备可靠稳定运行。

3.4.4　应用现状

（1）变压吸附制氢技术

由于制备氢气的原料和方法很多，加上许多工业尾气含有较高的氢气，所以有许多不同的分离提纯氢气的流程。表 3-3 列出了比较常用的分离提纯氢气的方法，并对不同方法的特点及适用范围进行了简单的比较。

表 3-3　几种氢气纯化技术比较

项目	膜分离	变压吸附	深冷分离
规模/(Nm^3/h)	100～10000	100～100000	5000～100000
氢纯度(体积分数)/%	80～99	99～99.999	90～99
氢回收率/%	75～85	80～95	最高 98
操作压力/MPa	3～15 或更高	0.5～3.0	1.0～8.0
压力降/MPa	高,一般为 2～6	0.1	0.2
原料氢最小含量(体积分数)/%	30	15～20	15
原料的预处理	需预处理	可不预处理	需预处理
产品中 CO 含量	原料气 CO 的 30%	<10μg/g	几百 μg/g
操作弹性/%	20～100		50～100
投资	低	低	较高
能耗	低	低	较高
操作难易	简单	简单	较难

PSA 提氢技术是 PSA 发展最早、推广最多的一种工艺，最早在化工行业应用，仅国内就有 200 多套，冶金行业应用也较多，如用 PSA 法从焦炉气中提氢，耗电约 0.5kW·h/m^3，远低于电解法制氢的耗电。我国几大钢铁企业纷纷采用 PSA 技术取代电解法制氢。

石油工业是最大的氢气用户，从世界范围看，石油工业用氢量占氢气总耗量的 35% 左右。这些氢绝大多数是用石油或煤转化精制而成的。随着各国环保要求的提高，对油品的要求将越来越高，使炼油工业对氢气的需求更大，氢气供求之间的矛盾更加突出。PSA 提氢技术在石化系统的应用近年来有较快增长。我国石化行业从 20 世纪 80 年代开始引进 PSA 提氢技术，最初引进的提氢装置主要以烃类转化气为原料[37]。现在，石化系统所用原料气已不局限于烃类转化气，许多炼厂废气都可作为 PSA 提氢原料气。

通过技术进步和市场竞争，我国的 PSA 技术已经达到国际先进水平，在许多方面，如工艺、产品纯度、H$_2$ 回收率、吸附剂、投资等，还达到国际领先水平。大型 PSA 提氢装置由最初的外国公司垄断，已发展到国内国外竞争，到 1995 年以后，国内新建 PSA 提氢装置几乎都采用国产技术，国外公司近年在国内基本没有新的大型 PSA 提氢装置投建。

（2）变压吸附制氧或制氮技术

目前，制氧或制氮市场仍然为低温法、PSA 和膜分离技术激烈竞争的局面。空分装置主要占据大型制氮和制氧市场。中小型制氧或制氮装置市场上，PSA 和膜分离所占份额继续扩大。

过去的几年中，空分设备继续向更大型和低能耗的方向发展，PSA 和膜分离装置在数量和规模上迅速增加，使 PSA 制氧（氮）量在总的氧（氮）产量中所占比例逐年上升。进入 20 世纪 90 年代以来，PSA 制氧（氮）量每年以 30％左右的幅度递增。预计在今后十年还会有更大的发展。据报道在美国 PSA 制氧能力的增长速率是低温法的 4～6 倍。

（3）变压吸附提纯一氧化碳技术

一氧化碳是 C_1 化学的基础原料气，但提纯方法不多，以往国内采用精馏法或 Cosorb 法提纯 CO，但这两种方法的预处理系统复杂，设备多，投资大，操作成本高，效果不理想。西南化工研究院开发的二段法 PSA 分离提纯 CO 工艺，其投资仅为 Cosorb 法的 65％，生产成本为 Cosorb 法的 60％，能耗为 Cosorb 法的 68％，使我国 CO 的分离技术达到国际领先水平。

采用固体吸附剂分离 CO 的 PSA 工艺有两类：一类是采用化学吸附的 CO 专用铜系吸附剂的吸附工艺，混合气可在 PSA 装置内一步实现 CO 和 CO_2 的分离，即所谓的一步法，该工艺流程简单，但目前还处于实验室研究和工业试运转阶段；另一类分离 CO 的工艺是采用常规吸附剂的物理吸附 PSA 工艺，即二段法工艺，第一步脱除吸附能力较强的组分，第二步再从剩余混合气体中分离提纯 CO。该技术已推广应用 PSA 分离提纯 CO 装置 16 套，CO 产量可达 $3000\mathrm{Nm^3/h}$。

（4）二氧化碳的分离提纯

有关二氧化碳的分离提纯工艺，当前约有 40 多种。归纳起来，可分为四大类型：溶剂吸收法、低温蒸馏法、膜分离法和变压吸附法，这些方法也可组合应用。吸收工艺适用于气体中 CO_2 含量较低的情况，CO_2 浓度可达到 99.99％。但该工艺投资费用大，能耗较高，分离回收成本高。蒸馏工艺适用于高浓度的情况，如 CO_2 浓度为 60％。该工艺的设备投资大，能耗高，分离效果差，成本也高，一般情况下不太采用。

膜分离法工艺较简单，操作方便，能耗低，经济合理；缺点是常常需要前期处理、脱水和过滤，且很难得到高纯度的 CO_2，但仍不失为一种较好的 CO_2 分离方法。PSA 分离提纯 CO_2 技术于 1986 年实现工业化，可以从多种

含 CO_2 的气源中分离提纯 CO_2，满足 CO_2 的多种工业用途[38]。

3.5 小结

空气分离技术是一种重要的工业过程，用于将大气中的组分分离出来，以满足各种工业需求。这项技术基于气体的不同物理性质，特别是气体分子的大小和极性，利用分子扩散速率的差异将混合气体分离成纯净的组分。

空气分离技术的应用非常广泛。其中最为重要的就是工业气体的生产与提纯。常见的工业气体包括氧气、氮气、氩气等，它们在工业生产中扮演着至关重要的角色。通过空气分离技术，可以将这些工业气体从大气中提取出来，并经过一系列的处理和纯化步骤，得到高纯度的气体产品。这些气体产品广泛应用于冶金、化工、电子、医药等领域，推动了现代工业的发展。

此外，空气分离技术还被广泛应用于能源领域。例如，在液化天然气（LNG）生产中，需要将空气中的水蒸气、二氧化碳等杂质分离出去，以提高天然气的纯度和热值。而在氢能领域，通过空气分离技术可以将大气中的氢气与氧气分离出来，用于燃料电池等能源设备的供应。这些应用都为清洁能源的开发与利用提供了重要支持。

然而，空气分离技术也存在一些挑战和限制。首先是能耗问题，该技术通常需要消耗大量能源，特别是在低温条件下的分离过程。因此，如何提高能源利用效率和减少能耗成为了技术改进的重要方向。其次是成本问题，空气分离设备的制造和维护成本较高，这限制了其在某些应用中的推广和应用。因此，降低技术成本，提高设备的稳定性和寿命也是当前研究的热点。

参考文献

[1] 李文波，毛鹏生，王长英，等. 空气分离技术进展 [J]. 石化技术，2000，7 (3)：173-175.

[2] 陆山. 浅谈空气分离技术的发展和改进 [J]. 甘肃冶金，2011，33 (3)：89-90.

[3] 顾福民. 国外大型空分设备发展历程回顾与展望 [J]. 冶金动力，2003 (5)：31-38.

[4] Skarstrom C W. Method and apparatus for fractionating gaseous mixtures by adsorption: U. S. Patent 2944627 [P]. 1960-07-12.

[5] De M P G, Daniel D. Process for separating a binary gaseous mixture by adsorption: U. S. Patent 3155468 [P]. 1964-11-03.

[6] 衣爽. 空气分离技术及发展研究 [J]. 天津化工，2018，32 (5)：1-3.

[7]　蒋旭，张淼，白宁莉 . 冶金型空分设备的流程选择 [J] . 低温与特气，2012，30（5）：5-9.

[8]　牛延军 . 煤化工项目配套空分设备的选择 [J] . 深冷技术，2015（3）：25-29.

[9]　化国，崔仁鲜，巫小元 . 空分装置在石油化工中的应用分析 [J] . 通用机械，2016（12）：41-43.

[10]　佚名 . 工业气体行业深度报告经历低谷后有望迎来复苏 [J] . 气体分离，2017（2）：5.

[11]　邢涛，胡力，韩振飞 . 深冷分离 CO 工艺模拟及分析 [J] . 计算机与应用化学，2014，31（9）：1109-1113.

[12]　朱路平 . O_2/CO_2 燃烧技术应用的经济可行性分析 [D] . 北京：华北电力大学，2011.

[13]　Alderman S L，Parsons M S，Hogancamp K U，et al. Evaluation of the effect of media velocity on filter efficiency and most penetrating particle size of nuclear grade high-efficiency particulate air filters [J] . Journal of Occupational and Environmental Hygiene，2008，5（11）：713-720.

[14]　欧阳明辉，郑军 . 制氧机配套自洁式过滤器的改进 [J] . 冶金动力，2008（2）：31-32.

[15]　张小永，张朝晖，徐福根 . 自洁式空气过滤器使用维护探讨 [J] . 冶金动力，2012（3）：25-26.

[16]　郭亮，肖冬梅 . 自洁式空气过滤器在离心式压缩机上的应用 [J] . 南方金属，2009（6）：59-60.

[17]　刘力，李婷，王丛霞 . 改进布袋除尘器在燃煤电站锅炉除尘中的应用 [J] . 广州化工，2010（2）：167-169.

[18]　王洪洋 . 法液空三万五制氧机分子筛纯化器控制及设备上的优化 [J] . 气体分离，2010（1）：48-50.

[19]　张培昆，王立，刘桂芹，等 . 空分装置三吸附器 TSA 纯化系统及其节能效果分析 [J] . 过程工程学报，2009（5）：932-939.

[20]　石秋玲 . 改良西门子法生产多晶硅中反应精馏除硼的模拟研究 [D] . 天津：天津大学，2012.

[21]　邹环泽 . 深冷空分的过程模拟与节能分析 [D] . 重庆：重庆大学，2017.

[22]　王玉爽，岳坤，曹毅，等 . 工业化制备草酸的研究现状与展望 [J] . 现代化工，2017，37（7）：15-18.

[23]　李雪冰 . 大庆石化 6000 空分装置改造项目实施效果研究 [D] . 大庆：东北石油大学，2015.

[24]　毛绍融，朱朔元，周智勇，等 . 大型空分设备技术现状及进展 [J] . 深冷技术，2009，（S1）：26-31.

[25]　Paul S，Chattopadhyay A B. Determination and control of grinding zone temperature under cryogenic cooling [J] . International Journal of Machine Tools and Manufacture，1996，36（4）：491-501.

[26]　Chang L，Liu X. Modeling，characteristic analysis and optimization of an improved heat-integrated air separation column [J] . Chemical Engineering & Technology，2015，38（1）：164-172.

[27]　Ponciroli R，Bigoni A，Cammi A，et al. Object-oriented modelling and simulation for the AL-FRED dynamics [J] . Progress in Nuclear Energy，2014，71：15-29.

[28]　Kraft M，Gerber A N，Szefler S J，et al. Introduction to the 58th annual thomas L. Petty Aspen Lung Conference：Asthma 2015：Mechanisms to Personalized Medicine [J] . Annals of the American Thoracic Society，2016，13（S1）：S23-S24.

[29] 孟卉. ZT 空分装置管道设计项目进度控制研究 [D]. 上海：华东理工大学，2017.

[30] 邱玉峰. 浙江 TH 制药厂生产过程中三废处置项目管理研究 [D]. 杭州：浙江工业大学，2017.

[31] 姚琳，张晨. 液氮反充主塔的变工况操作 [J]. 冶金动力，2006 (6)：31-34.

[32] 王念劳. 分子筛吸附器自动再生系统在 DCS 中实现 [J]. 炼油与化工，2003，14 (2)：30-31.

[33] 王大伟. 变压吸附处理 VOCs 中的热质传递 [D]. 武汉：华中农业大学，2009.

[34] 张伟. 变压吸附方法提纯燃料电池用氢的研究 [D]. 大连：大连海事大学，2020.

[35] 王森. 变压吸附装置的应用与运行程序优化 [J]. 化学工程与装备，2022 (11)：199-200.

[36] 张志刚，张月胜，张天来，等. 焦炉煤气变压吸附制氢装置五塔与六塔工艺方案的比较 [J]. 现代化工，2010 (3)：81-83.

[37] 杜红岩. 变压吸附分离技术用于催化裂化干气提纯氢 [J]. 石油炼制与化工，1998，29 (4)：8-12.

[38] 魏玺群，陈健. 变压吸附气体分离技术的应用和发展 [J]. 低温与特气，2002，20 (3)：1-5.

第 4 章

煤气化技术

4.1 概述

4.1.1 气化影响因素

煤气化作为一种重要的能源转化技术，受到多方面因素的影响，其中包括煤的物理化学性质、工艺条件以及催化剂等多个方面。对于煤的物理化学性质而言，反应活性、黏结性、结渣性、热稳定性、机械强度和粒度等因素在煤气化过程中发挥着至关重要的作用。反应活性决定了煤在气化过程中的反应速率，而黏结性和结渣性则直接影响了气化反应的进行和产物的特性。热稳定性和机械强度则关系到煤在高温高压环境下的稳定性和机械强度，对于气化反应的进行和反应器的操作安全性至关重要。除了煤本身的性质外，工艺条件也是影响煤气化的关键因素。气化温度、压力、升温速率以及反应器设计等工艺参数直接影响了气化过程的效率和产物的性质。合理调控这些工艺条件，不仅可以提高煤气的热值，还能够降低污染物的排放，实现对煤炭的高效清洁利用[1-3]。在气化温度方面，适当地提高温度可以促使反应进行得更彻底，提高产物气体的热值。压力的调控则可以影响气体的产率和反应动力学，进而影响气化过程的效果。升温速率则关系到煤在升温过程中的热解特性，对于气化反应的启动和进行具有重要作用。反应器的设计和运行条件对于气化效果同样至关重要。此外，催化剂也是影响煤气化过程的重要因素之一。适当选择和使用催化剂可以提高气化反应的速率和选择性，降低反应的温度和压力要求，从而改善气化过程的经济性和环境友好性。催化剂的种类、用量和分布等因素都需要精心设计和控制，以最大限度地发挥其催化作用。综合而言，对于煤气化技术的改进和优化，必须全面考虑煤的性质、工艺条件和催化剂等多方面因素的综合影响。通过深入研究这些影响因素，可以更好地实现煤炭的高效清洁利用，推动清洁能源技术的发展[4]。

（1）工艺条件对煤气化过程的影响

煤气化作为一种关键的能源转化过程，其效果受到多个工艺条件的直接影响，其中包括气化温度、压力、升温速率以及反应器的选择。这些工艺条件的合理控制对于实现高效、清洁的煤气化过程至关重要。

① 温度。煤气化过程中，温度是一个极其关键的参数，其影响不仅仅体现在反应活性上。随着反应温度的提高，煤焦气化反应活性增加。这主要是由于煤本身由数量不均且不等的芳香环组成，芳香环中的碳碳键受热过程中断裂并与气化剂结合生成 CO_2、CO 和烃类等产物，且随着温度的升高，碳碳键获得的能量越多，导致其越容易断裂，反应程度也就越深。此外，煤焦水蒸气汽化反应过程是典型的非均相吸热反应，随着反应温度的升高，反应速率常数增大，进而反应速率增加，反应活性增强。同时，由于温度的升高，气化剂与煤焦的碰撞、接触概率增加等因素也是造成煤焦反应活性增加的原因，这进一步促进了气化过程。

② 压力。煤气化过程中，压力对于产物的分布和品质同样有着显著的影响。大量实验表明，压力对烟煤热解的影响强于无烟煤。随着操作压力的增加，挥发分和焦油的产量出现下降。高温下，压力对挥发分和焦油产量的影响加强。但在过高的压力下，其影响会变弱，主要是因为焦油在高压下会大量分解为小分子。挥发分在 H_2 气氛下含量明显升高，通常认为是提高热解压力引起的焦油二次反应和挥发分逸出难度增大，导致了上述现象。压力的影响还与焦油初期产物的蒸气压有关。焦油组分蒸气压的高低与其分子量的大小呈反比例关系，这样原本在低压下能够逸出的大分子产物，在加压下不会逸出。这也解释了加压下煤热解产物产量低，且组分多为小分子的情况。由于焦油二次反应的重新聚合和煤自供氢行为，增加了煤气产量，特别是 CH_4 的产量。煤在加热过程中会发生膨胀，加压情况下膨胀度增加。当压力超过 1013.25Pa 时，膨胀减弱。热解压力对煤焦表面形态有很大影响。大量多孔、薄壁的煤焦颗粒会随着压力的增加而生成，同时煤中的镜质组含量极大影响着上述煤焦颗粒的比例。在加压情况下制得的煤焦的表面积小于常压下制得的煤焦表面积。这些对于气化反应的进行具有积极的促进作用。

③ 升温速率。升温速率对煤焦气化反应的影响也较显著。升温速率对气化反应动力学的影响可以通过反应机理的改变来解释。升温速率越快，气化温

度升高得越快，煤焦在不同温度停留的时间越短，煤焦来不及反应就进入更高温度，所以相同反应温度时，煤焦的碳转化率越低。但是升温速率越大，达到较高气化反应温度所需时间变短，所以气化反应开始相同时间的煤焦的碳转化率越高，升温速率越大，反应速率增加得越快，达到最大反应速率所需的时间也越短，反应所能达到的最高反应速率越大。升温速率造成气化反应特性改变可能是由于气化反应模型发生了相应的变化，即在较低的升温速率下可能是扩散控制，随着升温速率的增大又逐渐转变成了动力学控制，这导致反应动力学参数随之发生改变，从而使气化反应机理相应地变化。因此，在选择最适合的升温速率时，需要综合考虑煤的特性和所需产物的品质，以实现对气化过程的有效控制和优化。

④ 反应器结构。煤气化反应器的选择和设计也会对气化过程产生深远的影响。不同类型的反应器，如气流床、固定床、流化床和熔融床，对煤气的生成和组成有着不同的影响。选用合适的反应器结构，要求对煤的物理化学性质进行详细的分析，以确保反应器能够充分利用煤的反应活性，同时满足产物煤气的质量和纯度要求。对于不同结构的反应器，还需要考虑其操作条件，如煤粉颗粒的大小、分布等，以实现最佳的气化效果。

通过更深入地研究和理解温度、压力、升温速率以及反应器结构等工艺条件对煤气化过程的综合影响，可以更有效地优化气化工艺，提高煤气的热值，降低污染物排放，推动煤炭高效清洁利用技术的不断发展。

（2）催化剂对煤气化过程的影响

煤气化作为一种关键的能源转化技术，传统方法存在显著问题，包括高反应温度、高能耗、难以净化生成气体、对设备要求高以及大量生成气冷却等。为了解决这些问题，煤的催化气化技术应运而生，成为一种创新的研究方向。在煤的催化气化过程中，煤和催化剂在固体状态下均匀混合，通过催化剂在煤表面的侵蚀和开槽作用，实现了更有效的煤与气化剂的接触，从而加速了气化反应的进行。此技术相对于传统煤气化方法有诸多优势。首先，添加外部催化剂显著提高了气化反应速率，使气化产物更具选择性。其次，催化气化技术降低了气化温度，有效降低了能耗（降低 $200 \sim 300$℃），同时降低了对设备和材料的要求。相较于传统的高温气化，催化气化的温和条件更有利于降低能耗。另外，煤的催化气化还提高了煤气的质量，并显著增加了高热值煤气的产率。值得注意的是，煤的催化气化技术不仅充分利用了煤本身矿物质的催化作用，还通过添加外部催化剂实现了更精细的气化反应控制。通过调节催化剂的种类和用量，生成气体中各种组分的选择性得以调控，使其更适用于多种化工合成过程，进一步提高了煤的综合利用价值。总体而言，煤的催化气化技术在提高反应速率、改善气质、提高产率等方面显著优于传统煤气化方法。其应用前景广阔，为煤炭的高效清洁利用提供了有前途的发展路径。通过创新技术，催化气化为实现煤的可持续利用和环保生产提供了可行的解决方案。

① 金属催化剂。

过渡金属在煤气化过程中发挥着多重关键作用。首先，它们作为催化剂能够显著提高煤气化反应的速率和效率，通过降低反应的活化能促使反应在相对较低的温度下进行，从而提高工业生产的能源和成本效益。其次，不同过渡金属对煤气化反应的产物选择性有所不同，能够调控产物分布，满足特定工业需求，例如促进烃类气体或液体燃料的生成。此外，过渡金属还能抑制一些不希望的副反应，提高所需产物的纯度，并影响催化剂的寿命。最后，过渡金属的性能与反应条件密切相关，包括温度和压力等因素。其中，碱金属、碱土金属和铁系催化剂的主要性质比较见表 4-1。因此，通过研究和优化过渡金属的选择和催化剂的设计，可以有效改善煤气化反应的效率、选择性和催化剂的寿命。

表 4-1　碱金属、碱土金属和铁系催化剂的主要性质比较

项目	碱金属（K、Na）	碱土金属（Ca）	铁系金属
煤炭表面积对催化剂的影响	小	大	大
煤炭表面性质对催化剂的影响	灵敏	不灵敏	灵敏
矿物质对催化剂的影响	易中毒	/	不太灵敏
催化剂总量对气化效率的影响	近似成比例	以达到平衡	成比例
气化时主要的 C 产物	CO_2	CO_2	与无催化剂相同

② 单体金属盐或氧化物催化剂。

单体金属盐或氧化物催化剂在煤气化过程中发挥着重要的催化作用，对反应速率、气化产物分布以及煤气化的整体效果产生显著影响。以下是单体金属盐或氧化物催化剂对煤气化的主要影响：在提高反应速率方面，单体金属盐或氧化物催化剂能够显著提高煤气化反应的速率，这是因为催化剂能够在煤表面提供活性位点，促使煤与气化剂更有效地发生反应。金属催化剂通过降低反应活化能，加速了反应过程，使得气化反应更为迅速，提高了反应速率。在调控产物分布方面，单体金属盐或氧化物催化剂对煤气化的选择性影响产物的生成和分布。它们能够引导反应通向更具经济价值或环保性的产物，提高了气化产

物的选择性。通过催化作用，可以增加高热值气体的生成，减少不良产物的生成，优化气化过程的效果。在降低气化温度方面，单体金属盐或氧化物催化剂的存在可以降低煤气化的反应温度。这对于减少能耗、提高反应效率以及降低设备磨损具有重要作用。通过催化作用，煤在较低的温度下就能发生有效的气化反应，降低了整个气化过程的能耗，使其更为经济高效。

总体而言，单体金属盐或氧化物催化剂对煤气化具有积极的影响，通过提高反应速率、调控产物分布、降低气化温度以及提高催化寿命等方面的作用，优化了煤气化过程，为清洁、高效利用煤炭资源提供了有力支持。

③　复合催化剂。

复合催化剂因其具有优越的选择性、较低的反应温度和熔点，被广泛研究和应用。以下是关于复合催化剂的特性以及催化剂回收重复利用方面的一些关键观点。在选择性方面，复合催化剂具有协同效应，不同成分的催化剂在协同作用下可以显著提高催化剂的选择性。这有助于引导气化反应通向期望的产物，减少副产物的生成，提高气化产物的纯度和质量。在反应温度方面，复合催化剂通常能够在相对较低的温度下实现有效的催化反应。这有助于降低整个气化过程的能耗，提高工艺的经济性。低反应温度还能减缓反应体系中的热损失，提高能源利用效率。在熔点方面，复合催化剂的熔点通常较低，这使得催化剂在气化温度下具有更好的流动性。更好的流动性使得催化剂更容易扩散到反应体系中，提高了催化剂的分散性，从而增加了活性位点的数量，进一步提高了催化活性。研究表明，催化剂的熔点与其催化活性之间存在着关系，较低的熔点通常与较高的催化活性相关。因此，通过调整催化剂成分和结构，可以有效地降低熔点，提高催化剂的活性。

综合而言，复合催化剂因其选择性好、反应温度低和熔点低等优越特性，对煤气化过程的改进具有显著的潜力。催化剂熔点越低，其催化活性越高。众多研究表明，复合催化剂的工业化前景较好，但是催化剂回收重复利用是其经济性生产的关键，因此在催化剂回收利用方面的研究还要进一步加强。

④　可弃催化剂。

可弃催化剂是指在工业催化应用后，无须回收而可以直接废弃的催化剂。在煤催化气化中，可弃催化剂的应用已成为一个研究热点，主要包括硫铁矿渣、生物质灰、工业废碱液、转炉赤泥、工业废固碱等。以下是关于可弃催化剂在煤催化气化中的特点和应用前景的一些观点。在催化剂回收环节，可弃催化剂的独特之处在于其在催化应用后无须回收，可以直接废弃。这降低了煤气化工艺的复杂性，减少了生产成本，并且避免了催化剂回收过程中可能出现的技术和经济问题。在煤气化催化剂工业废料方面，可弃催化剂中的硫铁矿渣、生物质灰、工业废碱液等都是煤气化过程中产生的工业废料。这些废料中含有一定的催化活性成分，可以作为廉价而高效的催化剂，进而提高了煤气化的经济性。在催化效率方面，可弃催化剂来源广泛，其有效物质的含量和催化效率存在差异。因此，对不同可弃催化剂的催化效率进行深入研究，找到其最佳应用条件是提高煤气化效果的关键。在生物质催化剂方面，生物质，如锯末、农作物秸秆、稻壳等，也被发现对煤气化有催化作用。因此，生物质可以被看作是一种可弃催化剂的潜在来源。如果生物质作为催化剂在煤气化中得到更高的催化效率，将为环保、可持续的煤气化提供新的途径。在经济价值方面，一旦可弃催化剂的催化效率获得突破，将为煤催化气化的工业化创造良好的条件，创造更高的经济价值。这将推动煤气化技术的进一步发展，促进清洁能源的生产和利用。

虽然可弃催化剂由于其中有效物质含量有所差异，导致催化效率的差异性。但总体而言，可弃催化剂在煤气化领域的应用具有潜在的经济和环保优势，为实现煤的高效清洁利用提供了新的可能性。

4.1.2 工艺流程

煤炭气化技术按气化炉内煤料与气化剂的接触方式划分，可分为固定床气化（移动床气化）、流化床气化、气流床气化和熔融床气化。下面简单介绍几种气化技术的工艺流程[5-8]。

（1）固定床气化（移动床气化）

固定床气化，亦称为移动床气化，是一种逆流操作的气化技术。采用块煤作为原料，从气化炉顶部注入，而气化剂则从底部输入，使气化剂与煤料在逆流过程中充分交互。在气化过程中，煤料与气化剂逆流接触，逐渐穿过干燥区、气化区、燃烧区、焦炭区等反应层。固体颗粒相对位置固定，气体的上升不会导致固体颗粒移动，因此被称为固定床气化。实际上，由于煤从炉顶注入，含有残炭的灰渣从炉底排出，煤粒在气化炉内逐渐而缓慢地向下移动。因此，这种技术更准确地应被称为移动床气化。

固定床气化过程中，煤气的显热主要用于干馏段和干燥段，使得煤气出口温度相对较低。同时，由于灰渣的显热预热了输入炉内的气化剂，提高了热效率。因此，固定床气化技术在煤气化过程中能够实现相对较高的热效率。

（2）流化床气化

流化床气化技术使用小于 8mm 的小颗粒煤作为气化原料，同时将气化剂引入气化炉内，通过床层的布风板（炉栅）自底向上流过。通过准确调控气化剂的流速，确保床层内的煤料能够保持流化状态，经过激烈的搅拌和翻混，煤粒与气化剂充分接触，促使化学反应和热量传递同时进行。

主要依赖碳的燃烧反应释放的热量，对煤进行干燥、干馏和气化。在流化床气化炉中进行的主要反应包括碳的燃烧反应、二氧化碳的还原反应、水蒸气的分解反应以及一氧化碳的变换反应。这些反应协同推动煤的气化过程，生成主要成分为一氧化碳和氢气的煤气。

生成的煤气带着大约 70% 的灰粒和部分未完全气化的碳粒从炉顶离开气化炉。同时，密度较大的渣粒通过炉底的排灰机构排出。流化床气化技术通过使小颗粒煤在气流中悬浮分散，创造了混乱的沸腾状态，实现了迅速混合、反应和热交换。这不仅提高了气化效率，而且使得煤料层内的温度和组成均匀，易于控制。因此，流化床气化技术在高效能利用和灵活性方面具有显著的优势。

（3）气流床气化

气流床气化，又称喷流床气化，是一种并流气化方法。该方法通过气化剂将粒度在 $100\mu m$ 以下的煤粉引入气化炉，或者通过泵将煤粉制成水煤浆后注入气化炉。在高于煤粉灰熔点的温度下，煤料与气化剂发生瞬时的燃烧和气化反应，反应时间仅有几秒钟，温度可达到 2000℃，而灰渣以液态形式从气化炉中排出。这种流动方式相当于在固体颗粒中进行的"气流输送"，通常被称为气流床气化。

（4）熔融床气化

熔融床气化是一种将煤粉和气化剂高速喷入高温熔池，使煤在高温和高速旋涡的环境中气化的气化方法。在这个过程中，煤在温度较高（1600～1700℃）的熔池内，通过高速旋涡的环境迅速气化。部分动能被传递给熔渣，使池内的熔融物以螺旋状旋转并发生气化反应。在这个高温环境中，气、液、固三相密切接触，完成气化反应，生成以 H_2 和 CO 为主要成分的煤气。生成的煤气由炉顶导出，与液态灰渣一起逸流出气化炉。熔融床的主要类型包括熔渣床、熔盐床和熔铁床。

4.1.3　主要设备

煤气化技术涉及多个主要设备，不仅包括用于将煤转化为合成气的设备，还包含用于生产化学品、燃料或发电的系统。煤气化技术的主要设备介绍如下。

（1）煤气化炉

煤气化炉是煤气化过程的核心设备，用于将煤转化为合成气。气化炉的设计通常包括三个主要部分：加煤系统、反应系统和排灰系统。尽管存在多种类型的煤气化炉，包括固定床煤气化炉、流化床煤气化炉和喷射煤气化炉等，不同类型的气化炉在这三个方面的结构也可能有所不同，但它们都需要满足一些基本要求[9]。

① 加煤系统。加煤系统主要关注如何有效地引入煤，并确保在炉内实现均匀的煤粒分布。密封问题也是加煤系统考虑的重要因素，以防止气体泄漏或其他操作上的问题。

② 反应系统。反应系统是气化炉中主要的煤炭气化反应场所。设计时需要考虑如何在低能耗的情况下最大化煤的转化率，以产生高质量的煤气。在高温条件下进行气化反应，通常需要在炉体内壁设置衬里或夹套，以保护炉壁免受过热的影响。夹套的功能之一是吸收气化过程中产生的热量，通常以蒸汽的形式副产。

③ 排灰系统。排灰系统的任务是确保炉内料层的高度保持稳定，并保障气化过程能够持续稳定地进行。排灰系统的设计需要考虑如何有效地处理产生的灰渣，以防止其对炉体和设备造成不利影响。对于不同类型的气化炉，排灰系统可能涉及固态或液态的排灰方式。

这三个系统的协调作用使得气化炉能够高效、稳定地进行煤气化反应，为能源转化提供可靠的解决方案。

（2）气体冷却器

气体冷却器在煤气化技术中扮演着至关重要的角色，其主要任务是给从煤气化炉中产生的高温合成气降温，以适应后续处理步骤，并防止高温对设备和催化剂造成损害。气体冷却器可分为水冷却器和空气冷却器两种类型。

水冷却器通过管束或换热表面，利用循环水或其他冷却介质进行热交换，迅速降低合成气温度。这种冷却方式可根据工艺需求采用直接接触式或间接接触式设计。而空气冷却器则利用气流对合成气进行冷却，无需额外的液体冷却介质，适用于水资源紧缺或对水质要求较高的环境。

冷却效率是一个关键参数，它会影响后续处理步骤的能耗和设备寿命。调整冷却介质的流速、温度和冷却器的设计可以实现最佳效果。由于合成气中可能含有固体颗粒，为防止结垢问题，气体冷却器采取清洗装置、在线监测和定期维护等防结垢措施，保持设备正常运行状态。

此外，气体冷却器通常采用耐腐蚀的材料，如不锈钢或特殊合金，以抵御合成气中可能存在的腐蚀性物质，并配备了控制系统，包括温度、压力和流量传感器，通过自动控制系统来调整冷却介质的流量和温度，以确保合成气的稳定冷却。同时，安全措施，如安全阀、过温保护装置等也被设立，以避免在异常情况下可能发生的安全风险。综合而言，气体冷却器的选择和设计需考虑多方面因素，优化设计可提高煤气化系统的能效和稳定性。

（3）废热锅炉

废热锅炉在煤气化过程中扮演至关重要的角色，它通过有效回收高温废热，实现能源的综合利用。废热锅炉的热源主要来自煤气化炉、气体冷却器和其他高温设备。通过热交换，废热锅炉将这些废热转化为蒸汽或热水，为生产过程提供额外的能源。

废热锅炉产生的蒸汽广泛用于多个方面，包括发电、驱动涡轮机械、供暖以及其他工业用途。在发电领域，废热蒸汽可用于推动发电机，产生电能。此外，它还可在工业过程中提供所需的高温热能，用于化工生产或其他生产工艺。

废热锅炉的设计考虑了高效热能转换和系统的稳定性。通常采用高效的换热表面，以确保最大程度地捕获和转换废热。安全性是设计时另一个关键因素，包括过热保护、压力控制和紧急停机系统等，以确保设备运行时的安全性。

通过废热的回收和再利用，废热锅炉不仅提高了整个煤气化系统的能效，还有助于降低对外部能源的依赖，减少环境污染。这使得废热锅炉成为可持续能源管理中的关键组成部分，促使工业生产更加环保和经济高效。

（4）除尘器

除尘器在煤气化系统中是一项关键的环保设备。采用不同的技术，如电除尘器或袋式过滤器，它通过过滤、沉积或电场作用，有效地清除悬浮在合成气中的微小颗粒，防止其对后续设备和催化剂的损害。这有助于维护系统的高效运行和产品的纯净度。常用的除尘器类型有以下几种：

① 电除尘器（electrostatic precipitator，ESP）。电除尘器是一种常见的除尘设备，主要用于去除合成气中的细小颗粒。它基于电场原理，通过给颗粒带上电荷，使其在电场的作用下沉积在集尘电极上。这种方法能有效地去除直径在 $0.01\sim10\mu m$ 之间的颗粒，确保合成气的洁净度。ESP 广泛应用于煤气化、电厂、冶金等领域。

② 袋式过滤器（baghouse filter）。袋式过滤器采用滤袋捕捉合成气中的颗粒物，具有高效的过滤性能。气体通过滤袋，颗粒物在滤袋表面沉积，清洁的气体则通过。袋式过滤器适用于细小颗粒的过滤，常用于处理高温气体。其优势在于容易维护，操作成本低，而且适用于多种颗粒物质。

③ 旋风除尘器（cyclone dust collector）。旋风除尘器通过气体的旋转运动，使颗粒沿着离心力的方向被分离和沉积。这是一种简单而有效的除尘技术，特别适用于大颗粒的分离。虽然旋风除尘器的过滤效率较低，但在一些需要初级颗粒分离的应用场景中，仍然具有一定的优势。

④ 湿式除尘器（wet scrubber）。湿式除尘器通过喷水或其他液体将气体中的颗粒物质吸附到水滴中，然后被冲洗掉。这种方法适用于黏性颗粒的去除，并可同时去除气体中的一些气态污染物。湿式除尘器在一些需要处理高湿度气体的场合中得到广泛应用。

以上除尘技术可以根据具体的工业需求和合成气的特性选择和组合使用，以实现高效的颗粒物去除，保障合成气质量。

（5）气体净化系统

气体净化系统是煤气化过程中的关键组成部分，旨在清除合成气中的有害污染物，以确保产品质量和催化剂的长寿命，并使排放气符合环保法规。

首先，废气洗涤器是气体净化系统的核心，通过将气体与洗涤液接触，可有效去除气溶胶和气体污染物。此过程可以包括物理吸收、化学吸收或湿润沉降，针对硫化物、氯化物等酸性气体具有良好的去除效果。其次，吸附塔采用吸附剂（如活性炭）吸附气体中的有机物和其他污染物，尤其适用于去除挥发性有机化合物（VOCs）等有机污染物。脱硫装置在气体净化中起到至关重要的作用，通过化学吸收等方法，高效去除合成气中的硫化物，以维护系统的正常运行。气体冷却器则不仅有助于降低合成气的温度，使其适应后续处理步骤，还可帮助将高温有机污染物沉淀下来，提高气体净化效果。对于同时存在硫化物和氮氧化物的系统，一体化的烟气脱硫脱硝装置为综合处理提供了可行的解决方案。

通过综合使用这些气体净化技术，确保了合成气中的有害物质得到高效去除，不仅保障了产品质量，延长了催化剂寿命，同时也达到了环保的要求。选择适当的气体净化技术需根据合成气的组成、工艺要求以及环保标准进行精心搭配和优化。

（6）合成气处理单元

合成气处理单元是煤气化系统中的关键组成部分，负责将从煤气化过程中产生的混合气体中的一氧化碳（CO）和氢气（H_2）进行分离和纯化。该单元通常包括冷却、压缩和吸附等处理步骤，旨在提高合成气的质量，使其适用于各种工业应用，如化学品生产、合成燃料或发电。

冷却过程有助于将合成气冷却至适宜的温度，为后续处理步骤创造条件。冷却可采用不同的技术，包括水冷却或空气冷却，取决于系统的设计和工艺要求。压缩单元对合成气进行压缩，以提高气体的密度和压力。这有助于满足下游工艺的需要，如合成气发电或压力驱动机械设备。吸附单元采用吸附剂，通常是特殊的分子筛或其他高效材料，以去除合成气中的杂质，提高气体的纯度。这对于要求极高纯度合成气的应用非常关键，如氢气制备。

综合使用这些处理步骤，合成气处理单元可以调整合成气的成分，使其达到所需的规格和质量标准。优化的设计和操作有助于提高整个煤气化系统的能效，同时确保合成气满足各种工业需求。合成气处理单元的选择取决于原料煤的性质、工艺流程以及最终产品的要求。

（7）储气罐

储气罐是煤气化系统中的关键组件之一，用于存储合成气，以平衡生产和用气之间的差异，确保系统在生产波动和需求变化时能够灵活应对。这些罐体可以是垂直或水平的压力容器，其设计考虑了合成气的压力、流量和使用需求。

首先，储气罐在煤气化系统中扮演了缓冲和调节的角色。当生产的合成气超过用气需求时，储气罐可存储多余的合成气。反之，当用气需求超过生产时，储气罐则释放存储的合成气，确保系统稳定运行。其次，储气罐能够提供稳定的气体输出，降低合成气在系统中的波动，有助于维持后续处理单元的正常运行。这对于需要稳定气体输入的工业过程和设备是至关重要的。储气罐通常包括安全阀、液位计、压力传感器等装置，以确保罐体内部的安全操作。安全阀可在罐体内部压力超过设定值时释放气体，防止发生过压事故。

总体而言，储气罐的设计和选择取决于系统的整体需求、生产流程的特性以及所需的气体输出。通过合理的规划和操作，储气罐能够提高煤气化系统的灵活性，确保生产的连续性和稳定性。

以上设备组合形成了一个完整的煤气化系统，其中每个设备都发挥着关键作用，确保高效、稳定和环保的煤气化过程。这些设备的选择和设计取决于煤的性质、工艺要求以及最终产品的应用。

4.2 典型工业煤气化炉

气化过程包括加料、反应和排渣三个基本工序，需要仔细控制操作条件，如反应温度、反应压力、进料状态、加料粒度、排渣温度等。对应的气化炉由加煤系统、反应系统和排灰系统三大部分组成。虽然不同的炉型在结构上存在一些差异，但它们共同满足基本的操作要求。在加煤系统中，关注的主要问题包括煤料的添加方式、入炉后的分布情况以及在加料时的密封性。这确保了煤料的均匀投放和系统的紧密封闭。反应系统是煤炭气化的核心反应区域。首要考虑的问题是如何在低能耗情况下使煤转化为符合用户要求的高质量煤气。为了保护炉壁，需要在炉体内壁设置衬里或夹套，夹套的设计既可以避免炉体及炉内构件过热，又能吸收气化过程中产生的热量并副产蒸汽。排灰系统的任务是确保炉内料层高度的稳定，同时保证气化过程的连续和稳定进行。这包括对灰渣的有效排放和处理，以维持气化炉的正常运行[10]。

4.2.1 常用炉型及比较

目前，全球范围内有数十种用煤制气的方法，这些方法被分为多个类别，其中以燃料在炉内的运动状况作为分类依据的方式得到了广泛应用。按照这一分类方式，可将煤气化方法划分为固定床气化炉（移动床气化炉）、流化床气化炉、气流床气化炉和熔融床气化炉四大类[11]。

（1）固定床气化炉（移动床气化炉）

适用于多种燃料，包括褐煤、长焰煤、烟煤、无烟煤、焦炭等。在气化过程中，使用空气、空气-水蒸气、氧气-水蒸气等作为气化剂。燃料通过移动床上部的加煤装置加入，同时从底部通入气化剂，燃料与气化剂逆向流动，反应完成后的灰渣从底部排出。气流速度调节得当，可以确保固体颗粒的相对位置基本保持静止状态，即床层的高度基本上维持不变。

（2）流化床气化炉

流化床气化炉是一种通过流态化级数生产煤气的气化装置，又称为流化床气化炉。在这种气化炉中，气化剂通过粉煤层，使燃料处于悬浮状态，固体颗粒的运动类似于沸腾的液体。煤的粒度通常较小，具有较大的比表面积，气固相的运动非常剧烈。整个床层的温度和组成保持一致，产生的煤气和灰渣都在相对低的炉温下排出，因此导出的煤气基本上不含有焦油类物质。在流化床气化炉中，使用气化反应性较高的燃料，如褐煤，其粒度通常在 3～5mm 之间。由于粒度较小，再加上流化床强大的传热能力，燃料进入炉内后几乎立即被加热到炉内温度，同时进行水分蒸发、挥发分解、焦油裂化、碳燃烧和气化等过程。一些煤粒可能在热解之前就开始熔融，形成黏性较强的煤粒，这些煤粒可能与其他颗粒接触形成更大的颗粒，有可能导致结焦并破坏床层的正常流态，因此流化床内的温度不能太高。由于加入气化炉的燃料颗粒尺寸分布较广，并且随着气化反应的进行，燃料颗粒的直径逐渐减小，因此对应的自由沉降速度也相应减小。当自由沉降速度减小到小于操作的气流速度时，燃料颗粒就会被带出。

流化床具有类似流体的流动特性，使得加料和排灰都相对方便。床内温度分布均匀，易于调节。然而，这种气化方式对原料煤的性质非常敏感，例如煤的黏结性、热稳定性、水分、灰熔点的变化等，性质的波动可能导致操作异常。增加气流速度可以使所有固体颗粒浮动起来，但它们仍然保留在床层中，不会被流体带出。

（3）气流床气化炉

气流床气化炉和流化床气化炉在气化过程中存在一些比较显著的区别。流化床气化允许使用小颗粒的燃料，使气化强度较固定床更大，但反应温度不能太高，通常使用气化反应性高的煤种。而气流床气化采用更小颗粒的粉煤。

气流床的气化过程涉及将煤粉夹带入气化炉，进行并流气化。微小的粉煤在火焰中经过部分氧化提供热量，然后进行气化反应。粉煤与气化剂通过特殊的喷嘴均匀混合后瞬间着火，直接发生反应，温度高达 2000℃。所产生的炉渣和煤气一起在接近炉温下排出，由于温度高，煤气中不含焦油等物质，而剩余的煤渣以液态形式从炉底排出。随着流速的进一步提高，固体颗粒不能继续留在床层中，开始被流体带出容器外，固体颗粒的分散流动与气体质点的流动类似。在反应区内，煤颗粒停留时间约为 1s，足够进行迅速气化，而且煤粒能够被气流各自分开，不会发生黏结凝聚，因此燃料的黏结性对气化过程影响较小。为了提高反应速度，一般采用纯氧-水蒸气作为气化剂，并将煤粉磨得很细，以增加反应的表面积。通常要求70%的煤粉通过200目筛。另一种方法是将粉煤制成水煤浆进料，但这种方法的缺点是水的蒸发会消耗大量热量，因此需要消耗较多的氧气来平衡。

（4）熔融床气化炉

熔融床气化炉是一种涉及气、固、液三相反应的先进气化设备。在这种气化炉中，燃料和气化剂同时注入炉内，使煤直接在熔融的灰渣、金属或盐浴中与气化剂接触，从而实现气化反应。产生的煤气通过炉顶导出，而液态和熔融的灰渣则与煤气一同从炉底溢出。

熔融床的炉内温度极高，一旦燃料进入床内，便会立即被高温气流加热并进行气化反应。由于极高的反应温度，这一过程中不会产生焦油等有害物质。相比于其他气化床类型，熔融床对于煤的粒度要求较为宽松，可以使用磨得较粗的煤以及粉煤。此外，熔融床还适用于使用具有强黏结性、高灰分或高硫含量的煤种。然而，熔融床气化炉在实际运行中面临热损失较大、熔融物对环境产生严重污染、高温熔盐对炉体造成严重腐蚀等挑战。

各种气化炉的性能参数比较如表4-2所示。

表 4-2　各种气化炉的性能参数比较

项目	固定床	流化床	气流床	熔融床
气化温度/℃	440～1400	800～1100	1200～1700	>1500
优点	低温煤气易于净化，适于高灰熔点煤，技术成熟，全世界煤气化装置容量占90%	操作简单，动力消耗少，对耐火炉衬要求低，适于高灰熔点煤	碳转化率高，液态灰渣易排出，放大容量：5000吨/日，负荷跟踪好（50%），煤种适应性强	煤种适应性广，气化效率高
缺点	不适于结焦性强的煤，低温干馏产生煤焦油、沥青等，单炉易大型化，1200吨/日	容量较小，1500吨/日，飞灰中未燃尽碳多	对耐火炉衬要求高（第二代用水冷），适于低灰熔点煤	适于低灰熔点煤
碳转化率/%	99	95	97～99	—

4.2.2　设备选择原则

对于不同气化炉，在选择设备之前，首先要明确用户或系统的需求。了解确切的功能和性能要求有助于确定需要的设备类型和规格。表4-3是几种气化炉类型的要求。

表 4-3　不同类型气化炉的设备要求

类型	原料	加料方式	排灰方式	灰渣和煤气出口温度	碳转化率
固定床(移动床)气化炉	6～50mm 块煤或煤焦	上部加料	固态或液态	不高	高
流化床气化炉	3～5mm 的煤粒	上部加料	固态	接近炉温	低
气流床气化炉	粉煤(70%以上通过 200 目筛)	下部与气化剂并流加料	液态	接近炉温	高
熔融床气化炉	6mm 以下	燃料与气化剂并流加入	液态	接近炉温	—

4.2.3　典型气化炉生成操作

(1) 气化炉装料

在气化炉中，燃料的加入方式与炉子的运行状况、煤的组成和热值等因素密切相关。主要采用间歇与连续自动加料方式以及常压和加压加料方式。这些选择直接影响气化过程的稳定性和产物组成。

① 间歇与连续自动加料。

间歇加料：针对固定床气化炉，间歇加料方式存在着气化过程和产物组成不稳定的问题。煤料的突然加入可能引起气化炉内温度和压力的波动。

连续自动加料：采用连续自动加料方式有助于维持气化过程的平稳进行，确保产物组成的相对稳定。

② 常压与加压加料。

常压加料：常压加料方式经历了多个发展阶段，包括自由落下、不同流槽、螺旋加料器进煤阀、气动喷射等。这些方式通过管道系统引入煤料，但可能存在机械密封磨损和气压损耗等问题。

加压加料：通过料槽阀门和泥浆泵进行加压加料。料槽阀门系统如图 4-1所示，先关闭阀 2，然后打开阀 1，煤进入料槽，料槽装满后关闭阀 1，经过管道 A，通入净化了的或至少干燥了的粗煤气，使料槽内的压力与气化炉平衡，然后打开阀 2，将煤加入炉内。再关闭阀 2，通过管道 B 卸压，然后打开阀 1，再将煤加入槽中，周而复始完成系统加煤。这种方式避免了机械密封问题，但可能存在泵能耗和压力损耗。

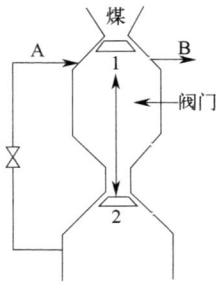

图 4-1　料槽阀门系统

泥浆泵加料：泥浆泵加料方式包括将煤与油或水混合搅拌制成浆状悬浮液，含有约 60％的固体煤料。通过泵将煤浆打入气化炉。尽管没有机械密封问题，但存在液体油或水必须被蒸发的能量消耗以及油比水有较低气化热、回收难的问题。

在上述气化炉装料的流程中，需要注意密封圆锥易机械磨损和闸门气压损耗的问题。泥浆泵加料时，要解决液体油或水的蒸发能耗、油和水的气化热问题，并保证在储存过程中煤浆固体组分不沉降，可能需要持续搅拌或添加乳化剂。在保持流程不变的情况下，这些问题的解决对于提高气化效率至关重要[12]。

（2）气化炉排灰

气化炉排灰是气化过程中的关键操作，它涉及将煤气化产生的灰渣有效地从气化炉中移除，以维持设备的稳定运行。排灰的方式和机制因不同气化炉类型而异，图 4-2 表示了各种排灰方法的原理。以下简要介绍几种常见气化炉的排灰方法。

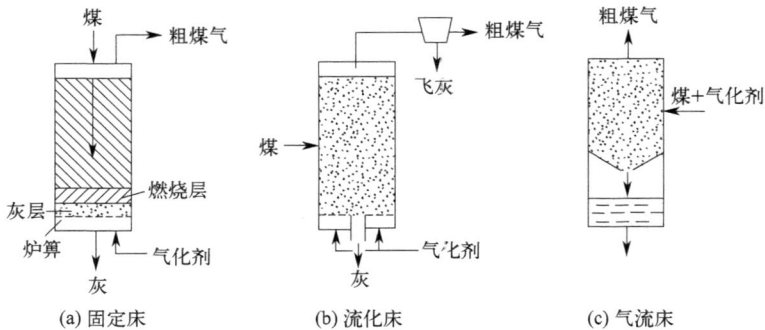

(a) 固定床　　　　(b) 流化床　　　　(c) 气流床

图 4-2　不同类型反应器的排灰示意

在固定床反应器中，经过燃烧层的煤中的矿物在基本燃尽后，转化为灰渣，并通过排灰装置顺利排出。在固态排渣情况下，为了保护炉栅，必须确保灰渣层具有一定的厚度。同时，为了保证松碎的固体能够有效排出，需要选择适当的蒸汽与氧气比例，以防止灰分熔化而导致结渣问题。在加压固定床气化炉中，采用与加料时的料槽阀门相似的方法进行排灰。排灰机构的主要部件包括炉箅、灰盘、排灰刀和风箱等，其结构如图 4-3 所示。

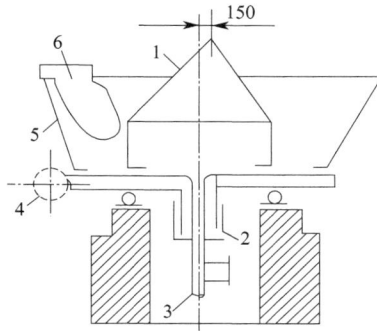

图 4-3　除灰机构示意图
1—炉箅；2—水封；3—风箱；4—蜗杆；5—灰盘；6—排灰刀

在流化床气化炉中，存在两种主要形式的灰分：一是均匀分布，并与煤的有机质聚生的飞灰；二是几乎与煤的有机质呈分离状态的、具有较大颗粒的矸石组分的灰。对于后者，由于其密度较大，会聚集在炉子的底部，并可通过底部的开口排出。而对于前者，随着气化过程的进行，它会成为飞灰，并随煤气一起流出气化炉。这两种灰分的处理方式有所不同，前者主要通过炉底开口排出，而后者则在底部聚集后排出。

在气流床气化炉中，由于停留时间相对较短且炉温较高，因此产生的灰渣呈液态形式。这些液态灰渣通过气化炉的开口迅速流出，并在水浴中快速冷却，形成圆状固体，最终通过系统排出。在这个过程中，灰分的高效处理对于维持气化炉的正常运行至关重要。采用有效的排灰系统，包括巧妙设计炉底开口和水浴冷却过程，有助于确保灰渣被有效排除，从而确保气化炉能够以高效稳定的方式运行。这种系统设计的合理性直接影响到气化过程的顺利进行和炉内温度的控制。

熔融床气化炉是一种涉及气、固、液三相反应的先进气化设备。在这种独特的气化炉中，灰渣以熔融的形式存在，直接与气化剂接触，发生气化反应。

产生的煤气通过炉顶导出，而液态灰渣则与熔融物一起溢流出气化炉。这种设备通过促使灰渣熔融，实现了煤的高效气化过程，为煤气生产提供了一种高效、先进的解决方案。

4.3 固定床气化工艺

4.3.1 固定床气化过程工艺特点

固定床气化又称为移动床气化，属于逆流操作。它以块煤为原料，煤由气化炉炉顶加入，气化剂由炉底送入，气化剂与煤逆流接触，煤自上而下以缓慢的速率向下移动，依次经过预热、干燥、热解、气化和燃烧5个区域。最后灰分从炉底排出炉外，气化产生的煤气由顶部排出。由于气化过程中，煤气显热中相当部分供给煤气化前的干馏段和干燥段，煤气出口温度低，而且灰渣的显热又预热了入炉的气化剂，因而固定床气化热效率较高[13]。

固定床气化分为常压气化和加压气化两种。属于这种炉型的典型气化炉有常压的 UGI 炉，常压气化法比较简单，但要求用块煤，低灰熔点的煤难以使用。与常压气化法相比，比较典型的加压气化为鲁奇（Lurgi）炉，在加压气化条件下，气化炉内进行的碳的氧化反应、二氧化碳的还原反应、水蒸气的分解反应以及甲烷的生成反应等，是更加有利于体积减小的反应。在加压气化过程中，甲烷生成反应增多：一方面是由于较厚的干馏层挥发分热解产生甲烷；另一方面是由于碳的加氢生成甲烷，而且主要以后者为主。

4.3.2 常压固定床气化工艺

UGI 气化炉结构如图 4-4 所示。炉壳由钢板焊成，上部衬有耐火砖和保温硅藻砖，保护炉壳钢板免受高温的损害，下部外设水夹套，降低炉内氧化层的温度，防止熔渣粘壁，并副产蒸汽。

UGI 煤气发生炉通常采用无烟块煤作原料，采用空气和水蒸气作为气化剂，以间歇循环的方式生产合成气。为了生产的安全，循环一般采用吹风、水蒸气吹净、上吹、下吹、二次上吹、空气吹净共 6 个阶段，实际上总体分吹风升温和吹蒸汽制气两个阶段。

第一阶段为吹风升温阶段。将空气鼓入炉内，与炽热的碳发生燃烧反应，放出大量反应热，积蓄在料层内，使料层温度升高。同时，生成主要成分为

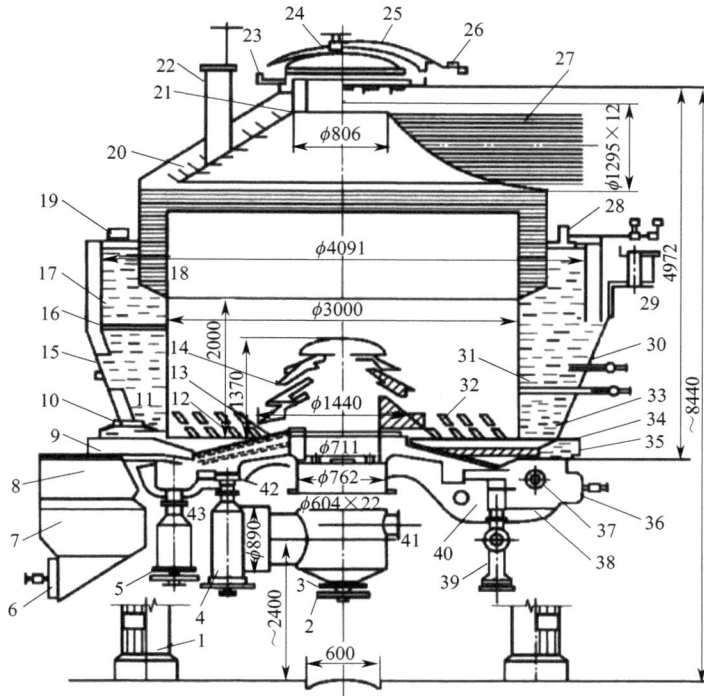

图 4-4　UGI 气化炉结构图

1—支柱；2—炉底三通圆门；3—炉底三通；4—长灰瓶；5—短灰瓶；6—灰斗圆门；

7—灰斗；8—灰犁；9—圆门；10—夹层锅炉放水管；11—破碎板；12—小推灰器；

13—大推灰器；14—宝塔形护条；15—夹层锅炉人孔；16—保温层；17—夹层锅炉；

18—R 形连接板；19—夹层锅炉安全阀；20—耐火砖；21—炉口保护圈；

22—量炭层装置；23—炉座；24—炉盖；25—炉盖安全联锁装置；26—炉盖轨道；

27—出气口；28—夹层锅炉出气管；29—夹层锅炉液位计警报器；30—夹层锅炉进水管；

31—试火管及试火考克；32—内灰盘；33—外灰盘；34—角钢挡灰圈；

35—蜗杆箱大方门；36—蜗杆箱小方门；37—蜗杆；38—蜗轮；

39—蜗杆箱灰瓶；40—炉底壳；41—热电偶接管；42—内刮灰板；43—外刮灰板

N_2 和 CO_2 的高温吹风气，经废热回收后放空。第二阶段为吹蒸汽制气阶段，向高温料层内吹入蒸汽，利用积蓄在料层内的热量进行蒸汽分解反应，生成以 CO 和 H_2 为主的水煤气。因为此时无空气吹入，故煤气中基本不含 N，待料层内热量消耗至一定程度，制气阶段结束，再次向料层吹风。这样间歇地向料层内鼓空气和吹蒸汽，就可以在不使用氧气的条件下，制得不含 N_2 的煤气。

4.3.3 加压固定床气化工艺

加压气化炉内一般认为有六个层次，自下而上分别为灰渣层、氧化层、还原层、甲烷生成层、干馏层和干燥层。典型的鲁奇加压固定床气化炉结构图及气化工艺流程图如图 4-5、图 4-6 所示。

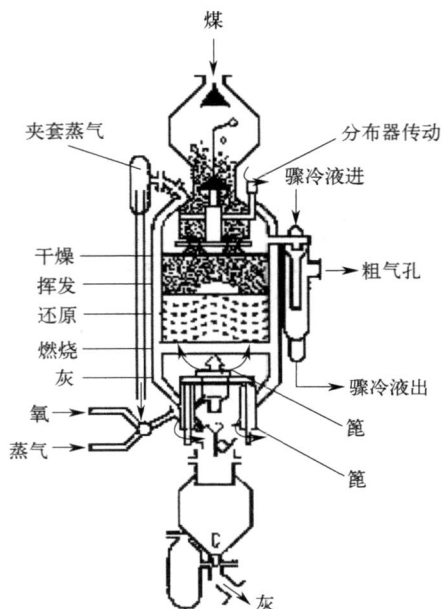

图 4-5 鲁奇加压固定床气化炉结构图

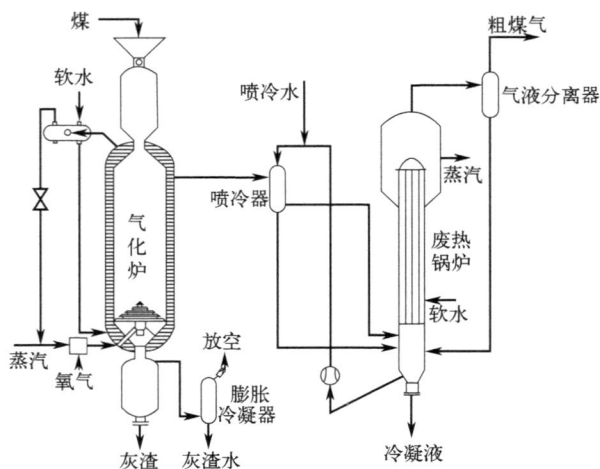

图 4-6 鲁奇加压固定床气化工艺流程图

　　煤经煤溜槽加入气化炉上部煤锁，煤锁充压至与气化炉压力相同时，打开煤锁下阀，煤靠重力加入气化炉。过热水蒸气和氧气在混合器混合后，从气化炉底部经炉管进入气化炉，在约 3.0MPa、1000℃的条件下，与煤发生气化反应，生成以 CO、H_2、CO_2、CH_4 为主要成分的煤气。从气化炉出来的粗煤气，根据煤种不同，温度在 220～600℃，经喷冷器后温度降至 200℃左右，进入废热锅炉回收余热，温度降至 180℃，粗煤气经气液分离器进入下游工序。废热锅炉可产生 0.5～0.6MPa 的低压蒸汽。从喷冷器洗涤下来的含焦油和尘的煤气水随煤气一起进入废热锅炉底部的分离器。一部分含尘煤气水由循环泵返回到洗涤冷却器，其余送煤气水分离单元。喷冷循环水量的损失由煤气水处理工段的高压喷射煤气水补充。气化炉气化产生的灰渣周期性排进灰锁斗，灰锁斗用过热中压蒸汽充压。在灰锁斗减压卸灰操作过程中，含有灰尘的水蒸气进入膨胀冷凝器。膨胀冷凝器充满冷却水，冷却吸收泄压蒸汽。

　　Lurgi 气化工艺特点如下。

　　① 操作稳定可靠。原料煤和气化剂逆流接触，有利于热量交换和反应的充分进行。正常运行时，煤能充分气化，操作指标稳定。

　　② 氧耗低。相对于气流床气化技术，鲁奇气化工艺单位氧气消耗可以降低 30%。

　　③ 煤气用途广。采用不同组分的气化剂可生产各种用途的煤气。

　　④ 需要较高的汽氧比控制气化反应温度。蒸汽消耗较高，水蒸气分解率较低，约为 40%。

　　⑤ 粗煤气中含有一定数量的焦油、酚等。煤气水处理和煤气净化、副产品的回收工艺复杂，流程长，投资大。

　　⑥ 入炉煤为块煤（5～50mm），原料来源受到一定限制，价格比粉煤高。

　　⑦ 气化炉结构相对复杂，炉内设有搅拌、煤分布器和炉箅等转动设备，设备的损坏与检修较为频繁，须设置备用炉。但气化炉投资要远低于气流床气化炉。

　　⑧ 煤气约含 10%的甲烷和不饱和烃，这种煤气适宜作为城市煤气或多联产，直接用于化工合成则需要增加甲烷转化单元。

4.4　流化床气化工艺

4.4.1　流化床气化过程工艺特点

　　流化床气化使用小于 8mm 的小颗粒煤为气化原料，气化剂同时作为流化介质，通过流化床的布风板自下而上经过床层。根据原料的粒度分布和颗粒特性，控制气化剂的流速，使床层内的原料都处于流化状态，在剧烈的搅动和翻混中，颗粒与气化剂充分接触，同时进行化学反应和热量传递。利用碳燃烧放出的热量，对煤进行干燥、干馏和气化。生成的煤气在离开流化床床层时，会带着固体颗粒（包括 70% 的灰粒和部分未气化的碳粒）从炉顶离开气化炉。部分密度增加的渣粒会从排灰机构排出。

采用加压流化床气化技术可以提高流化质量，克服常压气化的许多缺陷。加压操作会增加反应气体的浓度，减少在相同流量下的气流速度，增加气固的接触时间。这样可以提高生产能力，减小气化炉及设备的尺寸，还可以减少原料带出的损失。压力对流化床气化过程影响最大的是使气化炉的生产能力得到很大的提高，在相同的床层膨胀度以及气化剂组成的条件下，气化强度随压力的提高而提高，这与移动床气化规律相同[14,15]。

（1）床层内反应的分布

流化床气化过程与固定床相似，尽管料层呈流化状态，但仍可以分为氧化层和还原层。流化床氧化层的高度为 80～100mm，且高度与原料颗粒直径无关，还原层在氧化层上面，一直延伸至整个料层的上部界线。流化床气化与固定床气化过程非常相似，但仍存在不同之处，流化床随气流速度的增加，氧化层高度增加。

（2）床层内温度的分布

在流化床气化过程中，温度的变化比固定床要平稳很多。由于固体颗粒与气化剂充分接触，整个床层温度非常均匀，因此床层内的温度不会局部过高，超过原料煤的煤灰软化温度而引起大面积结渣。如果混合不均匀，产生局部过热，就可能导致局部结渣现象。大多数原料煤的灰分软化温度为 1050～1150℃。为了避免炉内结渣而破坏气化剂在床层截面上的均匀分布和产生沟流以及起泡等不良现象，流化床温度应低于固定床温度，一般控制在 850～950℃。所以只有用反应活性好的煤作气化原料，才能得到质量较好的煤气。否则，会使碳转化率降低。同时温度均匀会导致煤气出口温度较高，热损失较大，通常需要设置规模较大的废热回收系统。

（3）流化床内颗粒充分混合

流化床内的颗粒较细，气化剂流速较高，并处在剧烈的搅动和翻混状态下，气固接触充分，传热强度大，有利于非均相反应速率的提高，因此流化床气化强度大于移动床。另外，由于进入流化床气化炉内的原料迅速分布于炽热颗粒之间而受到突然加热，使煤的干馏和气化在同一温度下进行。与移动床相比，其干馏温度很高，使煤中的挥发分得以完全分解，因此煤气中几乎无焦油存在，酚和甲烷的含量很少，煤气热值较低，但净化系统较简单，环境污染少。但是，流化床中的固体颗粒混合充分，要选择性地排除灰分十分困难。因此，为使气化过程顺利进行，不可能使原料煤全部变成灰，排出物中含碳量往往很高。

（4）带出物

影响带出物的因素较多。带出物量与气流速度的 4 次方成正比，与小颗粒浓度的平方根成正比，与分离空间高度成反比，与流化床净高成正比，与炉栅的有效截面成反比。带出物的碳含量很高，为 40%～60%。

（5）流体特性

流化床内的煤粒一直处于运动状态，并且具有类似于流体的特性，因此流化床特别适合多反应器系统操作，而且可以很方便地将固体颗粒在各反应器之间转移。

典型的流化床气化工艺主要有温克勒（Winkler）工艺、高温温克勒（HTW）工艺、U-Gas 工艺和灰熔聚工艺。

4.4.2 常温流化床气化工艺

（1）温克勒气化炉

温克勒气化炉是以德国工程师温克勒命名的一种煤气化炉型，于 1926 年首次应用于德国的工业化进程。温克勒气化工艺是最早采用褐煤作为气化原料的常压流化床气化工艺之一。该气化炉的示意图如图 4-7 所示，为钢质立式圆筒形结构，内衬耐火材料。

温克勒气化炉采用粉煤作为原料，粒度为 0～10mm。如果煤不含表面水，且能够自由流动，则无需干燥；对于黏结性较强的煤，可能需要气流输送系统以克服螺旋给煤机端部容易堵塞的问题。粉煤由螺旋给煤机加入圆锥部分的腰部，加煤量可以通过调节螺旋给煤机的转数来实现。通常在筒体的圆周上设置2～3 个加料口，互成 180°或 120°的角度，有利于煤在整个截面上的均匀分布。气化炉顶部配备辐射锅炉，沿内壁设置水冷管，用于回收煤气的显热。在炉顶部，气体与煤通过沸腾床的方式进行气化。底部送入气化剂总量的 60%～75%，其余的气化剂则从炉体上部的喷嘴处喷入，使煤在接近灰熔点的温度下气化，提高了气化效率。通过控制气化剂的组成和流速来调节流化床的温度，以确保不超过灰的软化点。较大的富灰颗粒沉积在流化床底部，通过螺旋排灰机排出。大约有30％的灰从底部排出，其余的70％随气流带出流化床。典型工业规模的温克勒常压气化炉，其内径为5.5m，高23m。该气化工艺的特点是采用沸腾床方式进行气化，原料煤的要求包括：粒径小于1mm的占比在15％以下，大于10mm的占比在5％以下，同时具有较高的活性，不黏结，灰熔点高于1100℃，适用于气化褐煤、不黏煤、弱黏煤等高活性烟煤。在常压操作下，气化温度为900～1000℃，生成的煤气中不含焦油，但含有大量飞灰。煤通过螺旋给煤机从气化炉沸腾层的中部投入，气化剂从底部通过固定的炉栅吹入，沸腾床上部还会二次吹入气化剂，未完全气化的灰从炉底排出。整个床层的温度分布均匀，但灰中未转化的碳含量较高。后来的改进是取消了炉栅结构，取而代之的是用六个仰角为10°、切线角为25°的水冷射流喷嘴，使气化炉得到简化，同样可实现气体均匀分布，同时避免了床层内部气体沟流导致的局部过热和结渣问题，延长了使用寿命，降低了维修成本。然而，伴随而来的新问题是出口煤气中的粉尘夹带量增加。

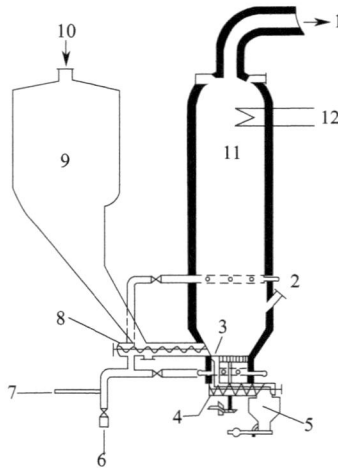

图 4-7　温克勒气化炉

1—煤气出口；2—二次气化剂入口；3—灰刮板；4—除灰螺旋；5—灰斗；6—空气入口；
7—蒸汽入口；8—供料螺旋；9—煤仓；10—加煤口；11—气化层；12—加热器

（2）温克勒气化炉的工艺特点

① 优点。气化炉结构简单，造价低，与移动床相比，流化床气化炉的炉栅不转动，操作维修费用低，使用寿命长；生产调节幅度大，有很好的适应性

和负荷伸缩性，在短时间内，其处理量可从最低（25％设计负荷）调至最大（150％设计负荷）；操作温度低，开、停车程序简单，操作稳定、可靠；煤料的允许粒度范围较宽，备煤系统简单；粗煤气中无焦油类副产物，煤气水容易净化。

② 缺点。温克勒炉体积庞大，单位容积气化率较低，内径 5.5m 的炉子高达 23m，其容积气化效率低，约为 Lurgi 加压气化炉的 1/20，气流床气化炉（K-T）的 1/3；操作压力低（常压或略高于常压），单台炉处理能力小，其显热损失大，碳利用率低，煤耗高。由于气化温度低，带出物和灰渣中残炭含量较高，一般带出物含碳 30％～50％，灰渣含碳量 20％～30％；对原料煤的性质要求高，要求原料活性好，灰熔点高，黏结性不高。故有时需对原料进行干燥、破黏等预处理后才能入炉。

（3）温克勒气化炉的工艺流程简述

温克勒气化工艺是一种复杂而高效的能源转化过程，包括煤的预处理、气化、气化产物显热的利用、煤气的除尘和冷却等多个关键步骤，如图 4-8 所示。

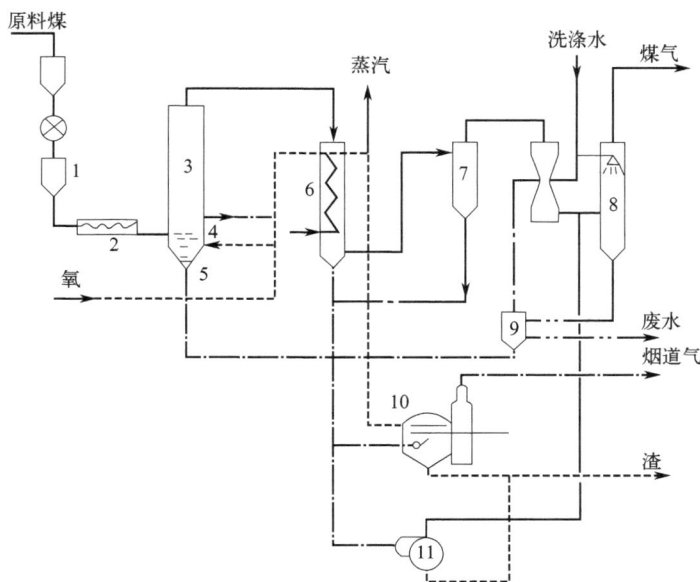

图 4-8　温克勒气化炉的工艺流程简述

1—煤锁斗；2—螺旋给煤机；3—气化炉；4—氧蒸汽入口；5—排灰斗；6—废热锅炉；
7—旋风分离器；8—洗涤塔；9—沉降塔；10—灰浆过滤器；11—循环水泵

① 原料的预处理。在温克勒气化工艺中，首要步骤是对原料进行细致的预处理。这包括将原料破碎和筛分，制成 0～10mm 的炉料。通常情况下，这些炉料不需要额外干燥，但如果存在表面水分，可以利用烟道气进行干燥。关键的参数是控制入炉原料的水分含量，一般在 8%～12% 之间。对于那些具有黏结性的煤料，需要经过专门的破黏处理，以确保在气化过程中床内能够保持正常的流化状态。

② 气化。经过预处理的原料进入料斗，料斗内充以氮气或二氧化碳等气体。通过螺旋给煤机将煤料送入气化炉的底部，而煤在炉内的停留时间大约为 15min。气化剂被引入炉内与煤反应，生成的煤气则从炉顶引出。这个煤气中含有大量的粉尘和水蒸气。

③ 粗煤气的显热回收。粗煤气的出炉温度通常约为 900℃。在气化炉的上部设置了废热锅炉，通过这一步骤能够回收余热，产生水蒸气。废热锅炉中水蒸气的压力维持在 1.96～2.16MPa，而水蒸气的产量则在 $0.5～0.8kg/m^3$ 干煤气的范围内。

④ 煤气的除尘和冷却。经过废热锅炉后，粗煤气进入两级旋风除尘器和洗涤塔，通过这些设备除去煤气中的大部分粉尘和水蒸气。经过净化冷却过程，煤气的温度将降至 35～40℃，而含尘量则会下降至 $5～20mg/m^3$ 的范围内。这一系列的步骤不仅确保了煤气的纯度，同时也有效地降低了其温度，为后续的能量利用创造了有利条件。

（4）温克勒气化炉的工艺条件

① 原料。褐煤是流化床最好的原料，但褐煤的水分含量很高，一般在 12% 以上，蒸发这部分水分需要较多的热量（即增加了氧气的消耗量），水分过大，也会造成粉碎和运输困难，所以水分含量太大时，需增设干燥设备。煤的粒度及其分布对流化床的影响很大，当粒度范围太宽、大粒度煤较多时，大量的大粒度煤难以流化，覆盖在炉算上，氧化反应剧烈可能引起炉算处结渣。如果粒度太小，易被气流带出，气化不彻底。一般要求粒度大于 10mm 的颗粒不得高于 5%，小于 1mm 的颗粒小于 10%～15%。由于流化床气化时床层温度较低，碳的浓度较低，故不太适宜气化低活性、低灰熔点的煤种。

② 气化炉的操作温度。高炉温对气化是有利的，可以提高气化强度和煤气质量，但炉温是受原料的活性和灰熔点限制的，一般在 900℃ 左右。影响气化炉温度的因素大致有汽氧比、煤的活性、水分含量、煤的加入量等。其中又以汽氧比最为重要。

③ 二次气化剂的用量。使用二次气化剂的目的是提高煤的气化效率和煤气质量。被煤气带出的粉煤和未分解的烃类化合物，可以在二次气化剂吹入区的高温环境中进一步反应，从而使煤气中的一氧化碳含量增加，甲烷含量减少。

（5）温克勒气化炉的气化指标

温克勒气化工艺以其较大的单炉生产能力而闻名。这一工艺采用细颗粒粉煤进行气化，充分利用机械化采煤得到的细粒度煤。相较于移动床的干馏层，温克勒气化在相同温度下进行煤的干馏和气化，煤气中几乎不含焦油，且酚和甲烷的含量较低，减少了排放的洗涤水对环境的污染。然而，温克勒常压气化也存在一些缺点。首先，由于炉内温度需要保证灰分不能软化和结渣，要求控制在约 900℃，因此必须使用活性高的煤作为气化原料。其次，气化温度较低不利于二氧化碳的还原和水蒸气的分解，导致煤气中二氧化碳含量偏高，而可燃组分，如一氧化碳、氢气、甲烷等含量相对较低。此外，与移动床相比，流化床气化炉的设备较为庞大。由于出炉煤气的温度几乎与床内温度一致，因此热损失较大。流态化也会导致颗粒的严重磨损，而高气流速度则增加了出炉煤气的带出物。为解决这些问题，进一步开发了温克勒加压气化和灰熔聚气化工艺，以提高气化效率和适应不同的气化条件。

4.4.3　加压流化床气化工艺

（1）高温温克勒气化

高温温克勒气化（HTW）工艺流程见图 4-9。原料煤被锤式破碎机破碎到粒度小于 6mm，送往流化床干燥器，干燥到水分含量约 12%。合格的粉煤储存在煤斗，煤经几个串联的煤锁斗后逐渐下移，经螺旋给煤机从气化炉下部进入炉内，被由气化炉底部吹入的气化剂（氧气/蒸汽）流化发生气化反应生成煤气，热煤气夹带细煤粉和灰尘上升，在炉体上部继续反应。从气化炉出来的粗煤气经一级旋风除尘，捕集的细粉循环入炉，二级旋风捕集的细粉经灰锁斗系统排出。除尘后的煤气进入卧式火管锅炉，被冷却到 350℃，同时产生中压蒸汽，然后煤气顺序进入陶瓷过滤器、激冷器、文丘里洗涤器和水洗塔，使煤气降温并除尘。炉底灰渣经内冷却螺旋排渣机排入灰锁斗，经螺旋排渣排出。煤气洗涤冷却水经浓缩沉淀滤除粉尘，澄清后的水再循环利用[16]。

在常压温克勒气化技术的基础上，通过提高气化温度和气化压力，成功开发了高温温克勒气化技术。HTW 除保留了传统的温克勒气化技术的优点外，

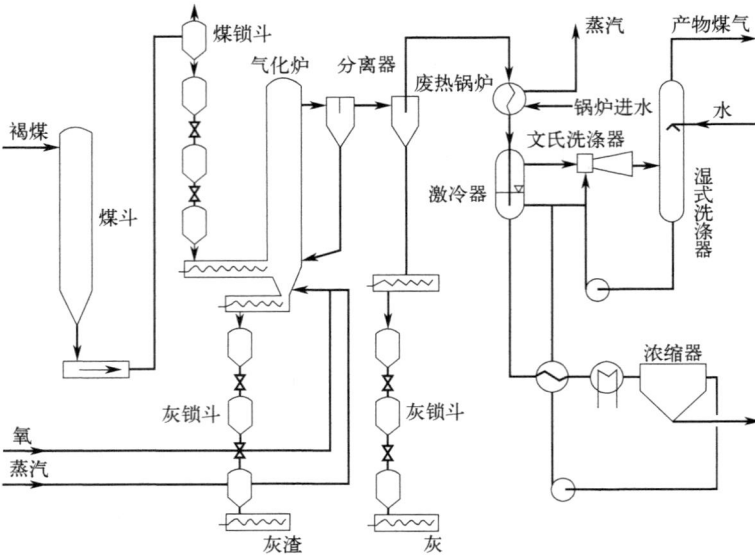

图 4-9 高温温克勒气化（HTW）工艺流程

进一步具备了以下特点。①提高了操作温度。由原来的 900～950℃提高到 950～1100℃，因而提高了碳转化率，增加了煤气产出率，降低了煤气中甲烷的含量，氧耗量减少。②提高了操作压力。由常压提高到 2.5MPa，因而提高了反应速率和气化炉单位炉膛面积的生产能力，由于煤气压力提高使后工序合成气压缩机能耗有较大降低。由于气化压力和气化温度的提高，使气化炉大型化成为可能。③气化炉粗煤气带出的固体煤粉尘，经分离后返回气化炉循环利用，使排出的灰渣中含碳量降低，碳转化率显著提高，可以气化灰含量高的次烟煤。

但高温温克勒也存在一些缺点：①要求原煤的活性高，灰熔点高（1200℃以上），不黏结；②HTW 操作压力还不太高，因而对产气反应等应用来说还不够理想。

（2） U-Gas 气化技术

U-Gas 气化工艺由美国煤气工艺研究所（IGT）于 20 世纪 70 年代开发，以一段式流化床技术为基础。通过与氧气、富氧空气或空气进行气化反应，可将各种生物质原料和煤转化成中低热值的合成气。其结构如图 4-10 所示。

炉箅是一倒置锥体，锥体上开有大型进气孔，气化剂分两部分进入炉子。通过炉箅侧面的栅孔进入炉内的一部分气化剂，由下而上流动，流速为

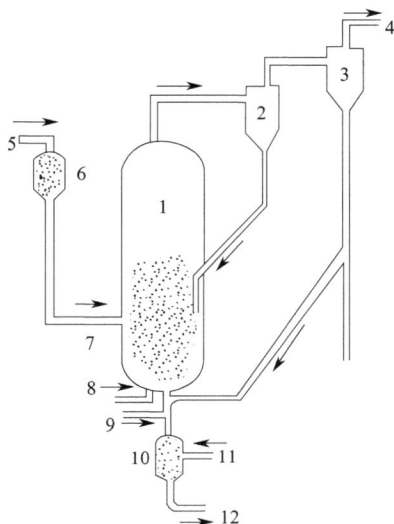

图 4-10　U-Gas 气化炉示意图

1—气化炉；2—Ⅰ级旋风除尘器；3—Ⅱ级旋风除尘器；4—粗煤气出口；5—原料煤入口；
6—料斗；7—螺旋给料机；8，9—空气（或氧气）和蒸汽入口；10—灰斗；
11—水入口；12—灰水混合物出口

0.30～0.76m/s，使入炉煤粒处于流化状态，煤粒在床内的高温环境下迅速气化，逐步缩小的焦粒之间不会形成熔渣。另一部分气化剂则通过炉子底部中心文氏管高速向上流动，经过倒锥体顶端孔口进入锥体内的灰熔聚区，使该区域温度高于周围流化床的温度，接近灰的熔点。在此温度下，含灰分较多的粒子互相黏结长大，直到其沉降速度大于气流阻力，即从床层中分离出来，排到充满水的灰斗，呈粒状排出。床层上部空间裂解床层内产生的焦油和轻油，故生产的气体中甲烷含量稍多于一般气化工艺生产煤气的量，流化床处于还原气氛中，故煤粒的绝大部分硫都转化为硫化氢，有机硫很少。

在 U-Gas 气化工艺中，经过处理的原料被送进气化炉与水蒸气、空气和/或氧气在流化床中进行反应，反应温度控制在一定范围之内，从而保持很高的碳转化率，并保证灰不会结渣。U-Gas 工艺在一段式流化床气化炉中完成四个重要过程：破黏、脱挥发分、原料气化以及（如果有必要）灰团聚和分离。气化炉操作压力取决于合成气的最终用途，根据最终产品的不同，压力在 3～40bar 之间或更高。合成气经过净化以后可有多种用途，例如发电、生产LNG、甲醇、二甲醚、乙二醇、合成氨、直接还原铁以及合成汽油等，并可获得许多具有商业价值的副产品，例如硫黄、二氧化碳、蒸汽和灰渣等。通过反应，原料在流化床内被迅速气化并生产出混合气体，包括氢气、一氧化碳、二氧化碳、水蒸气和甲烷，还有少量的氨、硫化氢以及微量的其他杂质。反应气体（包括水蒸气、空气和/或氧气）进入气化炉将反应器里的原料进行流化。灰渣通过自身重力脱离流化床排入特定的系统进行泄压和处理。气化炉排出的底灰中碳含量很低，所以总的碳转化率可达 99%。U-Gas 商业装置已经反复证明其冷煤气效率可达 80%，碳转化率高达 99%。从流化床中带出的细粉将与合成气分离，然后对合成气进行热回收与净化。由于操作温度适中，气体在流化床中的停留时间合适，合成气产品几乎不含焦油，从而简化了下游热回收和气体净化系统。

（3）灰熔聚流化床粉煤气化技术

灰熔聚流化床粉煤气化是加压流化床工艺，以碎煤为原料（粒径＜6～8mm），以空气或氧气或富氧为氧化剂，水蒸气或二氧化碳为气化剂，在部分燃烧产生的高温下进行煤的气化。气化炉是一个单段流化床，可在流化床内一次实现煤的破黏、脱挥发分、气化、灰团聚及分离、焦油及酚类的裂解。带出的细粉经除尘系统捕集后返回气化炉，再次参加反应，有利于碳利用率的进一步提高。

一般的流化床气化炉为了保持床层中有较高的碳灰比，维持稳定的不结渣操作，排渣的组成与床层中固相反应物料的组成相同，因此排出的灰渣中碳含量比较高。为解决这一问题，提出了灰熔聚气化工艺。在流化床气化炉气化过程中，炉内高温区灰分会软化变形并进一步熔化，灰熔聚气化的原理就是允许熔化的灰分进行有限度的团聚，结成碳含量较低的球状灰渣，当团聚后的颗粒体积增大到一定值后，就会自动离开气化炉，因此灰熔聚技术与传统的流化床相比，有较高的碳转化率。

灰熔聚流化床粉煤气化技术的优点包括：操作温度适中，无特殊材质要求，耐火材料使用寿命可达 10 年以上，连续运转可靠性高；灰团聚成球，与半焦有效分离，排灰碳含量低；炉内形成局部高温区，气化强度高；飞灰经旋风除尘器捕集后，返回气化炉，循环转化，碳转化率可达 90%；煤气中几乎不含焦油和挥发酚，洗涤水易净化循环利用，煤中硫容易脱除回收，无废气排放，有利于环境保护。同样，灰熔聚流化床粉煤气化也具有一些缺点，如合成气中有效成分较低，产品气中 CH_4 体积分数较高，虽然采用了飞灰循环入炉气化措施，但第二旋风分离器排出的细灰量还是比较大，环境污染及飞灰堆存和综合利用问题有待进一步解决；其次是气化压力低，单炉产气量小。

4.5　气流床气化工艺

4.5.1　气流床气化过程工艺特点

现有气流床气化技术按供应形式可分为干煤粉供应方式和石煤纸浆供应方式两种。气流床气化技术是将原料煤制作成干煤粉放入鼓风炉，煤炭粉和气化剂通过喷嘴一起流入煤气炉，在煤气炉内进行充分的混合、燃烧、气化反应。由于煤气炉内的气体和它所含的固体以几乎相同的速度、相同的方向运动，所以称为气流相记或气相记。目前，世界上已经工业化的先进粉末气流气化技术包括 Shell（SCGP）、GSP、Prenflo、HT-L、两段式干煤粉加压气化技术等[17]。

水煤浆进料的加压气化技术是最成熟的气流床气化技术，如德士古、E-Gas 和多喷嘴、多元料浆等技术。目前的研究方向是提高高炉煤浆的浓度，提高喷嘴和耐火砖的使用寿命，降低氧气消耗和生产成本。为了保持稳定并尽量延长耐火砖的寿命，一些水煤浆气化炉采取较低的温度控制，导致排出的灰渣和飞灰含有较高的碳量，需要进一步处理。此外，国产化技术需要提高氧气阀、水煤浆泵和排渣阀的水平。随着煤化工项目规模的进一步扩大，单台气化炉的能力也相应提高。目前看来，单喷嘴水煤浆气化炉的能力达到 2000t/d 问题不大，而进一步增加可能需要使用多喷嘴。在单喷嘴和多喷嘴之间的争议也源于多喷嘴投资和维修成本的增加，因此多喷嘴气化炉的规模不宜过小，即需要维持一个最低经济规模。

高温、高压、大容量的气流床气化技术展现了良好的经济性和社会效益，代表着气化技术的发展趋势，是目前最清洁的煤气化技术。气流床煤气化的优势不仅在于减少污染排放，还可以获得多种具有一定市场价值的副产品，如高纯度的硫、CO_2 和可再利用的灰渣。与此同时，随着环境排放标准的日益严格，气流床气化工艺低污染排放的优势越来越凸显。

4.5.2　水煤浆加料气化工艺

水煤浆加料的加压气化技术是最成熟的气流床气化技术，如 GE、E-Gas 和多喷嘴等技术。

（1）德士古（GE）气流床气化技术

GE 的气流床气化技术通常应用于煤气化领域，旨在将煤等固体燃料转化为合成气。这种技术基于气流床反应器，将气化剂通过固体燃料床层进行通气，以在高温下实现气化过程。GE 气化炉通常由喷嘴、气化室、激冷室（或废热锅炉）组成。其中喷嘴为三通道，工艺氧走一、三通道，水煤浆走二通道，介于两股氧射流之间。将煤加水磨成浓度为 60%～65% 的水煤浆，制备好的煤浆和氧气从炉顶的燃烧喷嘴中向下喷入炉内形成一个非催化的、连续的、喷流式的部分氧化过程。GE 气化炉炉体结构如图 4-11 所示。

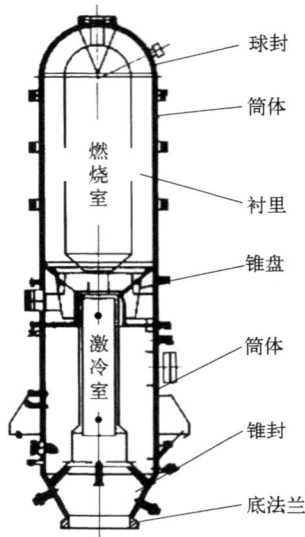

图 4-11　德士古气化炉炉体结构

GE 水煤浆气化技术主要特点如下。①气化压力高。水煤浆气化压力范围在 4.0～8.7MPa 之间，提高气化压力，可缩小设备体积，有利于降低能耗。②气化技术成熟。制备的水煤浆用泵输送，操作安全便于计量。气化炉内砌有多层耐火砖，无机械部件，气化炉通常设置备用系列，以提高年运转率，料浆喷嘴和耐火砖磨损消耗高，运行成本较高。③煤气中有效气（$CO+H_2$）较高，约 80%，冷煤气效率为 70%～76%，由于水煤浆含有约 35% 的水分，因而氧耗较高。④气化流程的热回收有激冷和废锅两种形式，可根据产品气的用途加以选择。⑤气化炉高温排出的熔渣，冷却粒化后，性质稳定，可作水泥等建筑材料，排水中不含焦油、酚等污染物，经过处理后可以循环使用或达标后排放。GE 流程图如图 4-12 所示。

氧化剂　磨煤及煤浆制备　气化及煤气冷却　　煤气洗涤

(a) 废热回收式

氧化剂　磨煤及煤浆制备　气化及煤气冷却　　煤气洗涤

(b) 激冷式

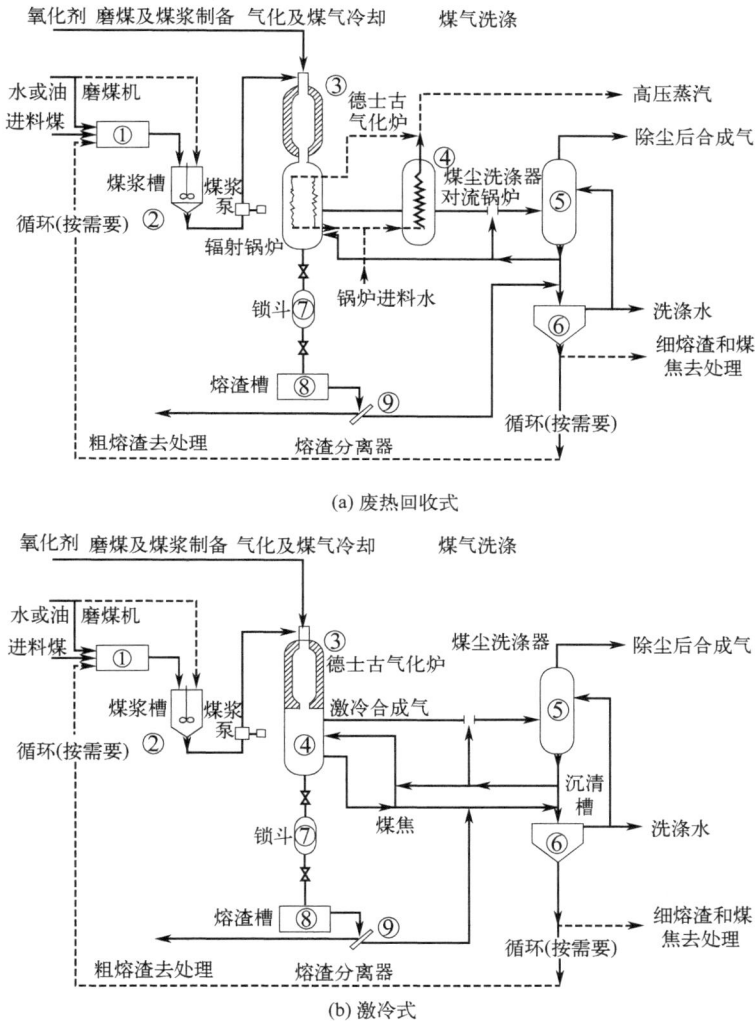

图 4-12　德士古气化炉流程图

（2）　E-Gas 气流床气化技术

　　E-Gas 气流床气化技术是一种将煤粉与氧气和水蒸气混合，在高温高压下进行气化反应的技术，可以生产出高纯度的合成气，用于制造液体燃料、化学品或发电。E-Gas 气流床气化技术的特点是采用了水冷壁炉膛和激冷流程，可以有效地处理高灰分和高硫分的煤种，同时减少了渣油的产生和处理，提高了气化效率和环境友好性。E-Gas 气流床气化技术是由美国康菲石油公司

(ConocoPhillips) 开发的，目前已经在美国、中国等国家建立了多个工业化示范项目。

E-Gas 水煤浆气化炉由两段反应器组成，第一段是在高于煤的灰熔点温度下操作的气流夹带式部分氧化反应器，操作温度在 1300～1450℃，第一段反应器水平安装，两端同时进料，熔渣从炉膛中央底部经激冷并减压后从系统连续排入常压脱水罐。煤气经中央上部的出气口进入第二段，第一段反应器内衬有高温耐火砖。第二段也是一个气流夹带反应器，垂直安装在第一段反应器的中央上方。在第二段炉膛入口喷入第二股煤浆，通过喷嘴均匀地注入来自第一段的热煤气中，第二段水煤浆喷入量为总量的 10%～15%。第一段煤气的显热通过蒸发新喷入煤浆的水而回收，煤气温度被冷却到煤的灰熔点温度以下，约 1000℃，新喷入的煤浆颗粒在该温度下被热解和气化。E-Gas 气化炉见图 4-13。

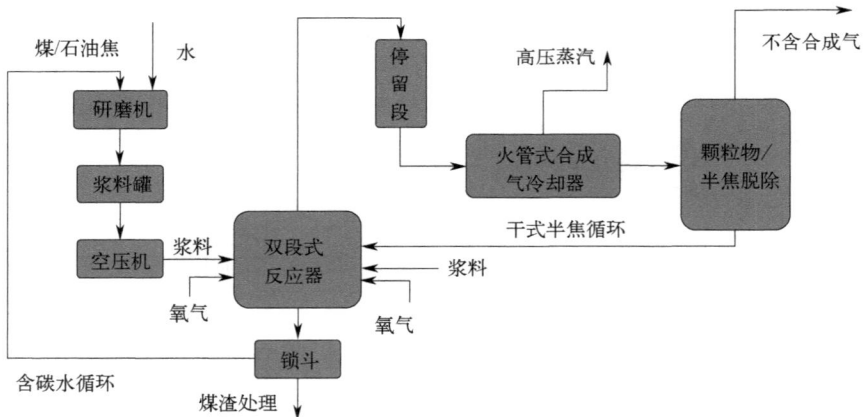

图 4-13　E-Gas 气化炉

E-Gas 煤气化工艺有以下特点。①采用水煤浆为气化原料。与 Texaco 不同的是 80% 的水煤浆和纯氧混合后通过第一段对称布置的 2 个喷嘴喷入气化炉，20% 的水煤浆从第二段喷入，与粗煤气混合并发生反应，同时降低了煤气温度。②采用二段气化，提高了煤气热值，降低了氧耗，并使出口煤气温度降低，省去了庞大而昂贵的辐射废热锅炉，使气化炉造价降低。③E-Gas 气化炉一段气化温度为 1371～1427℃，出口煤气温度约为 1038℃。冷煤气效率略高于德士古气化炉，为 71%～74%。④喷嘴寿命一般为 2～3 个月，耐火寿命一般为 2～3 年，二段耐火砖寿命更长一些。⑤E-Gas 气化炉采用压力螺旋式连续排渣系统，泄压和碎渣设备的造价较低。⑥由于增加了第二段气化，延长了煤气在炉内的停留时间，二段出口温度高于 1000℃，促使所有残留的焦油及烃类化合物分解，从而获得了较为清洁的煤气。⑦第二段出炉煤气经旋风除尘器分离下来的半焦，用水激冷并减压后制成半焦浆液，再加入第一段气化炉的进料中，提高了碳转化率和冷煤气效率。⑧使用多级热回收设备，如废锅、蒸汽过热器、节热器等，高、中、低温的热量都能回收，大大提高了总热利用效率。

该工艺设计时考虑了使用各种燃料的可能性，但在商业化试验中使用的煤种较少，期待使用更多的煤种试验。

（3）多喷嘴对置式气流床煤气化技术

多喷嘴对置式水煤浆气化技术工艺示意图如图 4-14 所示。煤从煤运工段进入煤仓，经过精确计量后，与滤液和其他添加剂一起进入磨煤机。在这个过程中，煤被磨成一定浓度、黏度、有一定粒度分布的可泵送的水煤浆。经过滚筒筛的筛选，大颗粒物被去除，水煤浆进入磨煤机入口槽，然后通过出口槽泵输送至滚筒筛再次筛选，之后贮存在煤浆槽内备用。

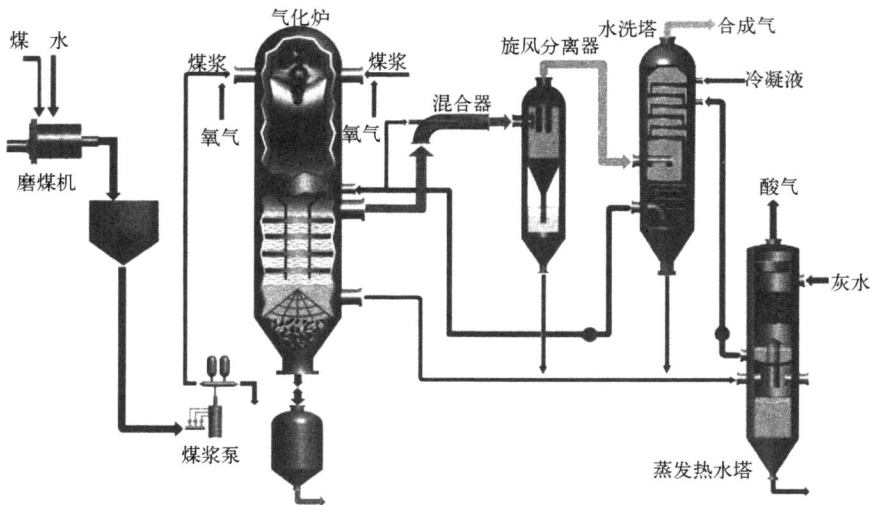

图 4-14　多喷嘴对置式水煤浆气化技术工艺示意图

来自煤浆槽的煤浆通过两台煤浆给料泵加压后，被送至气化炉的四个工艺烧嘴。同时，由空分系统来的高压氧气也分四路，分别送入四个工艺烧嘴的中心通道和外环通道。煤浆与氧气通过工艺烧嘴对向进入气化炉，在气化炉燃烧室内进行部分氧化反应生成的粗合成气、熔渣通过燃烧室下部的渣口进入气化炉洗涤冷却室。

在这个过程中，粗合成气被冷却后在洗涤冷却室的液位以下以鼓泡的形式进一步洗涤和冷却。之后，出气化炉的粗合成气在混合器增湿，然后在旋风分离器分离大部分润湿的细灰后送水洗塔洗涤除尘。这样，合成气含尘量降至 $<1mg/m^3$ 后送净化系统。

熔渣在洗涤冷却室的水浴中通过静态破渣器后被锁斗循环水夹带进入锁斗，定期排向渣池。未完全反应的碳悬浮在黑水中，随黑水到含渣水处理工序作进一步处理。

从气化炉、旋风分离器、水洗塔出来的三股洗涤黑水减压后送入蒸发热水塔蒸发室。减压后的黑水在蒸发热水塔蒸发室内闪蒸，水蒸气及部分溶解在黑水中的酸性气被迅速闪蒸出来，通过上升管进入蒸发热水塔上部热水室，与低压灰水泵来的灰水直接接触。在这个过程中，低压灰水被加热。

经换热后未冷凝的闪蒸气体进入酸气冷凝器被冷凝后，经酸气分离器进行气、液分离，酸性气体排放至火炬烧掉，酸性冷凝液送入灰水槽。初步浓缩后的黑水通过蒸发热水塔下部蒸发室液位调节阀控制送入低压闪蒸器进一步闪蒸。部分蒸汽去脱氧槽除氧，剩余蒸汽进入低压闪蒸冷凝器被冷凝后，经低压闪蒸分离器进行气、液分离，酸性气体放空，冷凝液送入灰水槽。

低压闪蒸浓缩后的黑水进入真空闪蒸器，进行真空闪蒸。闪蒸后的气体经真空闪蒸冷却器换热降温，分离后排入大气，分离液自流入磨煤水槽。再次浓缩的黑水通过静态混合器与絮凝剂混合后进入澄清槽。澄清槽中澄清后的灰水溢流至灰水槽，经低压灰水泵加压送入蒸发热水塔热水室，加热后再经高温热水泵提压后返回水洗塔循环使用。

该工艺的主要特点如下。①整个炉内温度分布均匀，炉膛内温差在 $50\sim150℃$ 内，炉膛内犹如一个等温反应器，延长了耐火砖的使用寿命。②有效成分高，碳转化率高。通过撞击流强化传质传热过程以提高气化效果，这是与德士古气化技术的根本区别。有效气成分比德士古提高 $2\%\sim3\%$，比氧耗有所下降，碳转化率高达 99%。③气化压力为 $1.5\sim8.7MPa$，温度为 $1200\sim1400℃$，通过多个喷嘴对置在炉内形成撞击流，强化混合和热质传递过程，形成炉内合理的流场结构。④煤气洗涤冷却单元采用喷淋床与鼓泡床组成的复合床，具有良好的抑制气化炉煤气带水、带灰功能。⑤煤质一般要求。灰熔点（FT）小于 $1350℃$、水煤浆成浆浓度大于 55%、灰分小于 18%，灰渣在操作温度下应具有良好的流动性。

4.5.3　干粉煤气化工艺

目前，世界上已工业化的先进干煤粉气流床气化技术包括 Shell(SCGP)、GSP、两段式干煤粉加压气化技术等。

（1）Shell 气流床气化技术特点

Shell 煤气化装置的核心设备是气化炉，其结构如图 4-15、图 4-16 所示。Shell 煤气化炉采用膜式水冷壁设计，由内筒和外筒两部分组成，包括膜式水冷壁、环形空间和高压容器外壳。膜式水冷壁敷有一层较薄的耐火材料，以提高热利用率，减少热损失，并挂渣以充分利用渣层的隔热功能，保护炉壁，使气化炉的热损失降至最低，提高气化炉的可操作性和气化效率。

气化炉内筒上部为燃烧室（气化区），下部为熔渣激冷室。煤粉和氧气在燃烧室反应，温度可达 1700℃左右。Shell 气化炉采用膜式水冷壁结构，避免了高温、熔渣腐蚀及开停车过程中对耐火材料的破坏。

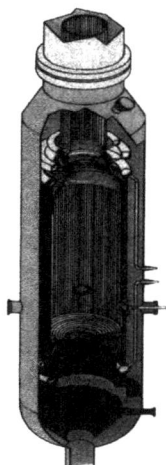

图 4-15　Shell 气化炉示意图

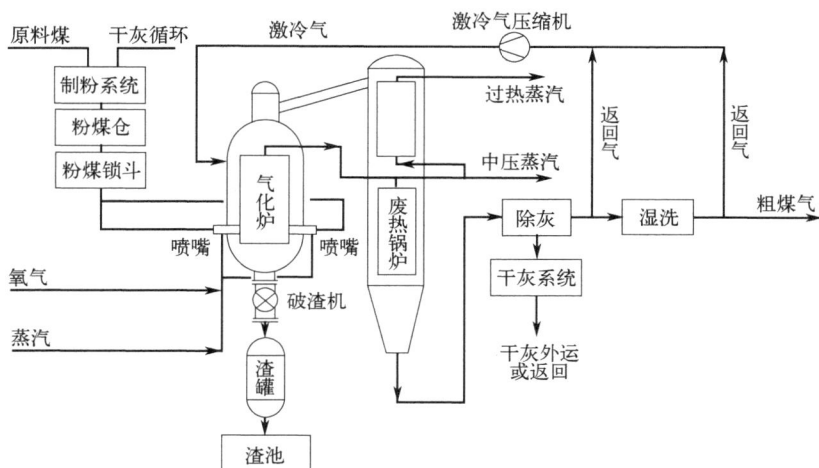

图 4-16　Shell 气化炉工艺流程

Shell 煤气化工艺属于干煤粉气流床加压气化，以干煤粉进料，纯氧为气化剂，液态排渣。干煤粉由少量氮气（或二氧化碳）吹入气化炉，对煤粉的粒度要求较灵活，一般不需要过分细磨，但需要经热风干燥，以避免煤粉结团，尤其对于含水量高的煤种更需要干燥。气化火焰中心温度随煤种不同在1600～2200℃之间，出炉粗煤气温度约为1500℃。产生的高温煤气夹带的细灰具有一定的黏结性，因此出炉时需与一部分冷却后的循环气混合，将其激冷至900℃左右后再导入废热锅炉，产生高压过热蒸汽。干煤气中的有效成分（$CO+H_2$）可高达90%以上，而甲烷含量很低。煤中约有83%以上的能量进入有效气体成分中，大约有15%的热能以高压蒸汽的形式回收。

Shell煤气化工艺是20世纪末实现工业化的新一代煤气化技术，是21世纪煤炭气化的主要发展方向之一。其主要特点如下。①由于采用干煤粉进料和气流床气化，因而煤种适应范围宽，原则上可使任何煤种完全转化。它能成功地处理高灰分、高水分和高硫分等劣质煤，能气化无烟煤、石油焦、烟煤及褐煤等各种煤。对煤的性质，诸如活性、结焦性、水、硫、氧及灰分等并不敏感。②能源利用效率高。由于采用高温、高压气化及干煤粉进料，因此，热效率很高。在典型的操作条件下，Shell气化工艺的碳转化率可高达99%，气化效率可高达80%～83%。此外，尚有15%左右的原料煤中能量可以通过废锅转化至过热蒸汽中去。这主要是因为在高温下（1400～2200℃），燃料各组分活性高，有利于完全气化。另外，高压下（如3.0MPa以上时）反应物浓度增加，气化反应速度加快。因而，气化装置单位容积的原料煤处理量大。③单台气化炉产气能力高。由于是高压操作，所以单台设备产气能力提高。或在同样生产能力下，设备尺寸可以较小，结构紧凑，占地面积小。④环境效益好。因为气化在高温下进行，且原料煤粒度很小，气化反应进行得极其充分，影响环境的副产品很少。因此，干煤粉气流床加压气化工艺属于真正的洁净煤技术。Shell煤气化工艺产生的熔渣和飞灰是非活性的，不会对环境造成危害。工艺废水易于净化处理和循环使用，通过简单处理可实现达标排放。生产的洁净产品——煤气能容易地满足合成气、工业燃料和燃气透平的工艺要求及环保要求。

（2） GSP气流床气化技术特点

GSP气化炉的设计核心是一个圆柱形的反应室，其顶部配置了用于安装燃烧器（或喷嘴）的轴向开口。底部则设置了液态渣排放口，以便排放物料。物料经过喷嘴进入炉内，喷嘴处还装备了点火及测温装置，以便控制进入炉内的物料。粗煤气出口的温度比灰渣流动温度（FT）高出100～150℃，确保了煤气的生成和液态渣的顺利排放。煤气和液渣在炉内并流向下，进入煤气激冷系统进行进一步处理。

反应器的四周装设有水冷壁管，这些管子承受的压力达到 4MPa，比反应室内的压力要高。当水受热达到沸腾状态时，会转变为蒸汽，从而降低炉壁的温度。为了固定碳化硅耐火层，冷却管靠近炉中心的一侧设置有密集的抓钉。这层耐火层的厚度约为 20mm。由于盘管冷却的设计，耐火层的表面温度低于液态的凝固温度，于是在耐火层表面会形成一层凝固渣层，最后转变为流动渣膜。这层渣膜对耐火层起到了保护作用。GSP 气化炉结构和工艺流程如图 4-17 和图 4-18 所示，其具有如下主要特点。①对气化原料有较宽的适应性。②气化温度在 1400～1700℃，碳转化率高达 99％以上，产品气体洁净，不含重烃，甲烷含量极低，煤气中有效气体（CO＋H$_2$）达到 90％以上，从而降低了煤的耗量。③由于是干法进料，与水煤浆气化工艺相比，氧耗降低 15％～25％，因而配套之空分装置规模可减少，投资降低。④单炉生产能力大。目前已投入运转的气化炉气化压力为 30MPa，单台炉日处理煤量 2000t，已设计完成日处理量为 3000t 级的更大规模装置。⑤热效率高。冷煤气效率达 78％～83％。GSP 有两种工艺流程，化工合成领域一般采用激冷流程，即用水将煤气直接冷却至 200℃以下。⑥气化炉采用环管水冷壁结构，无耐火砖衬里，设备维护工作量较少。气化炉内也无转动部件，运转周期长，生产装置无须配置备用炉，水冷壁寿命在 10 年以上。⑦气化炉烧嘴及控制系统安全可靠，启动

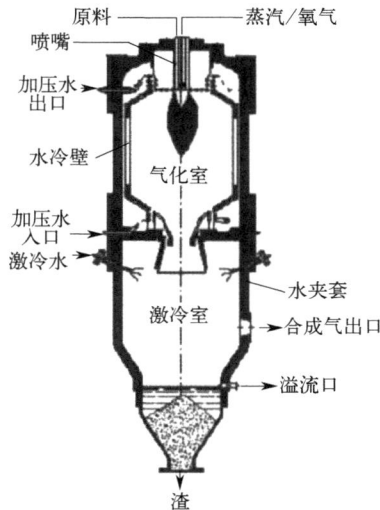

图 4-17　GSP 气化炉结构

时间短，只需约 1h，设计寿命为 10 年，其中需要对喷嘴出口处进行维护，气化操作采用先进的控制系统，设有必要的安全联锁，使气化操作在最佳状态下运行。⑧气化炉高温排出的熔渣经激冷后呈玻璃状颗粒，性质稳定，对环境几乎没有影响，炉渣可用作水泥掺合剂或道路的建筑材料。气化污水量少，有害组分较低，容易处理，可达标排放。

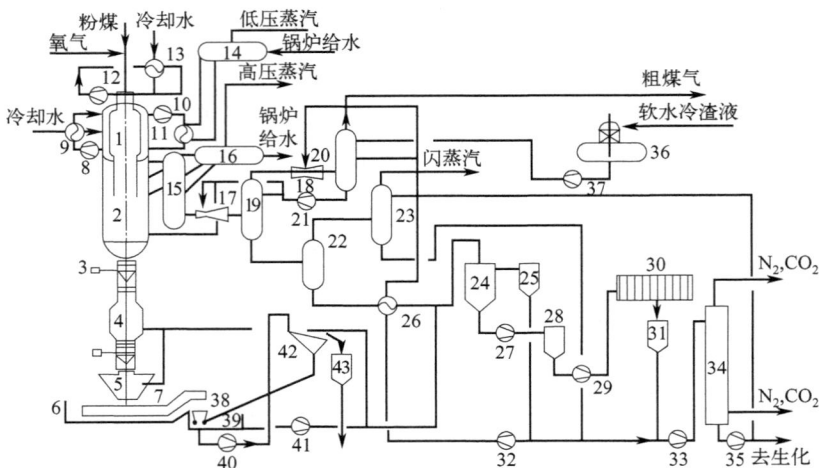

图 4-18　GSP 气化炉工艺流程图

1—气化炉；2—辐射锅炉；3—锥体密封阀；4—灰锁；5—灰斗；6—渣池；7—捞渣机；
8—夹套水循环泵；9—夹套水循环冷却器；10—冷壁水循环泵；11—废锅；12—循环水泵；
13—冷却器；14—低压蒸汽包；15—对流废锅；16—高压蒸汽包；17，18—文丘里洗涤器；
19，20—洗涤器；21—循环泵；22—黑水闪蒸罐；23—闪蒸汽洗涤器；24—沉降槽；
25—储槽；26—黑水/灰水换热器；27—黑水泵；28—储槽；29—过滤器；30—过滤机；
31—滤液槽；32—高压灰水泵；33—滤液泵；34—汽提塔；35—清水泵；36—脱氧水槽；
37—高压软水泵；38—破渣机；39—灰水池；40—渣水；41—灰水泵；42—渣水过滤器；43—储槽

（3）两段式干煤粉加压气化技术

两段式干煤粉加压气化炉，其结构与 E-Gas 相似，但采用了干粉进料方式，替换了水煤浆，同时使用水冷壁而非耐火砖。当配备废锅流程时，该气化炉采用常规的备煤工艺、废热锅炉工艺、干法除尘工艺和灰渣处理工艺。

两段式干煤粉加压气化炉的结构和工艺流程如图 4-19 和图 4-20 所示，展示了其独特的分段设计。这个工艺属于粉煤部分氧化工艺的一种形式，将气化炉内部分为两个反应区。下段为第一反应区，在此处粉煤（携带 N_2）与氧气和蒸汽进行高温化学反应，产生湿煤气。之后，温度高达 $1400\sim1600℃$（根据煤种的不同而有所差异）的湿煤气进入气化炉上部的第二段反应区。在此处，粉煤与蒸汽（不添加氧气）利用来自一段的煤气显热进行煤的裂解（脱除挥发分）、挥发物的气化和碳的气化等反应，生成额外的煤气。第二反应区出来的未燃碳（飞灰）经过捕集后返回煤贮斗进行再次燃烧。

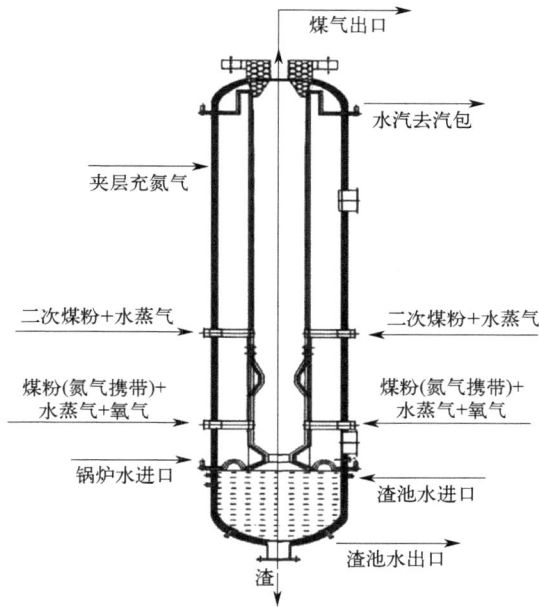

图 4-19　两段式干煤粉加压气化炉结构

在第一段反应器中，发生了常规的燃烧和气化反应。而在第二段反应器中，由于没有通入氧气，所以没有燃烧反应，主要以热解和气化反应为主。但值得注意的是，这个阶段也存在甲烷的转化反应。由于增加了第二段反应区，因此生成的煤气中甲烷的含量要高于 Shell 气化炉产生的煤气中甲烷的含量。这种独特的设计和操作方式使得两段式干煤粉加压气化炉在煤炭气化领域具有高效、环保的优势。两段式干煤粉加压气化的主要工艺特点如下。①气化温度为 $1400\sim1600℃$，压力为 3.0MPa，碳转化率高达 99％以上，产品气体相对洁净，不含重烃，甲烷含量低，煤气中有效气体（$CO+H_2$）高达 90％以上。高温气化不产生焦油、酚等凝聚物，不污染环境，煤气质量好。②干煤粉喷嘴

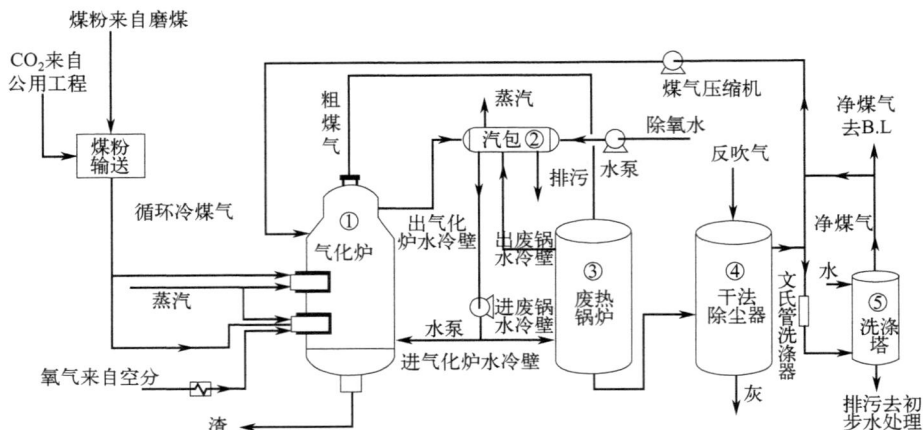

图 4-20 两段式干煤粉加压技术工艺流程图

冷却保护。干煤粉气化炉使用多个喷嘴（又称煤粉喷枪），喷嘴冷却水系统是为保护喷嘴设置的，目的是防止气化炉内高温对喷嘴造成过热损坏。软水经喷嘴冷却水泵分别打入一段喷嘴和二段喷嘴，出喷嘴的冷却水进入喷嘴冷却器，冷却后循环使用。③两段式气化炉。干煤粉被气化剂气化，在气化炉的一段（1400～1700℃），煤与 O_2 和 H_2O 发生部分氧化反应生成以 $CO+H_2$ 为主要成分的粗煤气。在气化炉二段（1000～1200℃）送入少量煤、N_2 和蒸汽，主要进行煤的干馏热解、挥发分的二次裂解及水蒸气的分解等反应。气化炉采用水冷壁结构，以渣抗渣，无耐火砖衬里，维护量少，运转周期长。④高温煤气激冷和冷却（冷流程）。在激冷流程中，两端气化形成的混合粗煤气，在气化炉上部经喷淋冷却水激冷至 600℃ 左右，使其中夹带的熔融态灰渣颗粒固化。粗煤气离开气化炉进入煤气激冷罐，经过水洗除尘并降温后的煤气（300℃ 左右），进入后续工段。⑤废热锅炉（废锅流程）。在废锅流程中，废热锅炉用于回收高温煤气的显热，既要承受高温高压，又要承受煤气中粉尘的冲刷，操作条件比较恶劣。⑥氧耗低。该工艺的氧耗比较低，因而与之配套的空分装置投资可减少。单炉生产能力大，气化反应压力为 3.0～4.0MPa，日处理煤量可达 2000t。同时，该工艺采用废锅流程时热效率比较高，煤中约 83% 的热能转化为合成气，约 15% 的热能被回收为高压或中压蒸汽，总的热效率为 98% 左右。采用废锅（水管式）法回收煤气显热，而后水洗除尘并降温，煤气和闪蒸汽用火炬放空。⑦排渣。气化过程产生的高温熔渣沿水冷壁向下流动经过渣口后落入气化炉底部渣池，经渣池水激冷后呈玻璃状颗粒，性质稳定，然后经过锁渣罐排出。气化污水中含氰化物少，容易处理，可以做到近零排放。⑧飞灰过滤器。在废锅流程中，出废热锅炉的粗煤气进入干式除尘器，用高效飞灰过滤器回收飞灰，飞灰经收集并变压后返回一段常压煤仓（再气化），总的碳转化率较高（约 99%），这种飞灰过滤器是立式过滤器，内部装有多组烧结陶瓷管过滤元件。⑨控制系统。气化操作采用先进的控制系统，其中有专用的工艺计算机控制系统，为保护设备和操作人员安全，设有必要的 DCS、ESD（紧急停车系统）系统，使气化操作在最佳状态下进行。

4.6　熔融床气化工艺

4.6.1　熔融床气化过程工艺特点

　　熔融床气化是一种高温高效的气-固-液三相反应气化技术，其工艺流程涵盖了将煤粉与气化剂以切线方向并流高速喷入温度较高（1600~1700℃）且高度稳定的熔池内的步骤。在这一过程中，煤粉与气化剂接触后，部分动能传递给了熔渣，使熔融物在炉内做螺旋状旋转运动并气化。这时，气、液、固三相实现了密切接触，高温条件下完成气化反应，生成以 H_2 和 CO 为主要成分的煤气，最终从炉顶导出。同时，灰渣以液态和熔融物一起溢流出气化炉[18,19]。

　　熔融床气化炉是一种特殊类型的气化炉，其特点在于燃料和气化剂并流进入炉内，煤直接在熔融的渣、金属或盐浴中接触气化剂而发生气化反应。炉内温度极高，燃料迅速被加热气化，有效避免了焦油类物质的生成。与其他类型气化炉（如移动床、沸腾床和气流床）不同，熔融床对煤的粒度要求较为宽松，可使用粗煤和粉煤，甚至适用于强黏结性煤、高灰煤和高硫煤。

　　熔融床气化的优点：炉内温度很高，燃料一进入床内便迅速被加热气化，因而没有焦油类的物质生成。大部分熔融床气化炉使用磨得很粗的煤，也包括粉煤。

　　熔融床气化的缺点：热损失大，熔融物对环境污染严重，高温熔盐会对炉体造成严重腐蚀。

　　下面以鲁麦尔（Rummel）熔渣、熔盐和熔铁三种气化炉为例，简单介绍熔融床气化工艺。

4.6.2 鲁麦尔熔渣气化炉

1950 年，德国的韦塞林成功建立了第一个中试规模（内径为 813mm）的鲁麦尔单筒熔渣气化炉，标志着熔融床气化技术的开创性进展。在这种单筒熔渣池中，熔渣含有铁的氧化物，与碳发生 $Fe_2O_3 + C \rightleftharpoons 2FeO + CO$ 的反应。随后，生成的氧化亚铁被气化剂（如氧气）氧化，形成 $2FeO + 0.5O_2 \rightleftharpoons Fe_2O_3$。采用铁作为催化剂的原因在于，熔渣在传递氧的同时，对气化过程具有催化作用，并且铁对硫具有较强的亲和力，有助于制备几乎不含硫的煤气。

熔渣的黏度在熔融床气化方法中具有重要作用。首先，黏度影响了熔渣池内粉煤和气化剂之间的反应速率。较小的熔渣黏度使流动性更好，进入熔渣池的反应物质容易形成气泡，从而迅速增加反应表面积，加快气化反应速率。相反，较大的熔渣黏度导致流动性差，气泡形成速率较低，反应表面积小，反应速率降低。

其次，熔渣黏度决定了熔渣在流动时具有一定的黏滞性，延长了粉煤在熔渣池内的停留时间，有利于提高煤的气化强度，从而使气化更加彻底。与其他气化过程相比，熔融床气化既具有气化强度较低的移动床气化，又具有气化强度高但不够彻底的流化床气化的优点，有效地弥补了它们的不足。

具体实施中，通过将粒径磨细至 2～4mm 的粉煤与气化剂（氧气和水蒸气）混合，并通过喷嘴切向喷入温度达 1600～1700℃ 的熔渣池。高温辐射热使挥发分快速逸出，形成半焦粒子，而半焦粒子夹带的气化剂推动熔渣旋转。半焦粒子迅速升温到 1000℃ 以上，在形成的气泡内快速气化。同时，温度为 1000℃ 的高温气体进一步裂解和气化，生成的煤气中烃类和水蒸气含量很少。

熔渣池的深度约为 500mm，其中氧化铁是一种廉价而有效的助熔剂，可保持灰熔点在 1200℃ 以下，确保熔渣具有良好的流动性。生成的混合气体逸出熔渣池时，带走了未气化的粉煤，一部分在上升的过程中继续气化，而另一部分则被气体带出气化炉。通过气固分离，未气化的粉煤可以返回炉内进一步气化，碳转化率可达 99% 左右。这一熔融床气化技术的优越性在于其高效、灵活，为煤气化领域提供了一种创新而可行的解决方案。

4.6.3 熔盐气化炉

美国煤炭研究所自 1964 年开始致力于熔盐气化法的研究，该方法利用碳酸钠作为熔盐介质。碳酸钠的催化作用提高了水蒸气和粉煤之间的气化反应速率，并降低了反应温度。碳酸钠还对烃类的分解具有催化作用，有助于促进烃类物质的分解，从而在生成的煤气中不含有焦油类蒸气，使其适用于气化挥发性高的煤种。最早的两种试验性熔盐气化炉如图 4-21 和图 4-22 所示。

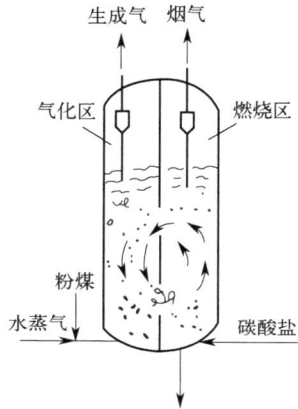

图 4-21　单筒熔盐气化炉

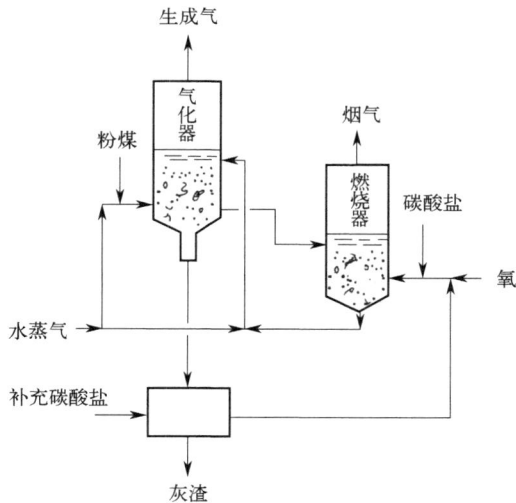

图 4-22　双筒熔盐气化炉

　　这两种气化炉的基本工作原理相似，通过熔盐在气化区和燃烧区之间循环传递热量，从而分离粉煤和水蒸气的气化反应以及熔盐中残留碳的燃烧反应。

这种方法避免了在生成的煤气中混入大量氮气。

如图 4-21 所示，在单筒熔盐气化炉中分为气化区和燃烧区，底部连通，气化压力约为 2.79MPa，熔盐池温度为 950～1000℃。粉煤和水蒸气混合后从气化炉的下部鼓泡进入气化区，快速气化，未气化完的碳随熔盐进入燃烧区，在那里与空气（或氧气）发生燃烧反应，释放的热量用来加热熔盐。

如图 4-22 所示，双筒熔盐气化炉将气化和燃烧两个区域置于两个反应器中，通过熔盐流循环管连接两个反应器，实现熔盐的循环流动。图 4-23 中的高压熔盐气化流程使用氧气作为燃烧部分的助燃剂，反应压力为 8.34MPa，熔盐池温度为 926℃。

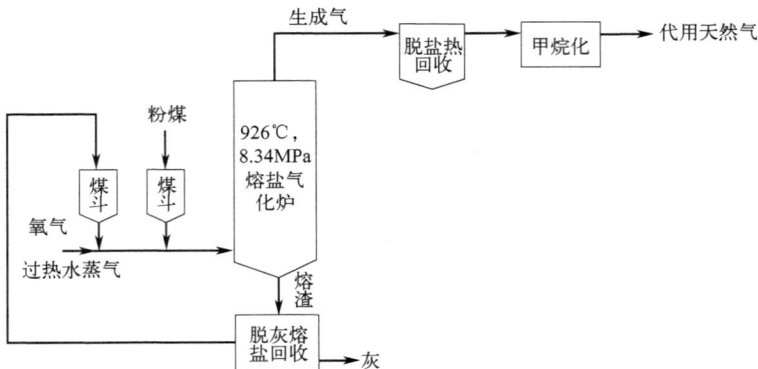

图 4-23　高压熔盐气化流程

具体实施中，粒径磨细至 12 目的粉煤通过高压过热水蒸气和氧气混合物与碳酸钠一同输入熔渣池，进行快速的燃烧和气化反应。气化反应以粉煤和水蒸气的主要反应为主，生成的气体主要包含一氧化碳和氢气。由于生成甲烷的反应释放的热量可直接利用，氧气的耗量可以适当减少，提高了能源利用效率。这一熔盐气化法的研究为气化挥发性高的煤种提供了一种有前景的技术途径[20]。

4.6.4　熔铁气化炉

熔铁气化法是一种以铁为熔质的气化方法，其各单元技术类似于钢铁工业的相关技术。其显著优点在于可以在常压下进行操作，适用于气化多个煤种，包括高硫煤、黏结性煤以及热稳定性较差的煤。同时，该方法还能够处理粒径在 3.2mm 以下的粉煤。

在熔铁气化法中，粉煤被喷入铁浴时，其中的固定碳和硫首先在温度为 1370℃ 的铁水中熔解。由于硫和铁之间极强的亲和力，几乎不含硫的煤气得以制得。在铁水中，煤中的挥发分经过深度裂解，产生大量气体，导致粉煤急剧膨胀，反应表面积迅速增加，从而使粉煤在铁浴中的停留时间大大缩短。该法的两种基本流程如下。

（1）两段熔铁气化法

熔铁气化法的两段试验气化炉如图 4-24 所示，流程如图 4-25 所示。熔铁气化试验炉的内径为 610mm，炉内物质分为两层，较重的铁水位于下层，而燃料和灰渣则浮于其上，类似于高炉炼铁结构。炉内的铁浴采用耐火砖衬里进行保护。反应在 13.73～34.32kPa 和 1370℃ 下进行。该方法使用碳酸钙作为助熔剂，通过压缩空气机将碳酸钙和粉煤一同输入到铁浴内，粉煤快速熔解并气化，使碳酸钙成为铁水的一部分。

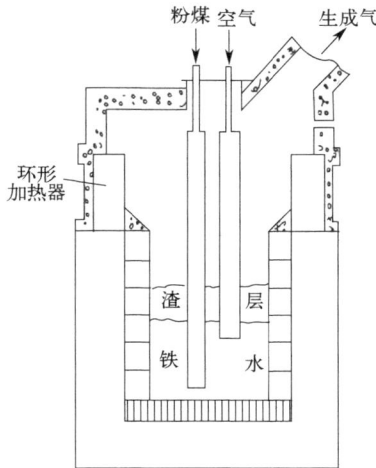

图 4-24　两段熔铁气化试验炉

在操作时，空气被预热到约 600℃，以确保气化炉的温度。碳酸钙的加入旨在充当助熔剂，同时可部分除去硫。然而，为防止熔渣中硫含量过高导致流动性变差，通常要求煤的含硫量为 4%～8%。

（2）Atgas 法

Atgas 法熔铁气化炉如图 4-26 所示。该方法使用水蒸气和氧气作为气化

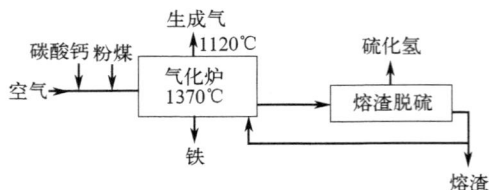

图 4-25 两段熔铁气化流程

剂，将粉煤、碳酸钙、水蒸气和氧气通过两个喷嘴喷入温度为 1370～1425℃ 的熔铁池中，在表压 0.34MPa 下进行。在高温条件下，煤中的挥发分分解释放，残留的碳在铁浴中熔解并气化。生成的煤气主要由一氧化碳和氢气组成。

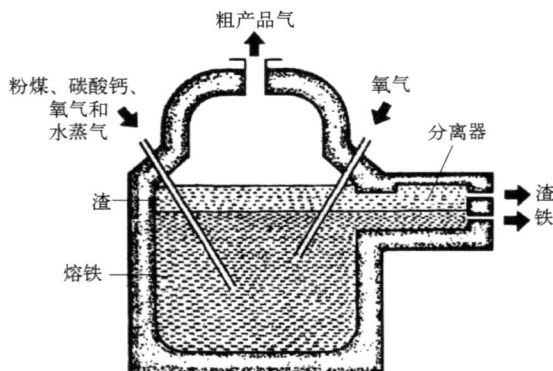

图 4-26 Atgas 法熔铁气化炉

煤在熔铁中的浓度由其喷入深度控制，因为煤的熔解速度受传质速度的影响，因此需要足够长的停留时间。实验结果表明，粗碎煤粉（小于 6.35mm）在喷入深度为 635mm 时，其中的固定碳基本全部熔解。而氧气的喷入深度为 102～127mm 时，可以保证氧气得到充分利用。

4.7 小结

煤气化技术是一种将固体煤转化为可燃气体的过程，通过在高温和压力下将煤与氧气、蒸汽或二氧化碳反应，从而产生合成气。这种合成气由氢气和一氧化碳组成，可以用于发电、合成燃料和化学品等多个领域。煤气化技术已经被广泛应用于工业和能源生产领域。首先，煤气化技术使煤炭资源的利用更加高效和清洁，减少了二氧化碳排放。其次，通过煤气化技术，可以获得高浓度的氢气和一氧化碳，这些气体是制造合成燃料、化学品和肥料的原料。此外，煤气化技术还可以产生一些有价值的副产品，如焦油、煤焦油和煤灰等，这些副产品可以用于制造沥青和建筑材料。

煤气化技术有几种主要的方法和工艺，包括固定床煤气化、流化床煤气化和燃烧过程中的煤气化。固定床煤气化是最早采用的方法，它通过将煤炭放入固定的反应器中，在高温下进行气化反应。流化床煤气化是一种先进的技术，它利用流化床反应器将煤炭颗粒悬浮在气流中，实现更高的反应速率和更好的热传导。燃烧过程中的煤气化是指在煤炭燃烧时产生的一氧化碳和氢气，这种方法可以直接用来发电。

然而，煤气化技术也面临一些挑战。首先，煤气化过程需要高温、高压和复杂的设备，需要大量的能源投入和资金支持。其次，由于煤气化过程中产生了一氧化碳和其他有毒物质，对环境造成了一定的污染。此外，煤气化技术的规模和经济性也是一个问题，目前大部分项目仍停留在试验阶段，需要进一步进行技术改进和商业可行性评估。

总而言之，煤气化技术具有在煤炭资源利用、能源转换和化学品制造方面应用的潜力。随着环境保护和可持续发展的要求不断增强，煤气化技术有望成为一个重要的能源转型和碳减排工具。未来的发展方向包括提高效率、降低成本、减少环境影响，并与其他清洁能源技术相结合，实现更加可持续和清洁的能源生产。

参考文献

[1]　李凤海，段云玲，张传祥．煤的流化床气化及应用 [M]．北京：化学工业出版社，2016.

[2]　朱宝轩．化工工艺基础 [M]．2 版．北京：化学工业出版社，2008.

[3]　徐振刚．多联产是煤化工的发展方向 [J]．洁净煤技术，2002，8 (2)：5-7.

[4]　王鹏，董卫果．煤炭气化 [M]．北京：中国石化出版社，2015.

[5]　许祥静．煤气化生产技术 [M]．3 版．北京：化学工业出版社，2015.

[6]　金涌，周禹成，胡山鹰．低碳理念指导的煤化工产业发展探讨 [J]．化工学报，2012，63 (1)：9-14.

[7]　亢万忠．煤化工技术 [M]．北京：中国石化出版社，2017.

[8]　王建新，陈晓娟，王昌．煤化工技术及装备 [M]．北京：化学工业出版社，2015.

[9] 孙鸿，张子峰，黄健. 煤化工工艺学 [M]. 北京：化学工业出版社，2012.

[10] 相宏伟，唐宏青，李永旺. 煤化工工艺技术评述与展望Ⅳ. 煤间接液化技术 [J]. 燃料化学学报，2001，29（4）：2-11.

[11] 郭树才，胡浩权. 煤化工工艺学 [M].3 版. 北京：化学工业出版社，2012.

[12] 张庆庚，李凡，李好管. 煤化工设计基础 [M]. 北京：化学工业出版社，2012.

[13] 王鹏，张科达. 碎煤加压固定床气化技术进展 [J]. 煤化工，2010，38（1）：15-19.

[14] 乌云. 煤炭气化工艺与操作 [M]. 北京：北京理工大学出版社，2013.

[15] 杜锡康，贾高雄. 焦化废水生物脱氮 [J]. 煤化工，1999（3）：2.

[16] 贺永德. 现代煤化工技术手册 [M]. 北京：化学工业出版社，2004.

[17] 许世森，张东亮，任永强. 大规模煤气化技术 [M]. 北京：化学工业出版社，2006.

[18] 李玉林，胡瑞生，白雅琴. 煤化工基础 [M]. 北京：化学工业出版社，2006.

[19] 李风海，段玉玲，张传祥. 煤的流化床气化及应用 [M]. 北京：化学工业出版社，2016.

[20] 于遵宏，王辅臣. 煤炭气化技术 [M]. 北京：化学工业出版社，2010.

第 5 章

煤气净化技术

5.1 概述

煤气净化是一项重要的环境治理工作，可有效去除煤气中的杂质和有害物质，减少其对环境和人体健康的危害。煤气中的杂质主要包括硫化物、挥发性有机物（volatile organic compounds，VOCs）、颗粒物等。这些杂质在燃烧或排放过程中会产生臭味、空气污染物，带来严重的健康问题。

传统的煤气净化工艺主要包括物理吸附、吸收、脱硫等方法。物理吸附是通过活性炭等吸附剂将杂质吸附和分离；吸收则是利用吸收剂与杂质发生化学反应，使其转化为无害物质；而脱硫则是通过氧化剂或吸收液中的碱性物质将硫化氢转化为无害的硫酸盐。这些传统技术在煤气净化过程中已取得一定效果，但仍存在一些问题，如较高的操作成本、对环境的二次污染等。为了克服传统技术的局限性，新型煤气净化技术逐渐发展，其中一个重要的技术是光催化氧化（photocatalytic oxidation，PCO）。PCO 利用光催化剂催化煤气中的杂质，使其与氧气发生反应，生成无害物质。这种技术具有高效、环保和低能耗等优势，在去除硫化物、VOCs 以及其他有害物质方面表现出良好的效果。另一个新兴的煤气净化技术是生物滤池（biofilter）。生物滤池利用微生物的代谢活性，通过生物降解将煤气中的有机物转化为无害的水和二氧化碳，并去除硫化物等有害物质。生物滤池技术具有操作简单、能效高以及对环境友好等优点。此外，还有电化学氧化（electrochemical oxidation）、等离子体反应器（plasma reactor）等新型煤气净化技术正在逐步应用于工业实践中，并取得了一定的成果。

综上所述，煤气净化技术对于减少煤气中的杂质和有害物质具有重要作用。传统的物理吸附、吸收和脱硫等技术已经取得了一定效果，但存在一定的局限性。新型的光催化、生物滤池、电化学氧化等技术在煤气净化领域取得了较好的发展和应用，为提高煤气净化效率、降低操作成本和环境污染提供了新思路和新选择[1-3]。

5.1.1　煤气中的杂质及危害

煤气作为一种常用的能源，被广泛应用于工业生产和居民生活中。然而，煤气中存在着各种杂质，这些杂质不仅对环境造成污染，还对人体健康产生种种危害。下面将从几个方面介绍煤气中的杂质及其危害。

首先，煤气中常见的杂质之一是硫化物。硫化物主要由硫化氢和硫化碳组成，这些物质的存在使得煤气具有刺激性气味，并对铜制的设备和管道产生腐蚀作用。同时，硫化氢是一种具有强烈毒性和剧烈臭味的气体，对人和环境都具有极大的危害。短时间内暴露于高浓度的硫化氢气体下，可引起头晕、恶心、呕吐甚至昏迷和呼吸停止等严重症状，严重时会导致死亡。此外，长期低浓度暴露于硫化氢气体中也会对人体健康造成慢性影响，如嗅觉、呼吸以及神经系统等方面的损害。硫化氢的危害性也对环境造成了严重影响。高浓度硫化氢的释放不仅会导致蔬菜、水果等农作物的死亡，还会对鸡、奶牛等家禽畜牧业产生负面影响。此外，硫化氢的排放也会导致大气中二氧化硫的增加，对大气产生污染，诱发酸雨的形成[4]。

其次，煤气中常见的另一类杂质是挥发性有机物。这是一类对人体和环境具有潜在危害的化合物，主要包括苯、甲醛、二甲苯等，它们具有强烈的刺激性气味。煤气中的挥发性有机物主要来源于石油炼制、工业化学品生产以及汽车尾气等。它们具有高挥发性和低沸点的特点，容易从固体或液体状态转变为气体，并在室内和室外环境中广泛存在。

煤气中 VOCs 可以对人体健康产生一系列不良影响。长时间低浓度接触VOCs 可能导致眼睛、鼻腔和喉咙的刺激，引发头痛、咳嗽、恶心和呕吐等症状。某些 VOCs 还被认为是潜在的致癌物，如苯、甲醛等。此外，煤气中的VOCs 还与呼吸系统疾病的发展和加重有关，如哮喘和慢性阻塞性肺病等。不仅对人体健康，煤气中的 VOCs 也对环境造成潜在危害。VOCs 是臭氧（ozone）的主要前体物质，它们在氮氧化物和日照共同作用下，会形成地表近地面臭氧，导致雾霾的形成和空气质量下降。此外，VOCs 的大量排放还会对臭氧层产生损害，加剧全球变暖和气候变化。为了减少煤气中 VOCs 的危害，许多控制和防治措施已经被提出。石油工业、化学品生产和汽车制造等行业已经采取了一系列措施来减少 VOCs 的排放，如使用低 VOCs 的溶剂和涂料、改善工艺和设备、加强尾气排放控制等。此外，加强室内空气质量控制和通风也是减少室内 VOCs 浓度的有效方法[5-7]。

此外，煤气中还存在颗粒物杂质。颗粒物是指直径小于 $10\mu m$ 的固体或液滴。在燃烧过程中会产生大量的颗粒物，它们可长时间悬浮于空气中，对人体健康和环境造成潜在危害。颗粒物的大小和组成对其危害程度具有重要影响。首先，细小颗粒物对呼吸系统产生直接影响。煤气中的细小颗粒物可进入人体呼吸道，引起呼吸道炎症和气道阻塞。长期接触细小颗粒物可能导致慢性呼吸系统疾病的发展，如支气管炎、哮喘和慢性阻塞性肺病等。其次，颗粒物中携带的有害物质加剧了颗粒物的危害。煤气中的颗粒物通常与其他有害物质，如重金属、多环芳烃等结合。这些有害物质在细小颗粒物的表面附着，并随之一起进入呼吸道。这些有害物质具有毒性和致癌性，会对人体内脏器官和免疫系统产生负面影响。此外，颗粒物还可能对环境和气候产生危害。煤气中的颗粒物可在大气中悬浮并形成雾霾，降低空气质量。细小颗粒物的大量排放还会对生态系统产生影响，如对植物和水体造成危害。为了降低煤气中颗粒物杂质的危害，与环境保护相关的控制措施和净化技术被广泛研究和应用。例如，采用电除尘设备、布袋除尘器和湿式脱硫等技术可以有效去除颗粒物。此外，控制燃烧过程、改进工艺和设备、提高煤质等手段也对降低颗粒物排放具有重要作用。总之，煤气中的颗粒物杂质会对人体健康和环境造成严重危害。为了减少这些危害，需要加强颗粒物的监测和控制，并采取适当的净化技术和措施[8-10]。

最后，煤气中还存在如重金属、有机卤化物和氮氧化物等杂质。重金属具有高毒性和广泛的生物累积性。重金属元素，如铅、汞、镉等通过燃烧过程释放到空气中。人体长期暴露于这样的空气中，可能会导致神经系统损害、肝肾功能异常等健康问题，甚至引发慢性疾病和癌症。有机卤化物也具有较强的毒性，对人体健康造成严重危害，如氯乙烯、三氯乙烷等，可损害人体的中枢神经系统和肝脏。煤气中的氮氧化物（主要为一氧化氮和二氧化氮）是大气中主要的污染物之一。氮氧化物对人体健康有害，会导致呼吸道感染、气喘、肺炎等呼吸系统疾病。此外，氮氧化物还是酸雨的主要形成原因之一，对生态系统造成严重破坏。

煤气中的杂质对环境和人类健康产生巨大危害。为了保护环境和人体健康，煤气净化技术的研发和应用十分重要。通过去除煤气中的硫化物、氮氧化物、重金属、颗粒物和有机物等，可以降低对环境和人体的危害，保障可持续发展和健康生活的需要[11-17]。

5.1.2 煤气化净化工艺流程

煤气化净化工艺流程一般包括以下几个步骤：煤气化反应、煤气净化、煤气变换和煤气利用[18]。其中，煤气化反应是将固体煤转化为可用的气体燃料，而煤气净化则是将煤气中的杂质去除，以保证后续的使用。

煤气化（coal gasification）是指在一定温度与压力条件下用气化剂（如水蒸气、氧气、空气等）将固体煤中的有机物转化为合成气的化学加工过程[19]。具体来说，煤气化反应是将固体煤在高温、高压、缺氧或半缺氧条件下转化为可用的气体燃料。这个过程中，固体煤首先被加热至高温状态，然后与一定量的空气或氧气混合，进入反应器进行反应。在反应器中，固体煤会发生裂解和部分氧化等反应，生成一系列的可用气体，如一氧化碳、二氧化碳、甲烷等。历史上由煤炭气化制成的煤气曾广泛用于城市照明与取暖，又被称为"城镇燃气"，但后来逐渐被产于油田的天然气所取代。目前大规模煤气化主要用于发电（整体煤气化联合循环）或制取原料气以合成氨、甲醇、液化天然气等。

而在煤气净化过程中，主要是将煤气中的杂质去除，以保证后续的使用。这个过程中，主要包括以下几个步骤：煤气的冷凝和冷却、除尘、脱硫、脱硝和脱碳等。其中，冷却是将高温的煤气冷却至常温；除尘是将粉尘和颗粒物去除；脱硫是将二氧化硫去除；脱硝是将一氧化氮去除；脱碳则是将二氧化碳去除。其中，脱硫是煤气净化过程中颇为重要的环节。发生炉煤气中的硫来源于气化用煤，主要以 H_2S 形式存在，气化用煤中的硫约有 80% 转化成 H_2S 进入煤气，假如气化用煤的含硫量为 1%，气化后转入煤气中形成 H_2S 大约 $2\sim 3g/Nm^3$ 左右，而陶瓷、高岭土等行业对煤气含硫量要求为 $20\sim 50mg/Nm^3$；假如煤气中的 H_2S 燃烧后全部转化成 SO_2，为 $2.6g/m^3$ 左右，比国家规定的 SO_2 最高排放浓度指标高出许多。所以，无论从环保达标排放，还是从保证企业最终产品质量而言，煤气中这部分 H_2S 都是必须脱除的。煤气的脱硫方法从总体上来分有两种：热煤气脱硫和冷煤气脱硫。在我国，热煤气脱硫现在仍处于试验研究阶段，还有待于进一步完善，而冷煤气脱硫是比较成熟的技术，其脱硫方法也很多。冷煤气脱硫大体上可分为干法脱硫和湿法脱硫两种方法，干法脱硫以氧化铁法和活性炭法应用较广，而湿法脱硫以砷碱法、ADA、改良 ADA 和栲胶法颇具代表性[20]。

煤气变换是一种重要的化工过程，主要用于合成氨、制氢以及合成气加工等工业领域。煤气变换反应的化学方程式为：$CO(g)+H_2O(g)\rightleftharpoons CO_2(g)+H_2(g)$。在煤气变换过程中，煤气会先被冷却和冷凝，然后通过各种方法去除其中的杂质[21]。

煤气利用是指将煤气作为能源进行利用。煤气可以用于发电、供暖、供热水、烹饪等方面。煤气的利用方式有很多种，例如低热值煤气高效发电技术、煤气锅炉燃烧产生蒸汽送入汽轮发电机组做功发电等[22]。焦炉煤气制甲醇经过十余年的不断探索与改进，已发展成为我国极具竞争力的甲醇生产产业之一。据统计，截至 2017 年中国焦炉煤气制甲醇的总能力达到 1200 余万吨，成为炼焦企业增加经济效益的重要技术之一。而焦炉煤气制天然气是近年来在炼焦行业刚刚兴起的一项工艺技术。国家发展改革委、环保部、科技部和工信部等四部委在 2012 年 6 月 1 日联合发布的《国家鼓励的循环经济技术、工艺和设备名录（第一批）》的文件中，将焦炉煤气制天然气技术纳入鼓励发展项目中。该文件明确，针对焦炉煤气中氢气、CO 和 CO_2 含量高，甲烷含量低，热值小的特点，对焦炉煤气进行净化预处理，在高效甲烷化催化剂作用下进行甲烷化，合成甲烷，分离出 H_2，得到合成天然气[23]。实现化工、钢铁、能源等行业之间的产业链接，并提出了合成甲烷的技术质量标准，从政府的发展政策层面对炼焦煤气制天然气给予支持。当然这一工艺还存在一些技术、装备与生产操作以及管理等问题需要更深入地研究解决，才能实现建成装置长周期、满负荷、高效率、安全可靠运行的目标。综合近几年的运行情况，相关企业应注意解决好以下问题：一是煤气净化。针对焦炉煤气含煤焦油、有机硫、萘等杂质和有害物质难以净化的问题，加大研发力度为后续正常运行打基础。二是甲烷化（含压缩）装备与催化剂。解决好甲烷化反应控制、温度和余热回收，甲烷转化率，残留二氧化碳量和剩余"氢"的利用问题，开发与选择好催化剂、仪器仪表等。要求设备生产负荷弹性大，实现能耗低、转化率高、产品质量好、安全顺稳、长周期、满负荷运行。三是深冷分离。除去二氧化碳、水、汞杂质，实现低成本运行。四是储运装车。构建顺畅的市场渠道。五是安全管理。引入 HAZOP 分析法。确保工程安全平稳运行。六是操作人员和管理人员的选用和培训是不可或缺的环节。

5.1.3　新型煤气化净化技术

新型煤气化净化技术是指在煤气化过程中，采用一定的技术手段，将煤气中的杂质去除，以提高煤气的质量。其中，常见的技术包括低温净化、高温净化、硫碳共脱、高效脱硫、高效脱氮等。这些技术可以根据不同的需求进行选择和应用，从而可以有效地去除煤气中的杂质，提高煤气的质量和利用效率[24]。

其中，中高温煤气化技术是指在较高的温度下进行煤气化，可以提高煤气的产率和质量；硫碳共脱技术是指在煤气净化过程中，采用一定的催化剂或吸附剂，将煤气中的硫、碳等杂质去除。目前，国内外已经有很多关于新型煤气化净化技术的研究。

研究吸附剂制备工艺对吸附剂吸附特性的影响规律，考察气体组成、运行工况变化对吸附剂反应特性及长期运行稳定性的影响规律，可优化吸附剂制备工艺，从而开发出高效率、低成本、可长期稳定使用的硫碳共同脱除吸附剂。

本项目组在国家重点研发计划项目"CO_2 近零排放的煤气化发电技术"的资助下，针对中温硫碳共脱表界面的反应机理开展了深入研究，通过对硫碳共脱吸附塔的开发，探索反应器的放大规律，研究反应器几何结构、操作条件对脱硫脱碳特性的影响规律，可作为二氧化碳减排的储备技术，并且同时获得氢这一前景广阔的能源，满足国家能源领域重大发展需求，符合国家中长期发展规划。

在项目实施过程中，开发了新型可逆硫碳共脱吸附剂及配套吸附工艺，实现硫化氢与二氧化碳的可逆脱除；利用较弱的吸附键能调控金属氧化物表面与硫化氢和二氧化碳的作用规律，开发出了低成本、高稳定性的硫碳共脱固体吸附剂；搭建了硫碳共脱试验装置，实现了中温下硫碳杂质的同步脱除。指标完成时，硫碳共脱试验装置净化后的 H_2S 含量≤1ppm，该考核指标相关数据于2022年4月20日，在硫碳共脱试验装置稳定运行状态下，对产品气进行采样。气体样品送至具备中国计量认证 CMA 资质的第三方单位（中石化石科院）对产品气中的杂质进行检测。检测结果表明，产品气中 H_2S 含量 $<0.00001\mu mol/mol$（小于其仪器检出限），CO_2 含量为 $11.70\mu mol/mol$。测试结果满足任务书中净化后 H_2S 含量≤1ppm 的指标要求。

目前，已经开发出了许多应用于脱除烟气中 SO_x、NO_x 和 CO_2 的技术，其中，单独处理这三类气体的工艺较多。脱除 SO_x 技术包括循环流化床燃烧、湿法脱硫（WEGD）[25]、半干法脱硫（SDFGD）[26] 以及干法脱硫（DF-GD）[27] 等技术，其中湿法脱硫又包括石灰石（石灰）湿法脱硫技术和双碱法脱硫技术等，其脱硫效率一般在 95％以上。常见的脱硝工艺包括吸收法、吸附法、选择性非催化还原（SNCR）[28] 和选择性催化还原（SCR）技术[29,30]，其中 SCR 技术因其脱硝效率高（一般在 90％以上）且同时能适用于机动车尾气脱硝等优点而备受关注。目前，CO_2 的脱除方法包括膜吸收法、燃料电池法、变压吸附法、CO_2 封存等。CO_2 封存主要有地质封存、地表封存和海洋封存三大类，其中深层地质封存因可以同时提高甲烷的采集率而得到广泛研究。这些单独脱除技术设备独立、成本较高、能耗较大，无法同时将燃煤烟气中的硫氧化物、二氧化碳和氮氧化物一网打尽。因此，开发高效、经济的脱硫脱硝脱碳一体化技术是十分必要的。Li 等[31] 在流化床反应器中采用 CaO 和飞灰混合物脱除 SO_2，从机理的角度研究了 NO_x 的存在对脱硫的影响以及 CO_2 对反应体系的影响。Oh 等[32] 用 1,8-二氨基对薄荷烷溶液同时吸收烟气中的 SO_2、NO_2 和 CO_2，提出用一种吸收剂来实现 3 种气体一体化去除的方法。脱硫脱碳脱硝的主要技术有吸附法、微生物法、溶剂吸收法、地质封存技术等。吸附法是去除污染物最为简单和有效的方法之一。吸附法在去除气体污染物过程中，主要有物理吸附和化学吸附，这两种类型的吸附过程受多种因素的影响，其中温度影响最大。吸附法具有低能耗、低成本、操作简单、净化效率高、无二次污染等特点，因而被广泛应用于脱硫、脱硝以及 CO_2 的捕集。目前应用于这项技术的吸附剂主要包括活性炭、沸石、硅树脂和介孔氧化铝等[33]。微生物去除 SO_x 的方法包括连续发酵法、溶解 SO_2 生物去除法、固定化生物细胞法和化学-生物去除法等。其原理为微生物中的硫酸盐还原菌能利用各种有机物作为电子供体，使亚硫酸盐和硫酸盐作为最终电子受体而被还原为硫化物。微生物的生长都需要大量的碳源，而烟气中 CO_2 含量最高，因此利用微生物净化烟气的方法十分具有潜力。溶剂吸收法也可以实现同时去除烟气中多种成分的目的，烟气中的 SO_x、NO_x 和 CO_2 溶解在水中都呈酸性，可以利用溶解显碱性的物质使其在溶液中发生中和反应，从而达到净化烟气的目的。例如液体循环吸收法提取并资源化烟气中二氧化硫的技术，能将烟气中的二氧化硫提取出来制酸，回收硫资源的同时也满足清洁生产和循环经济发展[33-35]。近年来，深部煤层封存逐渐走进人们的视野，认为在深部煤层中封存二氧化碳是一种有前途的方式。一般认为最理想的封存场所是地下空间，包括含盐水层、油气田和深部不可采煤层。各种二氧化碳封存方案中，在能够提高煤层甲烷采收率的前提下，在不可开采的煤层中进行二氧化碳封存（CO_2-ECBM）不仅可以在地质时期内封存二氧化碳，而且还有助于提高甲烷（CH_4）的采收率。国际能源机构的温室气体研发计划估计，实施二氧化碳封存技术有可能封存约 4880 亿吨的 CO_2，并在全球范围内回收 50 万亿立方米的 CH_4。深部煤层中 CO_2 封存的主要机理是：由于煤基质对 CO_2 的吸附能力强，且含有大量的孔隙为储存 CO_2 提供空间。虽然深部煤层被认为是封存 CO_2 的潜在地层，但是目前取得成功的案例非常少，主要是一些技术问题亟待解决，例如深部煤层的储存规律和特征、深部煤层封存 CO_2 的机理和规律、煤层的可注入性问题、合适的注入工艺和注入方案、CO_2 在煤层中的运移模拟技术等。因此在深部煤层中实现 CO_2 的地质封存仍然需要进行大量的研究工作和工程示范项目的实施。

5.2 除尘

煤气净化中除尘环节是煤气净化工艺中非常重要的一步。煤气中的颗粒物不仅对环境有害，还会损坏设备和降低煤气的利用效率。因此，除尘环节的主要任务是去除煤气中的颗粒物。常见的煤气净化中使用的除尘技术包括以下几种。

① 重力除尘器：重力除尘器是一种简单的除尘技术，它利用重力将颗粒物质从煤气中分离出来。工作原理是通过减小煤气流速，使颗粒物质沉降到设备的底部，然后进行清除。这种技术适用于大颗粒物质的去除。

② 离心除尘器：离心除尘器利用离心力将颗粒物质从煤气中分离出来。煤气进入设备后，通过旋转或旋涡，使重的颗粒物质被甩离煤气流，并沉积到设备的壁面上，然后清除。

③ 袋式过滤器：袋式过滤器使用滤袋来捕捉颗粒物质。煤气通过袋式过滤器时，颗粒物质被滤袋捕获，而干净的煤气通过。这些滤袋通常由高温和耐腐蚀的材料制成，适用于高温和腐蚀性气体的净化。

④ 电除尘器（电过滤器）：电除尘器使用电场来捕捉颗粒物质。它包括一对电极，其中一个电极带有正电荷，另一个带有负电荷。当煤气通过电场时，颗粒物质带有电荷并被吸附到电极上。定期清除电极上的积聚物可以恢复电除尘器的性能。

⑤ 湿式除尘器：湿式除尘器通过在煤气中引入水或液体来捕捉颗粒物质。颗粒物质与液体接触后，会与液体结合成较大的颗粒，然后通过分离设备将它们从煤气中移除。这种技术也可以用于同时去除气体污染物。

⑥ 旋风除尘器：旋风除尘器利用旋风效应，将煤气中的颗粒物质分离出来。煤气在旋风除尘器中旋转，从而产生离心力，将颗粒物质推向设备的外壁，然后清除。

这些除尘技术可以单独使用或组合使用，具体选择取决于煤气中颗粒物质的性质、浓度、流量以及净化效率的要求。煤气净化中的除尘技术是工业和环保领域中至关重要的技术，有助于改善大气质量和维护环境可持续性。

5.2.1 除尘原理及方法

（1）重力除尘器

重力除尘器是一种用于去除气流中固体颗粒物质的设备，它的除尘原理基于颗粒物质在气流中的沉降速度不同，通过减小气体流速，使颗粒物质在重力的作用下沉降，最终分离出来。

重力除尘器的除尘原理（图 5-1）如下。

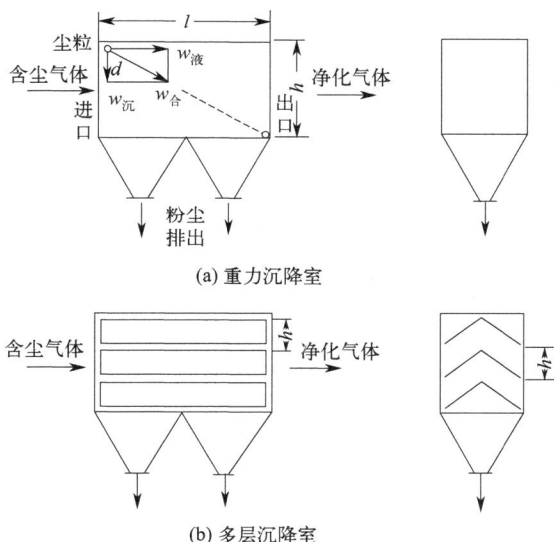

图 5-1 重力除尘原理图

① 颗粒物质的沉降速度。颗粒物质在气体中的沉降速度取决于颗粒的大小、密度和气体的黏度。根据斯托克斯定律，颗粒物质的沉降速度与颗粒的半径的平方成正比，与颗粒的密度和气体黏度成反比。较大、较重的颗粒物质会更快地沉降。

② 减小气体流速。为了利用颗粒物质的沉降速度，重力除尘器通过设计使气体流速降低，通常通过扩大管道或提供足够的储存容积来实现。当气体流

速减小时，颗粒物质有足够的时间沉降，并积聚在设备的底部。

③ 颗粒物质分离。在重力的作用下，颗粒物质在气流中下沉，最终被收集在设备的下部。通常，设备的底部设计成一个集尘室或漏斗，以便收集和清除颗粒物质。清除可以通过周期性地打开排放口或使用机械装置来进行。

重力除尘器的除尘方法如下。

① 重力除尘器的结构。重力除尘器通常包括一个进气口、一个废气口和一个集尘室。气体从进气口进入，通过减小管道尺寸或提供足够的空间使气体流速减小，颗粒物质沉降并积聚在集尘室中，然后干净的气体从废气口排放出来。

② 操作条件。为了实现有效的除尘，需要调整操作条件，包括气体流速、温度和湿度等。通常，较低的气体流速有助于提高颗粒物质的沉降效率。

③ 清除颗粒物质。收集在集尘室中的颗粒物质需要定期清除，以维护设备的性能。清除可以通过机械手段、振动、气流或其他方法进行。

重力除尘器主要用于去除大颗粒物质，如灰尘和烟尘，对于较小的颗粒物质或需要更高净化效率的应用，通常需要结合其他除尘技术，例如电除尘器或袋式过滤器。重力除尘器是一种简单、经济的除尘方法，常见于工业过程中，如矿山、水泥厂和锅炉排放气体的净化。

（2）离心除尘器

离心除尘器是一种用于去除气体中固体颗粒物的设备，其除尘原理基于颗粒物质在气体中的离心分离效应。离心除尘器通过产生旋转气流，使气体中的颗粒物质受到离心力的作用而分离出来。

离心除尘器的除尘原理如下。

① 离心力的作用。离心除尘器通过设备内部的构造和运动产生旋转气流。这个旋转气流会使气体中的颗粒物质受到离心力的作用，类似于衣服在旋转的洗衣机中被甩干的原理。

② 颗粒物质分离。由于颗粒物质的质量较大，它们在离心力的作用下被推向设备的壁面。一旦颗粒物质接触到设备壁面，它们开始沉积和堆积。

③ 清除颗粒物质。积聚在设备壁面上的颗粒物质需要定期清除，以维持设备的性能。清除通常通过机械手段、振动或其他方法进行。

离心除尘器的除尘方法如下。

① 离心除尘器的结构。离心除尘器通常由一个旋转式圆筒或圆锥形容器构成，容器内部安装了旋转装置，如风机叶片或旋转螺旋。气体流经容器，由

旋转装置产生的旋转气流使颗粒物质受到离心力的作用，并分离出来。

② 操作条件。为了获得最佳的除尘效果，需要调整操作条件，包括旋转速度、气体流速和进口气体中颗粒物质的浓度等。通常，较高的旋转速度和较低的气体流速有助于提高除尘效率。

③ 清除颗粒物质。定期清除设备内积聚的颗粒物质，以防止设备堵塞，并保持设备的性能。

离心除尘器适用于去除较大颗粒物质，如粉尘、砂粒和颗粒物。它们通常用于工业应用，如木材加工、冶金、采矿和建筑等领域。离心除尘器的优点包括简单的操作和维护以及适用于高温和高湿度的气体。但对于较小颗粒物质或需要更高净化效率的应用，可能需要结合其他高效的除尘技术。

（3）袋式除尘器

袋式除尘器是一种常用于去除气流中固体颗粒物的设备，其除尘原理基于颗粒物质在滤袋表面沉积和捕集的机制。以下是袋式除尘器的除尘原理及方法。

袋式除尘器的除尘原理（图5-2）如下。

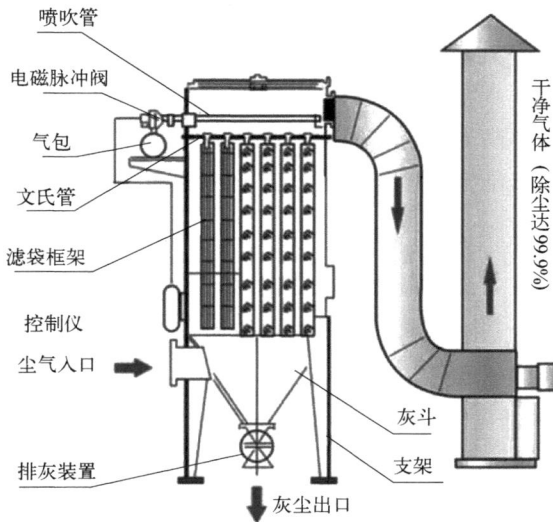

图5-2　袋式除尘器原理示意图

① 滤袋捕集颗粒物质。袋式除尘器内部装有许多细小的滤袋，这些滤袋

通常由高温和耐腐蚀的材料制成。气体从进气口进入袋式除尘器，颗粒物质被气流带着并接触到滤袋表面。

② 颗粒物质沉积。由于气流速度减缓，颗粒物质在滤袋表面沉积下来。这种沉积过程是基于惯性和重力作用的，颗粒物质无法继续跟随气流而被捕获。

③ 清理滤袋。随着时间的推移，滤袋表面会积聚越来越多的颗粒物质。为了保持除尘器的高效性，需要定期对滤袋进行清理。通常通过反向吹风或机械振动来实现。

袋式除尘器的除尘方法如下。

① 袋式除尘器的结构。袋式除尘器通常由一个箱体、滤袋、进气口和排气口组成。箱体内安装了滤袋，气体从进气口进入，经过滤袋时，颗粒物质被捕集，而干净的气体从排气口排放出来。

② 滤袋的选择。滤袋的材料和结构会影响到除尘效果。通常，滤袋需要选用合适的材料以适应所处理气体的温度、湿度和化学成分。

③ 清理滤袋。定期清理滤袋以保持其性能。清理可以采用反向吹风（用干净的气流反向吹扫滤袋）或机械振动（通过机械装置振动滤袋）等方法进行。

袋式除尘器适用于去除较小颗粒的物质，因此在一些需要高效除尘的场合中得到广泛应用，如水泥厂、钢铁厂、石化工厂等工业领域。袋式除尘器具有操作稳定、除尘效率高的优点，同时适用于高温和腐蚀性气体的净化。然而，需要定期清理滤袋以维持其性能，因此需要一定的维护和管理工作。

（4）电除尘器

电除尘器也称为电过滤器或静电除尘器，是一种用于去除气体中固体颗粒物的高效除尘设备，其除尘原理基于静电吸附和捕集颗粒物质的机制。

电除尘器的除尘原理（图 5-3）如下。

① 电场的应用。电除尘器内部包含一个电场系统，通常由两组电极构成，其中一组带有正电荷，另一组带有负电荷。这些电极之间形成了一个电场，通过电源供电，产生高电压。

② 离子化气体。气流通过电场时，高电压会离子化气体分子，将气体分子中的电子移动到更高能级，从而产生正离子和负离子。这些离子会在电场中移动，形成一个电离气体区域。

③ 吸附颗粒物质。当气流中的颗粒物质（通常带负电荷）与正离子接触

时，它们会带有相同的电荷，导致颗粒物质受到电场的排斥力。这使得颗粒物质向带有负电荷的电极移动，并在电极表面沉积。

④ 清除捕集的颗粒物质。随着时间的推移，电极表面积聚了捕集的颗粒物质，需要定期清除以维持电除尘器的性能。清除通常通过机械手段，如振动、敲击或刮除来进行。

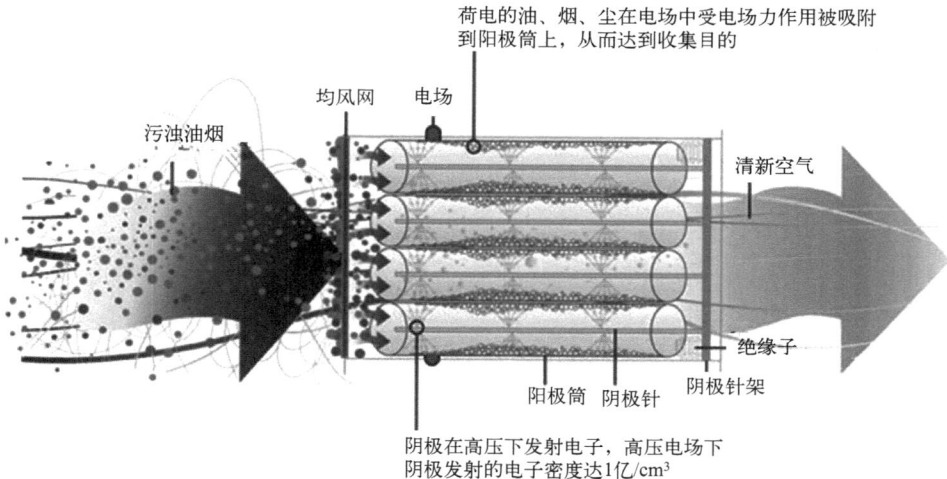

图 5-3　电除尘器除尘原理

电除尘器的除尘方法如下。

① 电除尘器的结构。电除尘器通常由一个气体进口、一个集尘室、电场系统、电极和一个干净气体出口组成。气体从进口进入，通过电场区域，颗粒物质被捕集在电极表面，而清洁的气体流经出口排放。

② 电场参数的调整。为了实现最佳的除尘效果，可以调整电场的参数，包括电压、电流和电极之间的距离。这些参数的调整可以根据气体特性和颗粒物质的性质进行优化。

③ 清理电极。定期清理电极表面上积聚的颗粒物质，以确保电除尘器的效率。清理可以采用自动或手动方式进行。

电除尘器通常用于高效净化气体中微小颗粒物质，常用于电厂、水泥厂、钢铁厂等工业过程。它具有除尘效率高、适用于高温气体的优点，但需要定期维护和清理电极。此外，电除尘器还可用于去除气体中的可吸入颗粒物，以维护室内空气质量。

（5）湿式除尘器

湿式除尘器是一种用于去除气流中固体和液滴颗粒物的设备，其除尘原理基于湿润气体中颗粒物质的沉降和溶解。

湿式除尘器的除尘原理（图 5-4）如下。

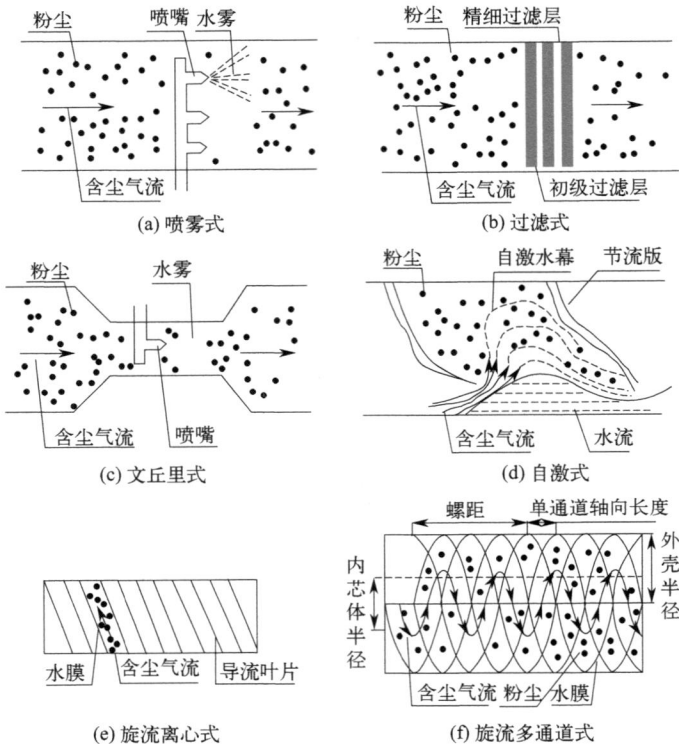

图 5-4　湿式除尘器除尘原理

① 湿化气流。湿式除尘器通过向气流中引入水或液体，将气流湿化。湿化的气体中会包含水蒸气，使颗粒物质在气体中更容易沉降和溶解。

② 颗粒物质沉降。由于湿化的气体中含有水分，颗粒物质受到水滴的撞击，逐渐增大并沉降。这个沉降过程是基于颗粒物质与水滴的碰撞和重力作用。

③ 颗粒物质溶解。一些较小的颗粒物质可能不会完全沉降，而是被水滴捕获并溶解在水中。这对于去除较小的颗粒物质非常有效。

④ 分离液滴和气体。湿式除尘器的后部通常包括分离装置，用于将水滴

从气流中分离出来。分离后的水滴可以进一步处理或回收。

湿式除尘器的除尘方法如下。

① 湿式除尘器的结构。湿式除尘器通常由一个进气口、湿化区域、颗粒物质沉降区域、分离区域和出口组成。气体从进气口进入，经过湿化区域和颗粒物质沉降区域，然后分离出水滴并从出口排放。

② 湿化条件的调整。为了获得最佳的除尘效果，需要调整湿化条件，包括水的流量、湿化器的位置和气体流速等参数。这些参数的调整可以根据颗粒物质的性质和气体特性进行优化。

③ 清理和维护。湿式除尘器需要定期清理和维护，以防止水滴分离器或沉降区域堵塞，并确保设备的稳定运行。

湿式除尘器通常用于高效去除小颗粒物质，如烟气中的酸性气溶胶、细微的颗粒物、气溶胶和可吸入颗粒物。它不仅具有高效的除尘能力，同时还可以去除气体中的一些有害物质，因此在环境保护和工业应用中得到了广泛应用。但需要考虑废水处理和设备清洗等问题。

（6）旋风除尘器

旋风除尘器是一种用于去除气流中固体颗粒物的设备，其除尘原理基于旋风效应和离心分离的机制。以下是旋风除尘器的除尘原理及方法。

旋风除尘器的除尘原理如下。

① 旋风效应。旋风除尘器内部构造使气流在设备中形成旋风，类似于龙卷风。气体进入设备后，被迫绕着中心旋转，形成旋转气流。这个旋风效应使得颗粒物质在气流中受到离心力的作用。

② 离心分离。由于旋风效应，气流中的颗粒物质被迫向设备壁面移动，由于离心力的作用，它们被推向设备壁面，然后沿壁面下降。颗粒物质在气流中沿着螺旋路径向下移动，最终集中在设备的底部。

③ 分离和排放。在旋风除尘器底部设有排出口，颗粒物质通过排出口排出设备，而干净的气体则通过设备的顶部或侧面排放。

旋风除尘器的除尘方法如下。

① 旋风除尘器的结构。旋风除尘器通常由一个圆筒状或圆锥状的设备构成，设备内部有一个中心进气口和一个底部排出口。气体从进气口进入，通过设备时形成旋风，颗粒物质沉积在底部，而干净的气体从顶部或侧面排出。

② 调整操作参数。为了实现最佳的除尘效果，可以调整操作参数，包括气体流速、进气口的大小和设备的尺寸。这些参数的调整可以根据颗粒物质的

性质和气体特性进行优化。

③ 清理底部积聚物。颗粒物质会在旋风除尘器的底部积聚,需要定期清理以维护设备的性能。清理通常通过打开排出口或使用机械装置来进行。

旋风除尘器通常用于去除较大颗粒物质,如灰尘、砂粒、粉尘等颗粒物。它在许多工业和制造过程中得到广泛应用,如矿业、农业、建筑和食品加工等领域。旋风除尘器的优点包括简单的结构、低维护成本和高耐用性。然而,它对于较小颗粒物质的去除效率相对较低,对于需要更高除尘效率的应用可能需要结合其他除尘技术。

5.2.2　工艺流程

煤气净化技术中的除尘工艺流程旨在去除气体流中的固体颗粒物,以改善气体质量并减少对环境的不良影响。以下是一般煤气净化中的除尘工艺流程。

① 进气前处理。煤气进入净化系统之前,通常需要经过一些前处理步骤,以去除大颗粒物质、水分和其他杂质。这可以包括使用预过滤器、旋风分离器或初级除尘器。

② 旋风分离。在除尘工艺的早期阶段,通常使用旋风分离器。旋风分离器通过旋转气流来分离较大的颗粒物质。在旋风中,由于离心力的作用,颗粒物质沉积在设备的壁面,而干净的气体从顶部或侧面排出。

③ 电除尘器或袋式过滤器。为了去除更小的颗粒物质,常使用电除尘器或袋式过滤器。电除尘器利用电场来吸附和捕集颗粒物质,而袋式过滤器则使用滤袋来捕集颗粒物质。这些技术通常用于去除微小的颗粒,如烟尘和粉尘。

④ 湿式除尘。对于一些特定的气体净化,湿式除尘也可能被使用。湿式除尘器通过将气体湿化并在湿气中捕集颗粒物质,然后将其溶解或分离。这对于去除特定类型的颗粒物质和可溶性气体污染物很有效。

⑤ 清除积聚物。无论是使用旋风分离器、电除尘器,还是袋式过滤器,都需要定期清理捕集的颗粒物质。清理可以通过机械手段、振动或反向气流进行。

⑥ 排放控制。净化后的煤气通常需要通过排放控制设备进行进一步的处理,以确保符合环保法规和标准,包括酸雾去除、脱硫、脱氮和其他气体处理过程。

⑦ 废物处理。从净化过程中产生的废物通常需要进行处理和处置。这些废物可以是捕集的颗粒物质、水、化学物质等。废物处理通常需要符合环保法

规和标准。

除尘工艺流程的具体设计和步骤可能会根据煤气的来源、成分和净化要求不同而有所不同。这些步骤的目标是确保排放的气体质量达到环保标准，减少对环境和人体的危害。同时，它也有助于提高工业过程的效率和安全性。

5.2.3　除尘主要设备及其特点

煤气净化技术中的除尘设备主要包括以下几种，每种设备都有其特点和适用场景。

（1）旋风分离器

特点：旋风分离器是一种简单且成本较低的设备，适用于去除较大颗粒物质。它利用离心力将颗粒物质从气流中分离出来，并适用于高温高压的气流。

应用：常见于锅炉、燃烧设备和一些工业过程中，用于去除灰尘、粉尘和颗粒物。

（2）电除尘器

特点：电除尘器使用电场来捕集颗粒物质，适用于去除微小颗粒物和烟尘。它可以高效地去除颗粒物，净化效率高。

应用：常见于电厂、冶金工业、水泥生产等需要高效除尘的场所。

（3）袋式过滤器

特点：袋式过滤器使用滤袋捕集颗粒物质，适用于去除微小颗粒物。它的滤袋可以根据需要选择材料，以适应不同的气体和颗粒物。

应用：广泛用于煤气净化、食品工业、钢铁工业和水泥工业等领域。

（4）湿式除尘器

特点：湿式除尘器使用湿化气体和液体喷雾去除颗粒物和可溶性气体污染物，适用于多种气体和颗粒物组合的情况。

应用：常见于酸雾去除、气体净化和污水处理等需要同时去除颗粒物和气体污染物的场合。

（5）旋流器

特点：旋流器结合了旋风分离和湿式除尘的特点，可同时去除颗粒物和气体污染物。它通常具有较高的净化效率。

应用：常见于高浓度气体污染物和颗粒物的去除，如金属冶炼和化工生产。

（6）多效湿式除尘器

特点：多效湿式除尘器是湿式除尘器的改进型，具有多个级别的湿化和分离效果，可提高净化效率。

应用：适用于有高效净化要求的颗粒物和气体净化，如烟气中的酸性气体和颗粒物。

各种除尘器参数对比见表 5-1。

表 5-1　各种除尘器参数对比表

序号	除尘器名称	适用的粒度范围/μm	效率/%	阻力/Pa	设备费	运行费
1	重力沉降室	＞50	＜50	50	少	少
2	惯性除尘器	20～50	50～70	300	少	少
3	旋风除尘器	5～15	60～90	800	少	中
4	水浴除尘器	1～10	80～95	600	少	中下
5	卧式旋风水膜除尘器	≥5	95～98	800	中	中
6	冲击式除尘器	≥5	95	1000	中	中上
7	电除尘器	0.5～1	90～98	50	多	中上
8	袋式除尘器	0.5～1	95～99	1000	中上	大
9	文丘里除尘器	0.5～1	90～98	4000	少	大

每种除尘设备都有其适用性和局限性，设备的选取取决于气体成分、颗粒物大小、流量、温度和净化要求等因素。在设计和运行煤气净化系统时，通常需要综合考虑这些因素，以确保达到所需的净化效果并符合环保法规。

5.3　一氧化碳的变换

煤气化产生的合成气中含有较高浓度的一氧化碳，这种物质对人体有害，而且会影响后工序中合成甲醇、液态燃料等产品的效率和质量。因此，需要对合成气进行净化处理，将煤气化产生的合成气中的一氧化碳变换成氢气和二氧化碳，调节气体成分，满足后工序的要求，这一过程称为一氧化碳的变换。这个反应可以利用煤气中的有害物质，最终生成合成气的原料。煤气化净化技术中一氧化碳变换工艺技术的选择，既要结合不同气化工艺产出的粗煤气的特点，也要考虑后续装置及下游产品的要求。

受限于不同的制气原料和工艺过程，煤气中一氧化碳的含量约为 13％～

47％，根据不同用途需求，煤气中一氧化碳的含量和一氧化碳与氢气的比例也有不同的要求。例如在城市煤气供气中，一氧化碳的含量需限制在 10％以内，而在合成氨工艺中，原料气要求一氧化碳的含量在 0.3％以下，合成甲烷及甲醇的原料气则要求 H_2/CO 比值高于 3。为了满足不同用途对煤气中一氧化碳浓度的需求，需要匹配设置不同的一氧化碳变换工序，因此，一氧化碳变换工艺就成了煤气生产中一个重要的组成部分。

5.3.1　基本原理

在催化剂的作用下，且当温度高于催化剂活性温度时，CO 与水蒸气发生化学反应，最终 CO 转换为 H_2 和 CO_2，化学反应式如下：

$$CO + H_2O \Longleftrightarrow CO_2 + H_2$$

该反应为可逆、放热反应，反应放热量为 41.0MJ/kmol。当反应温度升高时，平衡向着吸热方向进行，即平衡向着生成 CO 和水蒸气的方向进行。因此，较低的反应温度对 CO 的变换有利。同时，上述反应为等分子反应，表明反应压力的变换对反应平衡没有影响。

除了上述反应，CO 变换过程还存在一些副反应。

（1）生成甲烷副反应

在 CO、CO_2 和 H_2 共存系统中，甲烷可由 CO、CO_2 与 H_2 反应生成，具体化学反应式如下：

$$CO + 3H_2 \Longrightarrow CH_4 + H_2O$$
$$2CO + 2H_2 \Longrightarrow CH_4 + CO_2$$
$$CO_2 + 4H_2 \Longrightarrow CH_4 + 2H_2O$$

以上三个反应都是放热反应，放热量分别为 206.4MJ/kmol，125.6MJ/kmol 和 165.4MJ/kmol，因此降低反应温度可以有效抑制甲烷的生成。同时，这些反应都是体积缩小的反应，增加压力有利于甲烷的生成。在一般的工艺流程下，生成甲烷的副反应难以发生。

（2）CO 分解副反应

在特定条件下，CO 会发生分解反应生成游离 C 和 CO_2，化学反应如下：

$$2CO \Longrightarrow C + CO_2$$

该反应为放热反应，放热量为 162.4MJ/kmol，同时也为体积减小反应，因此提升反应温度和降低反应压力可有效抑制该反应正向进行。需要注意的是，该反应生成的游离碳易附着于催化剂表面，造成催化剂失活，阻碍反应进行，因此这一副反应危害性较高。为了防止这一反应进行，通常可将水蒸气/CO 比例增加至 4，且将反应温度控制于 200～450℃。

5.3.2 催化剂

CO 变换反应需在催化剂条件下才能进行，为保证 CO 变换反应能够高效完成，工业上对催化剂的催化活性、热稳定性、抗毒性（即使用寿命）有一定要求，具体要求如下。

① 催化剂的活性能在较低或中等温度下以较快的速度进行反应；

② 催化剂的寿命要经久耐用；

③ 催化剂能耐气体中含有的少量有毒气体；

④ 催化剂在一定温度范围内不因反应温度升高而性能下降；

⑤ 催化剂要能够防止副反应发生，特别是一氧化碳分解副反应。

一般来说，当前 CO 变换反应的催化剂主要分为以下三类：Fe-Cr 系变换催化剂、Cu-Zn 系变换催化剂和 Co-Mo 系变换催化剂。三种变换催化剂具有不同的特性，适用条件亦不同。

（1） Fe-Cr 系变换催化剂

Fe-Cr 系变换催化剂是一种褐色的圆柱体或片状固体颗粒，目前广泛采用的是以 Fe_2O_3 为活性主体，以 Cr_2O_3 为主要添加物的多成分 Fe-Cr 系变换催化剂，一般 Fe_2O_3 含量为 70%～90%，Cr_2O_3 含量为 7%～14%。此外，还有少量氧化镁、氧化钾、氧化钙等物质。Cr_2O_3 的作用是抑制 Fe_3O_4 再结晶，提高催化剂的耐热性和机械强度，延长催化剂的使用寿命；氧化镁能提高催化剂的耐热和耐硫性能；氧化钾和氧化钙均可提高催化剂的活性。

Fe-Cr 系变换催化剂具有活性温域宽、热稳定性好、寿命长和机械强度高等优点。催化剂的缺陷为在空气中易受潮，导致活性下降。煤气中的氯、磷、砷等化合物及油类物质，均会使其中毒。更为重要的是，Fe-Cr 系变换催化剂难以适应煤气中较高浓度的硫化物，因此使用前需将煤气先脱硫再变换，但是催化剂的活性温度为 350～550℃，而脱硫工艺则要求在常温或低温下进行，故流程会出现"冷热病"，使得整个系统流程过于复杂。此外，Fe-Cr 系变换催化剂对蒸汽消耗较高，因此需要向粗合成气补入一定量的蒸汽，以达到水气比要求。

（2） Cu-Zn 系变换催化剂

Cu-Zn 系变换催化剂主要适用于低温系统，目前工业上主要使用铜锌铝系和铜锌铬系两种 Cu-Zn 系变换催化剂。主体为氧化铜,但还原后具有活性的组分是细小的铜结晶——铜微晶。由于铜对 CO 的活化能力比 Fe_3O_4 更强,故能在较低温度下催化一氧化碳变换反应。Cu-Zn 系变换催化剂中铜微晶尺寸通常为 $(50\sim150)\times10^{-10}$ m,铜微晶越小,其比表面积越大,活性也越高。单纯的铜微晶由于表面能量高,在使用温度下会迅速向表面能量低的大晶粒转变,导致比表面积锐减,活性降低。为了提高微晶的热稳定性,需要加入适宜的添加物,氧化锌、氧化铝或氧化铬对铜微晶都是有效的稳定剂,因为它们的熔点都显著高于铜。

尽管 Cu-Zn 系变换催化剂适用于更低的温度,但其抗硫毒能力比 Fe-Cr 系变换催化剂更差,当总硫含量高于 0.1ppm 时,Cu-Zn 系变换催化剂就会失效,因此必须要求原料气先脱硫再变换。Cu-Zn 系变换催化剂多应用于天然气 CO 变换工艺,且通常串联在中、高温变换工艺之后,可将 CO 浓度为 3% 左右的煤气降低到 0.3% 以下。

(3) Co-Mo 系变换催化剂

对于含硫较高的粗煤气,Fe-Cr 系变换催化剂和 Cu-Zn 系变换催化剂均无法适用,20 世纪 50 年代末期开发了既耐硫、活性温度范围又较宽的 Co-Mo 系变换催化剂,当粗煤气中硫化物含量为 4% 时,仍可保持正常的催化活性。目前发表的 Co-Mo 系变换催化剂的组成有多种配方,一般组成为 1%~10% 的 CoO,5%~25% 的 MoO,其余为载体 AlO。

Co-Mo 系变换催化剂不仅耐很高的硫化氢,而且具有很好的低温活性,使用温度比 Fe-Cr 系变换催化剂低 130℃ 以上,同时具有较宽的活性温度范围 (180~500℃),因而被称为宽温变换催化剂。此外,其使用强度更高,使用寿命长,因此在重油和煤气化工厂中使用十分广泛。最后,Co-Mo 系变换催化剂对蒸汽含量无要求,H_2O/CO 比例可以减小,降低了蒸汽的消耗。

然而,Co-Mo 系变换催化剂成本较高。同时,Co-Mo 系变换催化剂出厂时成品是以氧化物状态存在的,活性很低,使用时需通过"硫化",使其转化为硫化物方能显示其活性,即在 150~250℃ 下与 H_2S 反应使催化剂转化为硫化物形式,因此这种特性导致催化剂对原料气中硫有最低要求。在 CO 变换过程中,如果气体中 H_2S 含量高,催化剂中的 Mo 以硫化物形式存在,催化剂能够维持高活性,如果气体中 H_2S 含量过低,MoS_2 将转化为 MoO_2,发生"反硫化"。催化剂效果下降,所以在一定工况下,要求变换气体中有最低 H_2S 含量,以维持催化剂处于活化态。

5.3.3 工艺条件

（1）压力条件因素

从 5.3.1 节可知，CO 变换主反应为 $CO+H_2O \rightleftharpoons CO_2+H_2$，反应物与生成物的反应系数相当，当反应环境压力增加或者减少时，化学反应平衡常数不变。但是提升反应环境压力可以加快反应速度。当反应温度一定时，反应速度计算公式如下：

$$r = r_0 P^\delta$$

式中，r_0 为标压下的反应速度；δ 为压力系数，取值范围为 0.4～0.5。同时，提升反应环境压力还可以提升催化剂催化效率。当压力增加时，气体分子空间迁移速度和催化剂的活性系数增加，催化处理的气量增多。当变换反应速度及催化剂催化效率因加压得到提升时，加压设备尺寸可以相应减小，由于变换环境多为高温环境，紧凑的设备可以减少设备能量损耗。然而，当反应压力过高时，对设备防腐及抗压能力提出了更高的要求，相应设备制造成本上升。因此，反应环境压力的选择应当根据成本、效率等多方面确定。

（2）温度条件因素

无论是 CO 变换主反应，还是 CO 变换副反应，反应均为可逆放热过程，这意味着温度对于变换反应的平衡常数及反应速率常数均有显著的影响。反应速率是温度和 CO 转换率的二元函数，当转换率固定不变时，反应速率随着温度的上升呈现出先上升，后下降的变化趋势，存在着反应速率最大值。变换反应过程中的温度和 CO 转换率的关系如图 5-5 所示。

从图 5-5 可知，在变换开始阶段，CO 转换率较低，最适宜反应温度较高，伴随着反应过程的进行，反应放出的热量引起反应温度上升，反应速率增加，同时最适宜反应温度也伴随着 CO 转换率的提升出现下降趋势。为了减少催化剂用量，提升催化剂使用效率，应保证变换反应始终在最适宜温度下进行（如图 5-5 中编号为 2 的实线），即变换开始阶段保持反应环境温度足够高，伴随着反应的进行逐渐降低反应温度。然而，变换反应为放热反应，为了实现最适宜温度运行过程，就要不断地将设备热量迁移走，这对设备结构提出了很高的要求。实际工业上采用分段绝热反应法实现最适宜温度运行技术，即将催化剂分段装填，在每一段变换反应装置之间设置换热器移走反应产生的能量，保证反应装置温度趋近于最适宜温度曲线。

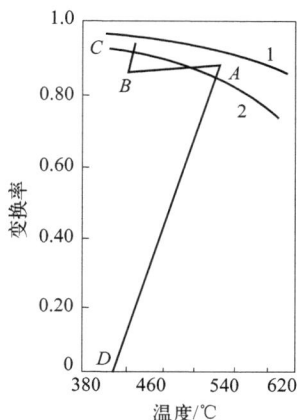

图 5-5　变换反应过程中的温度和 CO 转换率的关系

1—平衡温度线；2—最适宜温度线；DA—第一段变换操作线；

AB—冷却线（经换热器）；BC—第二段变换的操作线

（3）蒸汽添加量

在变换过程中加入水蒸气主要有以下几方面作用：第一，作为反应物质参与 CO 变换的主反应，当蒸汽添加量增加时，CO 变换反应正向移动，促进 CO 变换；同时，蒸汽的加入导致甲烷副反应逆向移动，生成 CO，但由于甲烷副反应难以发生，因此工业上较少考虑蒸汽对甲烷副反应的影响。第二，蒸汽用于调节环境反应温度，调控变换反应速率。第三，提升 CO 变换催化剂催化性能，例如 Fe-Cr 系变换催化剂对水蒸气消耗量较高，而 Co-Mo 系变换催化剂则对蒸汽浓度不敏感。

5.3.4　工艺流程

对 CO 变换的工艺流程起决定性因素的是 CO 浓度，当 CO 含量较高时，应采用中（高）温变换工艺，这主要是因为中高温催化剂适用温度范围较宽，同时价格低廉，使用寿命长。对于 CO 含量特别高的工况，例如含量超过 15%，应当考虑采用分段式变换反应器，保证催化剂工作于高效温区。低温变换工艺流程主要适用于 CO 含量低于 3.5% 的工况，同时进入低温变换炉气体温度应不高于 210℃，经低温变换后的 CO 含量为 0.3%～0.4%。除了 CO 含量，催化剂类型、反应器结构、原料气温度及蒸汽含量也是变换工艺流程的重要考虑因素。低温变换工艺及中（高）温变换工艺流程经常组合使用，以达到催化剂效率最大化及 CO 高脱除效率的目标。

CO 变换常规工艺流程如下。

① 为了避免用于输送半水煤气的鼓风机、管道等设备出现结垢、堵塞、腐蚀等一系列问题，影响催化剂正常维护及操作，半水煤气在进入变换设备前需进行除尘、脱硫等预处理。

② CO 变换反应的核心设备是装有催化剂的变换装置，根据原料气 CO、水蒸气及硫分含量以及催化剂的性能，确定中温和低温变换反应装置段数，考虑是否加入水蒸气。

③ 为了保证全程变换反应工作于最佳变换温度范围，半水煤气进入初段变换装置前需要进行预热处理，待初段变温结束，CO 含量上升后，需采用热交换装置对原料气进行降温处理。

④ 在变温装置某段设置热水塔-饱和塔系统对多余蒸汽及气体的热量进行回收处理，减少蒸汽消耗量，同时提升系统能量转换效率。

⑤ 当原料气有变压变换工艺流程需求时，应设置气体冷凝塔对气体进行冷却，便于气体压缩，以减少能量消耗。

接下来，针对不同温度、压力的变换环境，详细介绍变换工艺流程。

（1）中温变换工艺流程

中温变换工艺主要催化剂为 Fe-Cr 催化剂，最初的中温变换工艺流程工作于常压环境，其生产流程如图 5-6 所示。

常压中温变换器包含两段变换装置，两段变换装置之间设有冷气气体的蒸发器，上述装置均合并于一个设备内。蒸发器可获得部分蒸汽，有利于一氧化碳变换。要求严格控制喷洒用的冷凝液的质量，如含有氯化物较多，可能积聚在第二阶段催化剂上，不但增加阻力，还会降低催化剂活性。在饱和水塔-热水塔系统中增设了一个水加热器，以充分回收变换气的显热。由于采用水加热器后，提高了热水的温度，可以通过饱和塔多回收蒸汽。常压中温变换工艺流程优势在于流程简单，操作控制方便，但对半水煤气净化要求较高。

由于常压条件下，CO 变换反应速率较低，因此，工业上开发了加压中温变换工艺流程，如图 5-7 所示。

相比于常压变换工艺流程，除了更快的反应速度，加压变换工艺流程还具有以下优点：第一，半水煤气体积大为减少，变换设备比常压变换更小，布局更加紧凑，占地空间更小；第二，压缩煤气动力可节省 15% 左右。

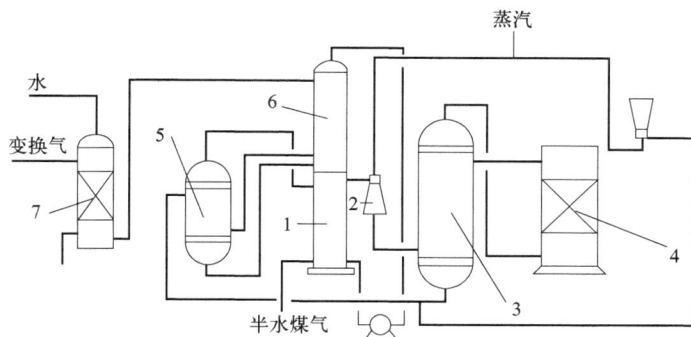

图 5-6　常压中温变换工艺流程

1—饱和塔；2—蒸汽喷射器；3—热交换器；4—变换器；5—水加热器；6—热水塔；7—冷凝塔

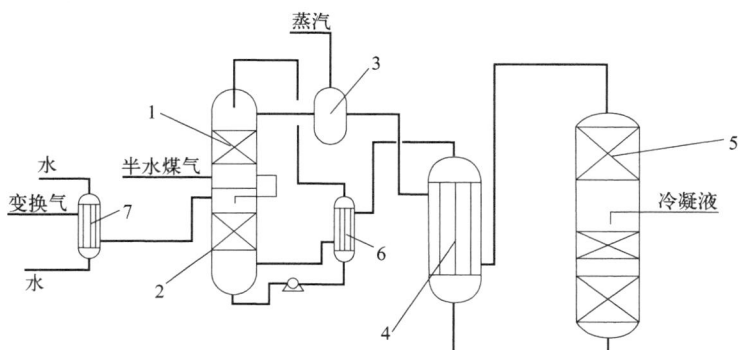

图 5-7　加压中温变换工艺流程

1—饱和塔；2—热水塔；3—混合器；4—热变换器；5—变换器；6—水加热器；7—冷凝塔

（2）低温变换工艺流程

低温变换工艺流程多选用 Cu-Zn 作为催化剂，其变换工艺流程如图 5-8 所示。

低温变换工艺多用于中高温变换工艺流程后端，由于此时 CO 含量较高，为保证变换工作于最佳变换温度范围，环境温度越低，反应的平衡越趋向有利于生成氢和二氧化碳的方向进行。经过中温变换后的 CO 含量一般在 3%～4%，进一步通过低温变换后，CO 含量可降低至 1%以下。

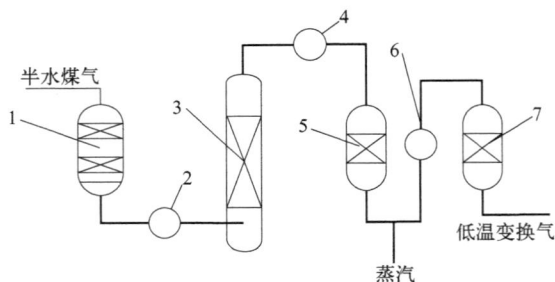

图 5-8　低温变换工艺流程

1—中温变换器；2, 4, 6—热交换器；3—CO$_2$ 吸收塔；5—脱硫塔；7—低温变换器

（3）中（高）变-低变串联工艺流程

　　CO 变换装置的入口水煤气 CO 含量一般较高，因此初段 CO 变换装置多选用中（高）温变换装置先将 CO 含量降低至 3% 左右，经热交换装置对中（高）温变换装置出口原料气降温后通入低温变换装置，将 CO 含量降低至 0.5% 左右，有时为了进一步降低原料气 CO 含量，可以选择在低温变换装置后再串联一个低温变换装置。中（高）变-低变串联工艺流程一般分为两种形式：一种是中（高）变炉外加低变，如图 5-9 所示；另一种则是变换炉内串加低变，如图 5-10 所示。

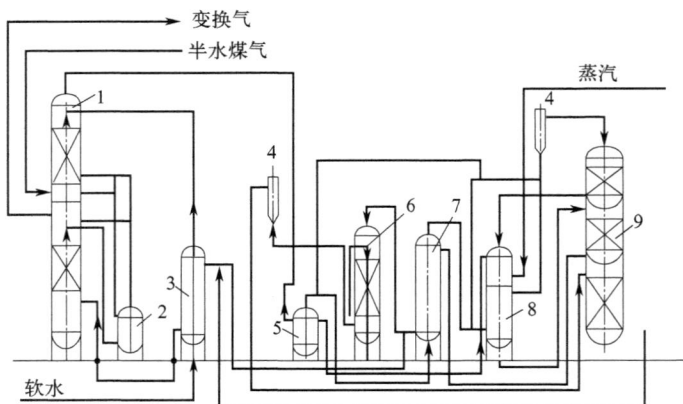

图 5-9　炉内中（高）变-低变串联工艺流程

1—饱和热水塔；2—水封；3—水加热器；4—电炉；

5—水分离器；6—增湿器；7—热交换器；8—中间换热器；9—变换炉

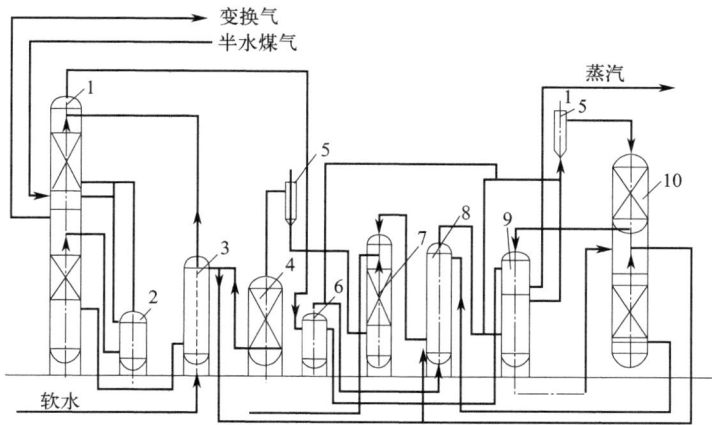

图 5-10　炉外中（高）变-低变串联工艺流程

1—饱和水塔；2—水封；3—水加热器；4—低变炉；5—电炉；

6—水分离器；7—增湿器；8—热交换器；9—中间加热器；10—中变炉

中（高）变-低变串联工艺流程有两个问题值得关注：首先是由于低温催化剂抗毒性能比中（高）温催化剂要低，因此需重点提高低变催化剂的抗毒性，延长使用寿命；第二是防止中（高）温催化剂过度还原，因为当接入低温变换装置时，为了保证低变效率及延长低温催化剂使用寿命，反应汽气比下降，容易导致中温催化剂过度还原，引起催化剂失活。

（4）全低温变换工艺流程

全低温变换工艺流程是基于中（高）温-低温串流工艺流程开发的，最早由中国湖北省化学研究所于 20 世纪 80 年代研发，全低温变换工艺流程如图 5-11 所示。

该工艺流程的特点在于全部使用宽温催化剂，可以大幅减少催化剂用量，减少了床层阻力，从根本上解决了中温催化剂粉化问题，显著改善了变换操作，延长了催化剂寿命。由于低温变换装置多工作于低汽气比环境，乙炔反应被极大的抑制，防止后管道出现"带液"现象，降低蒸汽的消耗。同时低汽气比有利于设备管道输送，提高生产能力。全低温变换工艺流程床层温度相比于中（高）温变换工艺下降 100～200℃，对设备材质的耐腐蚀、耐磨损要求降低，延长设备使用寿命。同时低温变换装置操作启动较快，可以增加有效生产时间。

过热蒸汽去饱和塔出口
饱和蒸汽来自分气缸
热器水来自水加热器

180℃

350℃

4

B302Q

去饱和塔

1

2

3

140℃

180℃

B302Q

230℃

半水煤气来自饱和塔

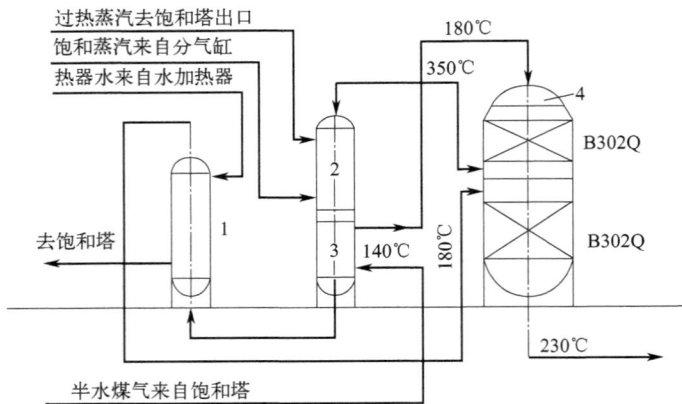

图 5-11　全低温变换工艺流程

1—调温水加热器；2—蒸汽过热器；3—热交换器；4—变换炉

5.4　二氧化碳的脱除

5.4.1　脱除方法分类

粗煤气经一氧化碳变换后，变换气中除氢、氮外，还有二氧化碳、一氧化碳和甲烷等组分，其中以二氧化碳含量最多。二氧化碳既是后续变换气应用的化工过程中各种催化剂的毒物，又是重要的化工原料，如用作生产尿素、碳酸氢铵等氮肥的原料以及食品饮料工业的原料等。因此二氧化碳的脱除必须兼顾这两方面的要求。

脱除二氧化碳的方法很多，主要分为干法和湿法，工业生产上一般采用湿法，即溶液吸收法。按照对二氧化碳的吸收剂可以分为物理吸收法和化学吸收法两大类。

物理吸收法是利用二氧化碳能溶解于水或有机溶剂的特性来实现的。吸收后的溶液可以用减压闪蒸方式使大部分二氧化碳解吸。

化学吸收法是利用二氧化碳具有酸性，可与碱性化合物进行反应而脱除的。化学吸收后的溶液光靠减压闪蒸解吸的二氧化碳有限，通常都需要热法再生。

另外，膜法分离 CO_2 技术也被认为是最有发展潜力的脱碳方法，它主要是在一定条件下，通过膜对气体渗透的选择性把 CO 和其他气体分离开。按照膜材料的不同，主要有聚合体膜、无机膜以及正在发展的混合膜和其他过滤膜。

膜分离法主要利用气体分子在通过膜材料时溶解和扩散系数的不同，以薄膜两侧的压力差为分离动力，高渗透率的气体快速通过薄膜，低渗透率的气体则滞留在薄膜的另一侧，从而实现气体的分离。目前较有实际应用价值的膜材料大多数是由高分子材料合成的有机膜，例如聚合物膜在工业上已经成功应用于天然气中 CO_2 的分离。然而在一些高温高腐蚀的环境中，有机膜的应用则会受到限制。因为膜分离法有一些其他分离方法无法比拟的优越性，例如分离过程无相变、再生能耗相对较低、投资成本低、设备体积小、操作过程简单、没有二次污染等，从而成为目前世界上发展最快的 CO_2 分离节能技术之一。

工业上主要的脱除二氧化碳的方法见表 5-2。

表 5-2　工业上主要脱除二氧化碳的方法

物理吸收法	加压水洗法
	低温甲醇洗法
	NHD 法[36]
	PC 法
	Purisol 法
化学吸收法	添加不同活化剂的热钾碱法
	本-菲尔法
	复合双活化热碱法
	空间位阻胺热钾碱法
	氨基乙酸无毒 G-V 法
物理-化学吸收法	Sulfinol 法
	Amisol 法
干法（吸附法）	变压吸附法
	变温吸收法
	变电吸附法
膜分离法	—

5.4.2　物理吸收法

物理吸收法是吸收剂根据静电相互作用或者分子间范德华力的弱相互作用，使 CO_2 溶解在吸收剂中，其溶解度与体系的温度、压力、吸收剂的性质和浓度有关[37]。通常，低温高压有利于 CO_2 的吸收，高温低压有利于 CO_2 的解吸。该方法的关键在于对吸收剂的选择，既要对 CO_2 有好的溶解度，又要沸点高、稳定性好且无毒无害。常见的物理吸收剂有甲醇、水、聚乙二醇二甲醚等。

（1）低温甲醇洗法

低温甲醇洗工艺以冷甲醇为吸收溶剂，利用甲醇在低温下对酸性气体（CO_2、H_2S、COS 等）溶解度极大的优良特性，脱除原料气中的酸性气体，是一种物理吸收法[38]。低温甲醇洗工艺是目前国内外所公认的最为经济且净化度高的气体净化技术，具有其他脱碳技术不能取代的特点，如净化气质量好，净化度高，具有选择性吸收 H_2S、COS 和 CO_2 的特性，溶剂价廉易得，能耗低，运转费用低，生产运行稳定、可靠等。不同温度和压力下 CO_2 在甲醇中的溶解度见表 5-3。

表 5-3 不同温度和压力下 CO_2 在甲醇中的溶解度[39]

温度/℃		−26		−36		−45		−60	
溶解度		$N_{CO_2} \times 10^2$	S	$N_{CO_2} \times 10^2$	S	$N_{CO_2} \times 10^2$	S	$N_{CO_2} \times 10^2$	S
二氧化碳平衡分压	0.1	2.46	17.6	3.5	23.7	4.80	35.90	8.91	68.0
	0.2	4.98	36.2	7.00	49.80	9.45	72.60	18.60	159.0
	0.3	7.30	55.0	10.00	77.4	14.40	117.0	31.20	321.4
	0.4	9.95	77.0	14.00	113.0	20.00	174.0	58.00	960.7
	0.5	12.60	106.0	17.80	150.0	26.40	250.0	—	—
	0.6	15.40	127.0	22.40	201.0	34.20	362.0	—	—
	0.7	18.20	155.0	27.40	262.0	45.00	570.0	—	—
	0.8	21.60	192.0	33.80	355.0	100.00	—	—	—
	0.9	24.30	223.0	39.00	444.0	—	—	—	—
	1.00	27.80	268.0	46.70	610.0	—	—	—	—
	1.15	33.00	343.0	100.00	—	—	—	—	—
	1.20	35.60	385.0	—	—	—	—	—	—
	1.30	40.20	468.0	—	—	—	—	—	—
	1.40	47.00	617.0	—	—	—	—	—	—
	1.50	62.20	1142.0	—	—	—	—	—	—
	1.60	100.0	—	—	—	—	—	—	—

注：$N_{CO_2} \times 10^2$ 为溶液中 CO_2 含量（mol/mol），S 为溶解度，CO_2 m^3（标）/t（甲醇）。

（2） NHD 法脱碳

NHD 脱碳工艺以 NHD 溶液为溶剂，NHD 溶液吸收脱除 CO_2 的过程是一个物理吸收过程，NHD 溶液在脱碳塔内与 CO_2 含量为 $26\%\sim30\%$ 的变脱气体逆流接触脱除气体中的 CO_2，使出口净化气中的 CO_2 含量在 1% 以下；吸收了 CO_2 的 NHD 溶液经冷却、减压闪蒸后进入汽提塔，汽提再生后循环使用[40]。

NHD 脱碳系统工艺流程简图见图 5-12。变脱工段来的变脱气经水洗塔水洗后进入变脱气冷却器，被低压闪蒸气和净化气冷却后进入气液分离器，在气液分离器中分离掉水分后进入脱碳塔；变脱气在脱碳塔塔内向上流动的过程中与自上而下的 NHD 溶液接触，气体中的 CO_2 被吸收，经脱碳塔塔顶除沫器后从塔顶出塔。出塔净化气进入净化气分离器，分离掉夹带的雾沫后经变脱气冷却器送至压缩机五段入口。吸收了 CO_2 的富液从脱碳塔塔底引出进入再生塔，再生后的 NHD 溶液，经氨冷器冷却后减压送至高压闪蒸槽，闪蒸出富液携带的大部分 H_2 和部分 CO_2，之后高压闪蒸气经高闪气分离器分离掉夹带的雾沫后回到压缩机三段入口。高压闪蒸槽底部出来的富液仍含有大量的 CO_2，进入低压闪蒸槽继续闪蒸，之后经低闪气分离器分离掉夹带的雾沫后进入变脱气冷却器，冷却进塔变脱气后放空。低压闪蒸槽出来的富液经富液泵送至汽提塔上部，汽提塔底部通入冷却后的空气，在汽提塔中，溶剂中残余的 CO_2 被汽提出后从塔顶部出来，经解吸气分离器分离掉夹带的雾沫后进入空气冷却器，冷却入塔空气后放空。贫液从汽提塔底部出来，经贫液泵加压后送至吸收塔顶部，重新用于吸收 CO_2。进脱水塔的溶液为富液泵出口的支流，经溶液过滤器后，大部分溶液进入溶液换热器，与脱水塔底部出来的热溶液换热后进入脱水塔中部填料层，少部分溶液进入脱水塔上部冷却器，与脱水塔内上升的水蒸气换热后进入脱水塔中部填料层。脱水后的溶液从脱水塔底部出来，经换热器冷却后由贮槽泵加压送至汽提塔底部，脱水塔顶部出来的水蒸气则经水冷器冷却后进入冷凝液槽。

（3）　PC 法脱碳

PC 为环状有机碳酸酯类化合物，分子 $CH_3CHOCO_2CH_2$，该法在国外称 Fluor 法。PC 法是南化集团研究院等单位于 20 世纪 70 年代开发的技术，1979 年通过化工部鉴定。据初步统计，已有 150 余家工厂使用 PC 技术，现有装置 160 余套，其中大型装置两套，其余为中小型装置。大部分用于氨厂变换气脱碳。总脱碳能力约 300 万吨合成氨/年，其中配尿素型应用较多，占 60% 左右，至今该法仍是联碱、尿素、磷等合成氨厂使用最广的脱碳方法，其开工装置数为 MDEA 法、NHD 法总和的数倍。

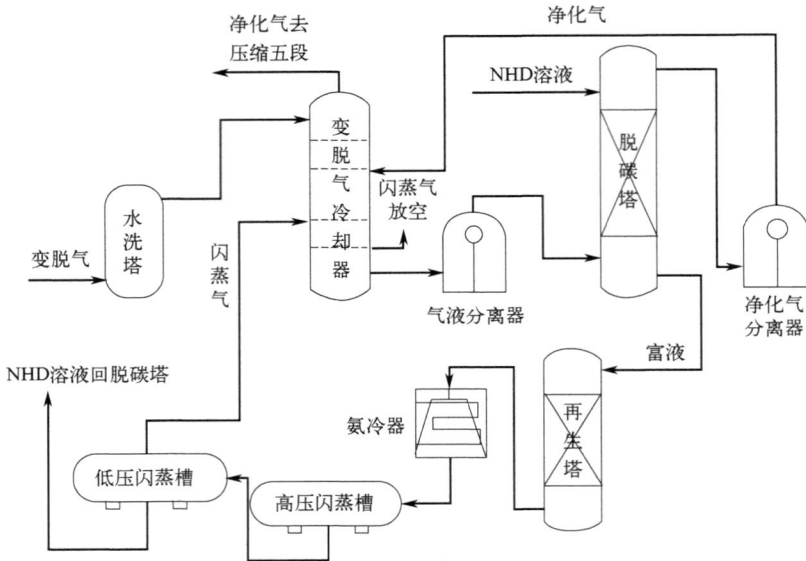

图 5-12　NHD 脱碳系统工艺流程简图

下面简要介绍 PC 法脱碳的流程。

① 原料气流程。

由压缩机三段送来的 2.3MPa 变换气首先进入水洗塔底部与水洗泵送来的水在塔内逆流接触，洗去变换气中的大部分油污及部分硫化物，并将气体温度降到 30℃以下，同时降低变换气中饱和水蒸气含量。气体自水洗塔塔顶出来进入分离器，自分离器出来的气体进入二氧化碳吸收塔底部，与塔顶喷淋下来的碳酸丙烯酯溶液逆流接触，将二氧化碳脱至工艺指标内。净化气由吸收塔顶部出来进入净化气洗涤塔底部，与自上而下的稀液（或脱盐水）逆流接触，将净化气中夹带的碳酸丙烯酯液滴与蒸气洗涤下来，净化气由塔顶出来后进入净化气分离器，将净化气夹带的碳酸丙烯酯雾沫进一步分离，净化气由分离器顶部出来后，流回压缩机四段入口总管。

② 液体流程。

a. 碳酸丙烯酯脱碳流程。

贫碳酸丙烯酯溶液从二氧化碳吸收塔塔顶喷淋下来，由塔底排出称为富液。富液经自调阀进入溶液泵-涡轮机组的涡轮，减压后进入闪蒸槽，自闪蒸槽出来的碳酸丙烯酯液一小部分进入过滤器，大部分不经过过滤器，二者混合过后进入常解-汽提塔的常解段，碳酸丙烯酯液自常解段底部出来经过两液封槽进入汽提塔顶部，与自下而上的空气逆流接触，将碳酸丙烯酯溶液中的二氧化碳进一步汽提出来，经汽提后的碳酸丙烯酯溶液为贫液，贫液由汽提塔出来进入循环槽，再由循环槽进入溶液泵-涡轮机组的溶液泵，由泵加压后经碳酸丙烯酯溶液冷却器降温，进入二氧化碳吸收塔，从而完成了碳酸丙烯酯溶液的整个解吸过程。

b. 稀液流程循环。

稀液（或软水）由常解-汽提气洗涤塔的常解段出来，经稀液泵加压后送往净化气洗涤塔上部自上而下，由塔底出来经自调阀进入闪蒸气洗涤塔的上部自上而下，由底部出来经自调阀进入常解-汽提气洗涤塔的汽提气洗涤段自上而下，由底部出来经一U形液封管进入常解气洗涤段继续循环。

5.4.3　化学吸收法

化学吸收法是 CO_2 与吸收剂进行化学反应生成新物质的过程，相比于物理吸收法，其具有更高的选择性，也被称为活性吸附[41]。常见的为酸性气体与碱性吸收剂反应生成不稳定的盐类化合物，例如碳酸盐和碳酸氢盐等，通过可逆反应进行 CO_2 的释放，从而实现对 CO_2 的捕集分离和吸收剂的循环利用。化学吸收剂是化学吸收工艺的核心，常用的化学吸收法有烷基醇胺溶液法、热钾碱溶液法等。化学吸收法以醇胺吸收解吸工艺为主流，常见的化学吸收剂包括有机胺类吸收剂、氨水吸收剂、碳酸钾吸收剂等。在工业上，化学吸收法多用于燃烧后的 CO_2 捕集，通常燃烧后烟气中 CO_2 的浓度较低，通过物理吸收剂分子间的弱相互作用无法对 CO_2 进行高效吸收，而化学吸收的工艺简单、反应速率快、选择性高，成为目前燃烧后捕集的最佳选择，但是其解吸能耗高也是目前亟待解决的问题。

（1）　DETA 催化热钾碱法脱碳

DETA（二乙烯三胺）催化热钾碱法以 K_2CO_3 水溶液为溶剂、DETA 为液相催化剂、钒（KVO_3）为缓蚀剂，吸收液在 CO_2 吸收塔内与 CO_2 含量为 $26\%\sim30\%$ 的变脱气逆流接触，脱除气体中的 CO_2；吸收了 CO_2 的 K_2CO_3 溶液，减压后在 CO_2 再生塔内进行加热汽提再生，之后循环使用。DETA 催化热钾碱法吸收脱除 CO_2 的过程是一个化学吸收过程，K_2CO_3 水溶液吸收 CO_2 的反应分以下几步进行：

$$K_2CO_3 \Longrightarrow 2K^+ + CO_3^{2-} \tag{1}$$

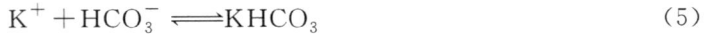

$$H_2O \Longrightarrow H^+ + OH^- \tag{2}$$

$$OH^- + CO_2 \Longrightarrow HCO_3^- \tag{3}$$

$$H^+ + CO_3^{2-} \Longrightarrow HCO_3^- \tag{4}$$

$$K^+ + HCO_3^- \Longrightarrow KHCO_3 \tag{5}$$

上述反应步骤中，以溶解在溶液中的 CO_2 与 OH^- 之间的反应最慢，是整个反应的控制步骤。在 K_2CO_3 溶液中加入 DETA，可以改变反应的历程，加快总反应速度，起到液相催化的作用。K_2CO_3 溶液吸收 CO_2 的总反应式为 $CO_2 + H_2O + K_2CO_3 \Longrightarrow 2KHCO_3$，其吸收过程是个可逆的体积缩小的放热反应，增加压力或降低温度将使反应向着正方向进行，降低压力或提高温度将使反应向着反方向进行，故 DETA 催化热钾碱法先在加压下吸收 CO_2，后通过减压和加热汽提使溶剂得到再生。

DETA 催化热钾碱法脱碳的工艺流程简要介绍如下。

来自压缩机四段的变换气，经变脱后进入 CO_2 吸收塔底部，与自上而下的热钾碱液在填料层内充分逆流接触，变换气的 CO_2 被溶液吸收。脱除 CO_2 的变换气称为净化气，由 CO_2 吸收塔顶部引出，经水冷器冷却后进入净化气分离器分离掉夹带的雾沫后，再经洗碱塔洗涤送至压缩机五段入口。再生塔解吸出的 CO_2 气体由再生塔顶部引出，进入 CO_2 第一水冷器冷却，经 CO_2 第一分离器分离掉部分冷凝液后进入 CO_2 第二水冷器，经 CO_2 第二分离器进一步冷却，分离所夹带的冷凝液后放空。

CO_2 吸收塔中吸收了 CO_2 的富液由塔底引出，经液位调节阀控制于再生塔顶部进入，沿填料层自上而下流动，被再生塔下部沸腾溶液释放出来的水蒸气加热汽提解吸出其中的 CO_2，成为半贫液。约 3/4 的半贫液由再生塔中部引出，经半贫液泵前过滤器过滤和半贫液泵加压后送入 CO_2 吸收塔中部；约 1/4 的半贫液进入再生塔下段经填料层继续加热汽提，液体在二分布器上汇集后自下而上经过蒸汽再沸器管内，被外来低压蒸汽加热再生解吸出 CO_2 后流入再生塔底部。再生塔底部引出的贫液，经贫液水冷器冷却降温后进入贫液过滤器，而后经贫液泵加压后（若系统压力过高，则需经接力泵加压）进入活性炭过滤器（或经副线），再送入 CO_2 吸收塔上部循环使用。整体流程简图如图 5-13 所示。

（2）混合吸收剂吸收法

化学吸收法的核心是化学吸收剂的选择。有机胺类吸收剂受自身物化性质、使用浓度、能耗需求、腐蚀变质等因素的影响，限制了其单一使用，依靠

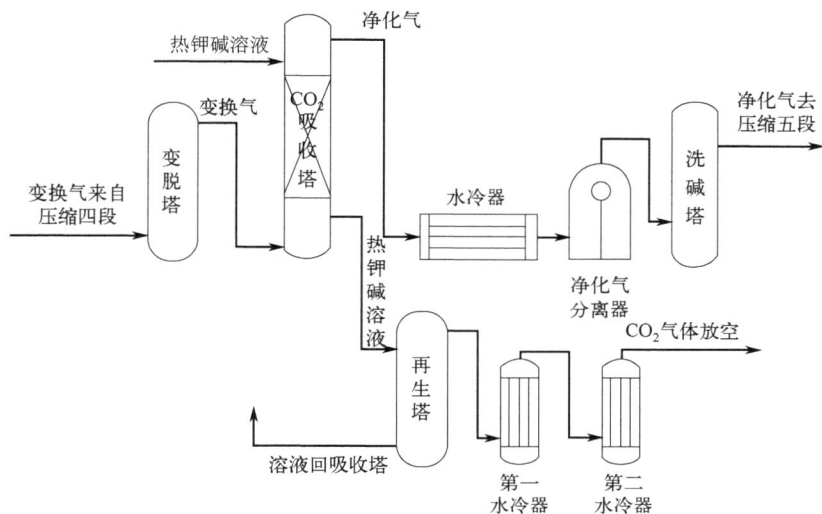

图 5-13 热钾碱法脱碳系统工艺流程简图

单一的醇胺溶剂脱碳无法实现高效脱碳和降低能耗的目标，目前先进的吸收剂均采用混合溶剂或配方溶剂，其基本思路就是把高吸收容量但高解吸能耗和高反应速率但低负载量的单溶剂复配成多组分吸收剂，从改善配方方面来达到提高吸收剂性能的目的，做到有的放矢，兼顾性能，降低成本。使用由多种有机胺复配的混合型吸收剂，已经被证明可以产生更好的 CO_2 捕集性能。混合型吸收剂作为第二代化学吸收剂的代表，与传统单组分吸收剂相比，在吸收速率、溶解度、腐蚀性和再生能耗等方面都有很大改善，是最有可能实现低能耗工业化应用的[42]。

5.4.4 膜分离法

1979 年美国 Monsanto 公司开发了气体膜分离装置，并成功地将工业气体中的氨分离回收。经过多年的创新改进，目前气体膜分离技术发展迅速。近年来，随着环保意识的提高，二氧化碳等温室气体的分离脱除越来越受到关注，膜分离法以其能耗低、无污染物排放、操作简单等优点得以广泛地应用。膜分离法是根据薄膜对不同气体的渗透率不同来实现分离的。其原理是二氧化碳与薄膜材料间的化学或物理作用，使其穿过薄膜，形成高浓度二氧化碳组分，然后加以回收利用。

膜分离法可分为分离膜技术和吸收膜技术，如图 5-14 所示。

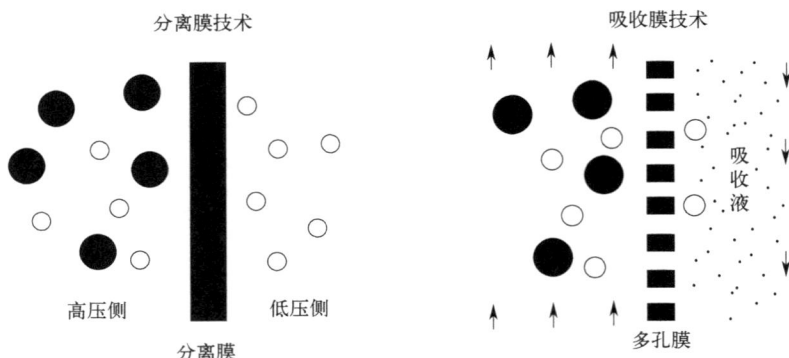

图 5-14　分离膜技术和吸收膜技术示意图

分离膜技术是根据二氧化碳与其他气体组分穿过薄膜的速率不同来实现分离的。

吸收膜技术通过薄膜另一侧的吸收液来选择性吸收二氧化碳组分，影响膜吸收效果的因素有薄膜的孔径与结构、吸收液的性质等。常用的吸收液有 NaOH、乙醇胺（MEA）和二乙醇胺（DEA）。

5.5　硫的脱除

5.5.1　脱硫方法分类

能源是人类赖以生存和发展的基础，人类文明史也是一部能源发展史。古往今来，我们可以看到，每次能源使用方式的变化，都会促进人类文明的进步。长久以来，能源的开发与利用对世界经济与人类社会的发展起着巨大的推动作用，但现在，无论是发达国家还是发展中国家，对能源的需求都非常大。从全球的能源构成来看，我们国家的能源结构具有"富煤、贫油、少气"的特点，这就导致我国形成了一种以煤炭作为主要能源的局面，而且在今后相当长的一段时期内，煤炭仍然是我们国家的主要能源。在我国，煤炭是一种重要的能源，但是它并非一种洁净的能源。煤在燃烧使用的同时，还会对环境造成很大的污染。随着我国煤炭行业的不断发展、科学技术的不断提高以及人们对环境保护意识的提高，煤气脱硫技术逐步得到了发展。煤炭的洁净和高效利用是国之大事，大力开展煤气脱硫的研究，具有全球性、现实性的意义。在现代工业中，脱硫方法也多种多样。气化煤气脱硫技术有着很长的发展历史，从研究到现在，已经有了很多种方法，按照不同的分类标准，可以将其大致分为脱硫精度分类法、操作温度分类法和物质分类法。煤气脱硫按其工作温度可分为常温煤气脱硫（低于 200℃）、中温煤气脱硫（200～400℃）和高温煤气脱硫（高于 400℃）。根据使用脱硫剂存在形式的不同，煤气脱硫可以粗略地分为湿法和干法两大类。根据原理、方法进一步细分，湿法脱硫可以划分为三个分支，分别是化学吸收法、物理吸收法和物理-化学吸收法。在这些方法中，化学吸收法又可细分为两种，一种是中和法，另一种是湿式氧化法。湿法脱硫由于具有处理煤气的气量大、操作连续、脱硫液可连续循环使用，且对煤气的含硫量适用范围宽等优点而被广泛使用。干式脱硫设备具有结构简单、净化程度高等优点，但由于其反应速度较慢，装置设备也比较大，而且经常需要在多个设备间切换操作，操作不能连续，因此只适用于含硫量少的煤气。在较早的时候，焦化厂的煤气进行脱硫处理时，通常情况下，先经过湿法脱硫，再利用干法脱硫技术、催化加氢、水解等方法，将煤气中的有机硫转化为无机硫，最后利用精脱硫剂，如氧化锌、活性炭等吸附硫化物，以实现煤气中的总硫含量满足工艺需求。在现代化的煤炭化工过程中，已逐步形成了由干法到湿法的联合脱硫流程。

5.5.2　干法脱硫

干法脱硫亦称为吸附法，以所用的脱硫剂为依据，可以将它们划分为活性炭法、氧化物法等类型，它们主要采用氧化铁、活性炭等固体吸附剂来进行脱硫，除此之外，还有分子筛、氧化锰、氧化锌等脱硫剂。1809 年，英国人提出了干法脱硫的方法，从一开始使用消石灰为脱硫剂，到 1948 年，改为使用氢氧化铁作为脱硫剂，而且再生后的脱硫剂可以被循环使用。干法脱硫技术利用固体吸附剂去除煤气中的硫化氢、有机硫，具有较高的脱硫效率，适合用于处理量不大的煤气脱硫，或者对脱硫精度有较高要求的二次脱硫，操作简单、可靠。通常荒煤气产量规模较小的焦化企业，使用氧化铁为脱硫剂进行干法一次脱硫，只要操作指标得到合理的控制，就能够满足城市对煤气的需求。干法二次脱硫工艺在烟煤气中含有大量硫化氢的情况下可以得到广泛的应用。

干法二次脱硫可广泛应用于对湿法二次脱硫技术的后续处理，也可用于煤气中硫化氢含量较高的场合。通过二次脱硫，可以将煤气中硫化氢的含量降到极低的水平，以此得到的煤气可达到生产甲醇的目的。干法脱硫技术的分类较为简单，主要包含加氢转化、氧化金属、吸附解析、水解转化等方法，干法脱硫技术使用的是固体脱硫剂，其中以氢氧化铁法和活性炭法应用最广泛。

（1）氢氧化铁法

目前，我国很多焦化厂都使用氢氧化铁法对焦炉煤气进行干法脱硫，其基本原理是：将含氢氧化铁的脱硫剂送入焦炉煤气中，煤气中的硫化氢与脱硫剂中的活性成分氢氧化铁进行反应，形成硫化铁或硫化亚铁。当硫含量达到一定程度后，再向脱硫剂内通入空气，使其与空气充分接触并发生反应，当水分含量足够时，利用空气中的氧，将硫化铁还原成氢氧化铁，实现脱硫剂的再生。这样在煤气中存在氧气的情况下，就可以实现脱硫过程与再生反应过程的同步进行。采用以氢氧化铁为脱硫剂的干法脱硫工艺，其脱硫过程和再生反应过程的具体流程如下所示。

在碱性脱硫剂的作用下，硫化氢与活性成分氢氧化铁之间发生化学反应，即为下列脱硫反应过程：

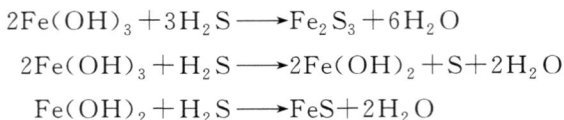

$$2Fe(OH)_3 + 3H_2S \longrightarrow Fe_2S_3 + 6H_2O$$
$$2Fe(OH)_3 + H_2S \longrightarrow 2Fe(OH)_2 + S + 2H_2O$$
$$Fe(OH)_2 + H_2S \longrightarrow FeS + 2H_2O$$

在湿度充足的情况下，利用上述反应中氢氧化铁脱硫产生的硫化铁进行化学反应，从而实现对脱硫催化剂的再生，即为下列再生反应过程：

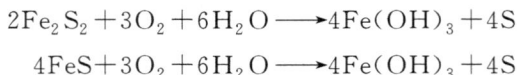

$$2Fe_2S_3 + 3O_2 + 6H_2O \longrightarrow 4Fe(OH)_3 + 4S$$
$$4FeS + 3O_2 + 6H_2O \longrightarrow 4Fe(OH)_3 + 4S$$

其中，脱硫与再生是其主要反应，并且这两个反应过程均为放热反应，容易使煤气受到加热而造成煤气未被水汽饱和的情况发生，从而导致 $Fe(OH)_3$ 吸收剂中的水分被析出，使再生反应过程遭到破坏，因此，在脱硫过程中，必须在煤气中添加一些水蒸气，才能达到脱硫目的。若再生速度太快，且放热反应强烈，则会使脱硫剂易着火、自燃，已有多家公司出现了类似的火灾现象。

脱硫剂包含的带有活性的氢氧化铁，通常是由藻铁矿或金属加工切削下来的铁屑与锯木屑按1∶1的体积比混合，再添加0.1%的生石灰，使其呈碱性，再用水将其均匀湿润，直到其含水量达到30%~40%。

用铁屑做的脱硫剂要在空气中放置约3个月，还要定期翻晒，使其完全被氧化。

脱硫催化剂经多次重复脱硫、氧化、再生后，脱硫剂中的硫会逐渐累积，并逐渐包覆氢氧化铁的活性粒子，从而使其脱硫性能一点点地下降。所以，当脱硫剂上硫黄积累量达一定量的时候，就需要重新更换脱硫剂。

脱硫反应如果在适宜的温度环境下进行，干法脱硫可以使煤气中硫化氢的含量达到很低的水平，但由于其反应速度较慢，受到的流动阻力较大，所以更适合用于硫化氢量低于 0.5% 的情况。在煤气中的硫含量很高的情况下，可采取湿法和干法相结合的方法，先采用湿法脱硫，再进行干法脱硫。

（2）活性炭法

这种方法是由德国的燃料工业于 20 世纪 20 年代首次提出的。

活性炭是具有多孔结构的吸附剂，通常被用于常温下脱硫，因为其表面活性氧的氧化作用和丰富微孔的固硫作用，被广泛地应用于硫化氢气体的脱除。活性炭是一种很好的催化剂，当活性炭脱硫时，通过活性炭的催化作用，煤气中的硫化氢与煤气中少量的 O_2 发生氧化反应，形成单质硫，并且在其表面吸附，实现脱硫。若想反应加快进行，应在原料气体中添加一定数量的氨，使活性炭表面形成强碱。活性炭脱硫的脱硫反应过程：$2H_2S + O_2 \longrightarrow 2S + 2H_2O$

在活性炭脱硫剂中，孔隙间被硫分子占满时，活性炭在孔隙中的吸附量已接近饱和，其脱硫效果显著降低。因此，要实现活性炭的循环利用，就需要从孔隙中移除硫分子，以实现活性炭的再生。

活性炭的再生方法通常是将氨气加热或者将过热蒸汽直接注入活性炭中，当温度达到 190℃ 时，变成液体，当温度在 445℃ 以上时，就会发生升华，将硫析出，经过冷却后，就会生成固体硫。

活性炭法脱硫技术具有操作温度低、工艺简单、效果好等优点，因此适用于在高空速的条件下进行。随着改性活性炭技术的发展，其脱硫效果及应用范围不断扩大，使其成为更具有吸引力的脱硫方法。

干法脱硫的不足之处在于脱硫率很低，通常仅为 70%，所能处理的煤气量很少，而且很难进行脱硫剂的替换和清洗，同时还会对现场的环境造成影响。

5.5.3　湿法脱硫

湿法脱硫技术使用的是液体脱硫剂，其工作原理是：将煤气送入脱硫塔，并与从塔顶喷下的脱硫液相互接触，经过吸收剂吸附煤气中的硫化氢后，将其从塔顶排放出去。通过液体脱硫剂从粗煤气中分离并富集硫化物，然后将其转化为硫酸、硫化氢或者单质硫。在工艺方面，也需要从预防设备腐蚀和减少能源消耗两个角度优化脱硫过程。湿法脱硫工艺以碱砷法、改良 ADA 法和栲胶法为代表。

（1）碱砷法脱硫

在湿法脱硫工艺中，碱砷法脱硫是应用较多的一种，它的原理是：将三氧化二砷溶于钠盐溶液中，由此生成亚砷酸钠，并在脱硫塔进行熟化，通入空气使其氧化生成三硫代砷酸钠的吸收液，有利于吸收液中的氧原子置换硫原子，再氧化析出硫单质。

由白砷（As_2O_3）和苏打（Na_2CO_3）溶液制成新鲜的吸收液，其制备反应式如下：

$$6Na_2CO_3 + As_2O_3 + 3H_2O \longrightarrow 2Na_3AsO_3 + 6NaHCO_3$$
$$Na_3AsO_3 + 3H_2S \longrightarrow Na_3AsS_3 + 3H_2O$$
$$2Na_3AsS_3 + O_2 \longrightarrow 2Na_3AsS_3O$$

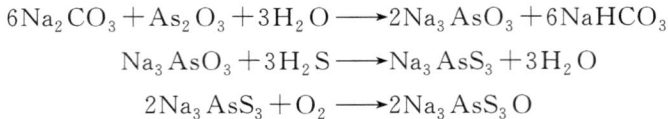

在吸收液熟化后，煤气中的硫化氢在吸收塔中被吸收，因此硫化氢吸收反应式为：

$$Na_3AsS_3O + H_2S \longrightarrow Na_3AsS_4 + H_2O$$

溶液再生过程利用空气进行鼓吹，使硫单质以泡沫状的形式从溶液中析出，析硫反应式为：

$$2Na_3AsS_4 + O_2 \longrightarrow 2Na_3AsS_3O + 2S$$

由于不能再生的化合物会积聚在吸收液中，导致吸收液的能力下降，因此需要将吸收液中的一部分从系统中不断地更换。因为砷含有剧毒，所以排放的废水不能直接排放到沟渠里。通常情况下，用硫酸对废液进行中和，使砷以As_2S_5及As_2S_3的形式沉淀出来，沉淀出来的砷在碱性溶液中溶解后进入循环系统，去除了砷后的废液可排入沟渠里。

采用砷碱法脱硫的时候，通常应维持溶液中钠和砷的含量保持适当的比例，若溶液中的碱量不足，则会导致砷的沉淀。但如果碱性太高，就会产生大量的副反应，从而增加碱消耗量，降低硫收率，所以操作时一定要适当地用碱。

砷碱法脱硫的流程比较复杂，需要大量设备。但是，这种方法能得到高质量的熔融硫，不但有较高的脱硫率，而且还能完全除去硫化氢。

（2）改良 ADA 法

在湿法脱硫法中，改良蒽醌二磺酸钠法（以下统称改良 ADA 法）是一种较为成熟的脱硫技术，因为它脱硫效率较高，可高达99.5％以上，对不同硫化氢含量的煤气适应性强且脱硫后的溶液无毒性，对操作温度、压力等的适应范围较广，同时对设备的腐蚀性也较小，经其产生的副产物硫黄质量较好，改良 ADA 工艺是目前国内炼焦企业普遍采用的一种工艺。

以碳酸钠溶液为原料，添加等比例的蒽醌二磺酸的钠盐溶液，制得 ADA 法脱硫吸收液。但是，该脱硫工艺存在着反应速度慢、脱硫效率低、副产物多等问题。为改善其效果，将偏钒酸钠（$NaVO_3$）及酒石酸钾钠（$NaKC_4H_4O_6$）添加到该溶液中，这是一种改良的 ADA 方法。

将脱硫液送到脱硫塔中，在 pH 值为 8.5～9.5 的情况下，煤气中的硫化氢与塔中的稀碱发生化学反应，生成硫氢化钠，其反应式如下：

$$Na_2CO_3 + H_2O \longrightarrow NaHCO_3 + NaOH$$
$$Na_2CO_3 + H_2S \longrightarrow NaHCO_3 + NaHS$$
$$NaHCO_3 + H_2S \longrightarrow NaHS + CO_2 + H_2O$$
$$NaOH + H_2S \longrightarrow NaHS + H_2O$$

在脱硫溶液中，由上述脱硫反应生成的硫氢化钠和偏钒酸钠立即发生反应，形成焦钒酸钠、氢氧化钠和单质硫，该反应式如下：

$$2NaHS + 4NaVO_3 + H_2O \longrightarrow Na_2V_4O_9 + 4NaOH + 2S\downarrow$$

焦炉煤气中的硫化氢通过反应转化为硫元素并析出，同时生成氢氧化钠，使吸收液具有一定的碱性、吸附性，确保了脱硫工艺的顺利进行。在此基础上，生成的焦钒酸钠与吸收液中的氧化态 ADA 反应生成偏钒酸钠和还原态 ADA。经还原后的偏钒酸钠再次与脱硫过程中生成的硫氢化钠发生反应。在整个脱硫过程中，煤气中硫化氢的含量较高时，通过反应生成的硫氢化钠的量多于被偏钒酸钠氧化的量，因此会形成一种黑色的"钒-氧-硫"络合物沉淀，导致吸收液中钒的含量下降，从而使反应过程恶化。在吸收液中加入酒石酸钾钠，在此基础上钒离子与酒石酸根结合可形成络合离子，生成可溶性的络合物，可防止钒络合物的沉淀。

将含有还原性的 ADA 吸收液送至氧化再生塔中，在氧气的作用下，将其氧化，再生成氧化态的 ADA，其反应式如下。

H_2O_2 可将 V^{4+} 氧化成 V^{5+}：

$$HV_2O_5^- + H_2O_2 + OH^- \longrightarrow 2HVO_4^{2-} + 2H^+$$

H_2O_2 可与 HS^- 反应析出硫元素：

$$H_2O_2 + HS^- \longrightarrow H_2O + OH^- + S\downarrow$$

在整个脱硫工艺中，碳酸氢钠和氢氧化钠在脱硫过程中发生的反应如下：

$$NaHCO_3 + NaOH \longrightarrow Na_2CO_3 + H_2O$$

由上述几种反应可以看出，ADA、偏钒酸钠和碳酸钠都可以被再生利用，这是改良 ADA 法脱硫的一个显著优势。

由于焦炉气中还有少量的二氧化碳，因此在进行脱硫时，还存在着一种副反应，即吸收液在吸收硫化氢的同时还在吸收二氧化碳，该副反应的反应式为：

$$Na_2CO_3 + CO_2 + H_2O \longrightarrow 2NaHCO_3$$

然而，吸收液对 H_2S 的吸收速度比对 CO_2 的吸收速度快，所以对 H_2S 的吸附具有较高的选择性。

此外，由于焦炉气中还含有氰化氢和氧气，因此在进行脱硫时，会产生下列副反应：

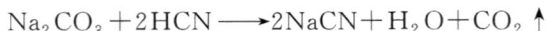

$$Na_2CO_3 + 2HCN \longrightarrow 2NaCN + H_2O + CO_2 \uparrow$$

$$NaCN + S \longrightarrow NaCNS$$

$$2NaHS + 2O_2 \longrightarrow Na_2S_2O_3 + H_2O$$

由于脱硫过程中有一部分碳酸钠参与了该副反应，为了保证脱硫过程的正常进行以及吸收溶液的碱性，需要不断地添加碱液。

改良后的 ADA 法脱硫存在着碱消耗量大、运行费用高、装置腐蚀严重、能源消耗大等问题。

（3）栲胶法（TV 法）

栲胶法是我国自行研制的一种脱硫工艺，目前在国内被广泛使用。栲胶是由植物的水萃取液提取物熬制得到的一种由多个相似结构的酚式结构衍生物组成的混合物，主要物质为丹宁。栲胶法脱硫的反应原理是：通过栲胶的载氧作用，将栲胶作为主催化剂，湿式二元氧化脱硫法以栲胶的碱性氧化降解物为中间载氧体，并作为钒的络合剂与碱钒配成水溶液，在碱性溶液中被分解为聚酚类物质，吸收气态硫化氢，并将其转化为单质硫。

H_2S 吸收过程：

$$Na_2CO_3 + H_2S \Longrightarrow NaHS + NaHCO_3$$

HS^- 被五价钒氧化析除硫单质的过程：

$$2NaHS + 4NaVO_3 + H_2O \Longrightarrow Na_2V_4O_9 + 4NaOH + 2S \downarrow$$

催化剂氧化再生过程：

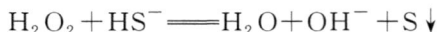

$$Na_2V_4O_9 + 4TQ(醌态) + 2NaOH + H_2O \Longrightarrow 4NaVO_3 + 4THQ(酚态)$$

$$2THQ(酚态) + O_2 \Longrightarrow 2TQ(醌态) + H_2O_2$$

$$H_2O_2 + HS^- \Longrightarrow H_2O + OH^- + S \downarrow$$

此处 H_2O_2 的作用：一是将四价钒氧化成五价钒，作为醌态栲胶的补充；二是与 HS^- 反应析出单质硫，作为偏钒酸钠的补充。

碱液再生过程：$NaOH + NaHCO_3 \Longrightarrow Na_2CO_3 + H_2O$

栲胶法进行脱硫时具有硫容高、副反应少、传质速率快、脱硫效率高且稳定、原料消耗低、腐蚀轻、硫回收率高等特点。但是，它对有机硫几乎没有吸收能力，在加入体系之前，还必须经过复杂的预熟化处理，不然会导致溶液起泡，影响生产。

栲胶生产工艺灵活，原料来源广泛，价格低廉，且具有较高的脱硫效率。P、V 型栲胶可直接被添加入系统中，且无需任何预处理。

湿法脱硫具有可处理气体量大、工艺相对成熟、操作简便、适应性强等特点。反应过程属于气-液两相反应，反应速度快，效率高，可以直接回收资源。

5.5.4　H_2S 和 CO_2 的共脱除

煤气是一种高热值能源，但其中含有的 H_2S 毒性较大，对金属有强烈的腐蚀作用，特别是在有水的条件下，会加快管道及设备的腐蚀速度，同时也会影响产品的品质。煤气中的硫主要以硫化氢的形态存在，硫化氢在其燃烧过程中会生成二氧化硫，当大气中 SO_2 浓度过高时，可能造成区域性的酸雨，对人类的生活环境造成严重威胁。

硫化氢为有毒有害气体，二氧化碳为不可燃气体，二者均为煤气中伴随的酸性气体，二者的出现均会导致煤气制品品质的下降，而我国国标中对 H_2S、CO_2 的含量有明确要求，所以必须联合去除。

依托于国家重点研发计划项目"CO_2 近零排放的煤气化发电技术"，本项目组中的清华大学在神华宁夏煤业集团公司宁东煤制油化工基地搭建了 IGFC 系统进行示范运行，并基于此系统开发优化硫碳共脱吸附塔及吸附工艺。

该中温硫碳共脱装置及其试验系统依据气流流向逻辑，分为配气系统、硫碳共脱试验装置以及气体采集分析系统三大部分，如图 5-15 所示。其中，硫碳共脱试验装置由 4 个吸附塔组成，吸附塔内填充有本项目研发的氮基疏水活性炭。所有吸附塔外表面均有电加热及保温器件，可以控制来流气体温度及硫碳共脱操作温度。

硫碳共脱试验装置（图 5-16）采用 ETPSA 的工艺实现硫碳共脱。本系统采用 4-2-1 时序进行试验。图 5-17 描述了 ETPSA 试验采用的时序。在 4-2-1 时间表中，采用 4 台并联的相同吸附塔配置、2 次均压、1 塔吸附的工艺流程。除了吸附和均压之外，吸附塔还需要经历逆向放压、逆向清洗、终充等步骤。N_2 可以充当惰性气体，用作置换和试验结束后吹扫系统。

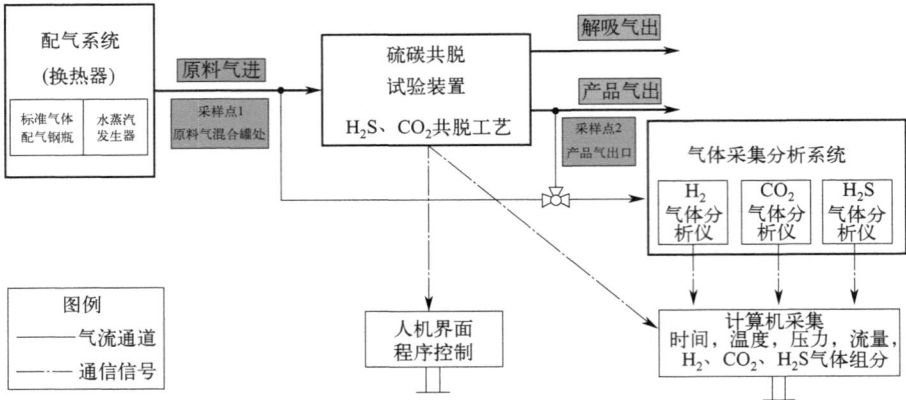

图 5-15　硫碳共脱试验装置系统示意图

图 5-16　硫碳共脱试验装置外观照片

序号		1	2	3	4	5	6	7	8	9	10	11	12	13	14	15	16
Time(s)	时间(s)	60	60	60	60	60	60	60	60	60	60	60	60	60	60	60	60
Column A	吸附塔 T-A	AD	AD	AD	AD	Ed1	Ed1	Ed2	Ed2	BD	P	Ep2	Ep2	Ep1	Ep1	PP	PP
Column B	吸附塔 T-B	Ep1	Ep1	PP	PP	AD	AD	AD	AD	Ed1	Ed1	Ed2	Ed2	BD	P	Ep2	Ep2
Column C	吸附塔 T-C	BD	P	Ep2	Ep2	Ep1	Ep1	PP	PP	AD	AD	AD	AD	Ed1	Ed1	Ed2	Ed2
Column D	吸附塔 T-D	Ed1	Ed1	Ed2	Ed2	BD	P	Ep2	Ep2	Ep1	Ep1	PP	PP	AD	AD	AD	AD

AD	吸附
Ed1	均压降 1
Ed2	均压降 2
BD	逆放
P	冲洗
Ep2	均压升 2
Ep1	均压升 1
PP	产品气终充

图 5-17　中温变压吸附及 4-2-1 工艺时序图

图 5-17 采用的 4-2-1 流程时序图中，每个塔所进行的循环流程相同，每个循环周期分为 16 个时间段，主要进行吸附、两次均压降、逆向放压、逆向冲洗、两次均压升和终充流程，每个时间段为 60s，整个循环为 960s。塔内压力在整个吸附循环周期内一直处于变化之中，吸附状态下压力为高压（P_H），冲洗阶段保持常压（P_L），其余部分则处于升降压过程。以塔 A 为例，当塔 A 处于第一次均压降过程时，塔 C 正处于第二次均压升过程，连接这两个塔，使得塔 A 流出的气体通入塔 C，充分利用气体动量；当塔 A 处于第二次均压降时，塔 D 正处于第一次均压升过程，连接两塔，使塔 A 流出的气体通入塔 D；而当塔 A 处于第一、第二次均压升过程时，所得气体又分别来自塔 B 和塔 C 的均压降过程。因此，在进行均压时，气体流速必然和相互耦合的两个塔压力差有关，出口气体组分、流量也应和相互耦合的塔进口气体组分、流量相同。

中温 H_2S 及 CO_2 共脱工艺主要适用于中高温合成气净化领域。IGFC 系统中净化前的变换气组分如表 5-4 所示，在测试中会利用硫碳共脱试验装置前端的预热炉将原料气加热到 150～250℃ 左右的合适温度。超细煤颗粒气化及水汽变换后的合成气组分如表 5-5 所示，也通过硫碳共脱试验装置前端预热炉将原料气加热至 258℃。以上述两种煤气组分作为净化原料气组分的代表，配制相应的原料气进行净化分离试验。

表 5-4　系统净化前煤气组分表（温度：258℃，压力：2.8MPa）

气体种类	摩尔分数 / %
CO	1.7
CO_2	32.2

气体种类	摩尔分数/%
H_2	45.8
N_2	8.7
Ar	0.0
H_2S	0.09
CH_4	0.17
H_2O	11.3

表 5-5 IGFC 示范超细煤粉气化变换气组分表（温度：25℃，压力：2～3MPa）

气体种类	摩尔分数/%
CO_2	38.9
H_2	51.0
H_2S	0.2
CO	8.7
O_2	0.1
N_2	1.0
CH_4	0.1

配气系统流量依靠若干路质量流量控制器控制，水蒸气由水蒸气发生器产生。所有气体均流入预混加热罐。气体均由控制柜统一控制，由于控制柜各气路量程不同，可根据流量换算公式按照表 5-4、表 5-5 所示原料气进口组分，计算得到总流量为 $5Nm^3/h$ 时每路气体应显示的控制柜示数。配气系统如图 5-18 所示。

"试验原始记录表"记录时间、流量、温度、压力、气体组分（CO_2、H_2S、H_2）等测试数据，数据由组态软件"组态王"自动采集，每分钟采集一次。

2022 年 4 月 20 日，清华大学对硫碳共脱试验装置进行试验，原料气采用 IGFC 配气，硫碳共脱后产气中杂质组分结果如图 5-19 所示。出口产品气中 CO_2 及 H_2S 浓度由气体分析仪实时监测，并由组态王软件自动采集至计算机。根据测试结果可得到：稳定运行状态下，气体净化后产品气中 H_2S 浓度小于 1ppm。

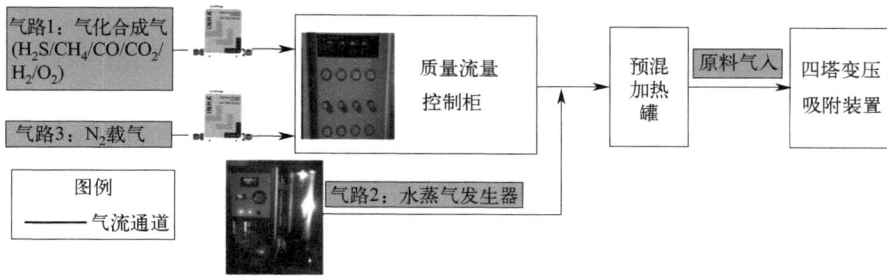

图 5-18　配气系统示意图

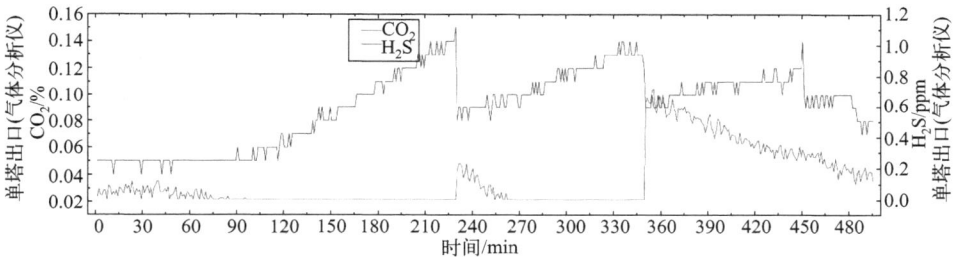

图 5-19　硫碳共脱试验产品气组分

5.6　汞的脱除

5.6.1　煤化工中的脱汞技术

　　根据汞在煤气化过程中存在形式的不同，脱除方法不同，颗粒汞和离子态汞可由一般污染物控制设备随除尘、脱硫、脱硝进行处理，而元素汞在一般高温高压的污染控制设备中，由于较高的饱和蒸气压极易挥发且难溶于水，几乎全部挥发到环境中，脱除困难。目前，煤炭工业汞污染控制主要集中在燃烧前、燃烧中、燃烧后三个阶段，不同阶段采用的脱汞技术和设备有所不同。

　　燃烧前脱汞主要应用物理和非物理洗煤技术，根据煤与矸石的物理性质不同来进行，在不同密度或特性的介质中将煤与矸石分开，使汞在不同的煤产品中出现不同程度的脱除和富集；燃烧中脱汞主要是改进燃烧方式和添加剂脱汞，改进燃烧方式是选择合适的燃烧器和一、二次风的配比降低燃烧温度，从而增大脱汞效率，添加剂脱汞主要是在输煤皮带或给煤机上添加氯化物、溴化物、硫化物等化合物，增加 Hg^{2+} 的转化，减少 Hg^0 的排放，但是燃煤中脱汞只能作为辅助方法；燃烧后汞的污染控制主要有吸附法、催化氧化法和联合现有脱硫、脱硝、电除尘等设备的脱汞技术。

当前的煤化工行业对于汞的脱除采用多种方式结合的方法，主要有催化氧化（SCR）、布袋（FF）、静电除尘（ESP）、湿法烟气脱汞（WFGD）以及吸附剂脱汞，学者们也对燃煤电厂等工业脱汞工艺进行了研究。

对燃煤电厂烟气中的汞处理进行了研究，发现 SCR 催化剂加速了 Hg^0 向 Hg^{2+} 的转化，在后续的工艺中由 ESP 和 WFGD 设施脱除；采用 CFB＋ESP 处理方式时，脱汞效率有大幅度提高，达到 98.9％。

目前我国燃煤电厂汞的超低排放技术路线主要为以下三种。

① 低氮燃烧器→烟气脱硝装置→烟气换热装置→低温电除尘器→湿法烟气脱硫装置→烟气换热装置→烟囱；

② 采用干湿配合的方式：低氮燃烧器→烟气脱硝装置→干式电除尘器→湿法烟气脱硫装置→相变换热器→湿式电除尘器→烟囱；

③ 低氮燃烧器→烟气脱硝装置→静电布袋除尘器→湿法烟气脱硫装置→湿式电除尘器（可选装）→烟囱。

干粉活性炭喷射吸附脱汞技术是目前最成熟可行的技术，但其成本较高，利用率低；改性飞灰吸附脱汞技术鉴于其成本优势，具有很好的工程应用前景；开发廉价、高效、可循环再生使用的汞吸附剂是未来重要的研究方向。

5.6.2　吸附剂脱汞技术

煤气脱汞吸附剂的关键在于研发出高效（具有较高的脱汞率和汞容）、经济（制备成本廉价，可重复利用）的吸附剂。影响煤气脱汞吸附剂性能的原因有很多：如吸附剂载体、载体粒径、改性剂种类、改性剂含量、煅烧温度以及实验温度，甚至煤气中的汞浓度也会影响吸附剂性能。

吸附剂载体最大的特点在于有较大的比表面积、热稳定性以及较强的吸附性，常用的吸附剂载体有活性炭、焦炭、沸石、飞灰、含钙化合物、活性氧化铝等；改性剂主要特点在于提高汞的吸附性能，常用的有 Cu、Mn、Fe、Co、Zn、Ce 等氧化物或者卤化物等；改性剂含量过高，可能会减小吸附剂比表面积和减弱吸附反应；改性剂含量过低，对提升吸附剂性能又不够高效，因此合适的改性剂含量是吸附剂的重要参数。煅烧不但会影响载体结构，还会影响改性剂的组分及比例；同时，吸附剂也会有一个最佳的反应温度。

（1）以矿物质为载体的吸附剂

某 600MW 燃煤电厂进行的现场采样实验中，以醋酸钙和介孔二氧化硅制备的钙基吸附剂表现优异，其具有良好的表面结构和 Hg^{2+} 亲和力；该吸附剂在纯氮气和模拟烟气中均有良好的汞选择性吸附能力，可将烟气中的 Hg^{2+} 全部截留；工业实验中，SCR＋ESP＋WFGD 的组合达到了很高的除汞效率，为 88.54％。

以孢粉石（Pal）为载体开发了几种改性吸附剂。实验发现，除汞过程中物理吸附和化学吸附并存，化学吸附起主要作用；在 20℃ 的纯 N_2 环境，$CuCl_2$ 和 $CuBr_2$ 改性的吸附剂的脱汞率分别为 90.9％ 和 95.2％，其他吸附剂的脱汞效率＞80％；在 8％ 的 O_2 环境可分别提高 6.6％ 和 1.9％；在 50ppm HCl 环境可分别提高 2.8％ 和 2.1％；由于 SO_2 和 NO 具有还原性，与 Hg^0 竞争活性位点，对汞去除有一定的负面影响。

应用 S、$FeCl_3$ 和 $CaBr_2$ 对三种矿物吸附剂（沸石、膨润土和硅藻土）进行改性，制备了一系列吸附剂。实验发现，在 120～200℃ 之间，改性矿物吸附剂脱汞率达 85％，可与含硫 AC 结果相媲美；膨润土中丰富的 TiO_2、Fe_2O_3 和 Al_2O_3，有利于汞的非均相氧化，其吸附剂氧化程度最高；单质硫浸渍的沸石吸附剂，在 120～150℃ 获得了最佳的脱汞率。

利用浸法以粉煤灰为载体，以硝酸钴和硝酸铁为改性剂，制备了一批吸附剂。分析结果表明，9％Co-FA 吸附剂，140℃ 时，脱除效率最大接近 100％；Mn(2)-Fe(3)-FA 在 120℃，空间速率为 $34000h^{-1}$ 时，脱除效率最大接近 98％。

（2）生物质活性炭类吸附剂

生物炭是一种活性炭，主要由物质的热解产生。生物质资源（主要是农业和森林残留物）具有价格低、灰分低、可再生、低污染等优点，是生物炭生产的最佳选择。与煤炭资源相比，大部分生物质是植物，具有纤维结构。因此，在热解过程中，更容易形成丰富的孔隙结构。生物炭的主要成分是碳，表面还含有硫、氮、氧等元素，具有丰富的孔结构和较大的比表面积。碳（C）元素没有极性，且具有疏水性，因此生物炭具有这些特性，很容易被氧化或还原，从而在其表面产生更多的化学官能团。生物炭具有较高的化学稳定性和良好的生物相容性，常用于催化、分离和吸附材料等。因此，上述讨论的生物炭的结构特征和各种优势支持人们开发生物炭用于燃煤火力发电厂的汞排放控制。

尽管如此，生物质产品的直接热解较少形成生物炭中的孔隙结构，层次结构与平衡的宏观/中观和微孔在 Hg^0 物理吸附过程中起着至关重要的作用。为了达到足够的 Hg^0 吸附水平,使用了多种孔隙活化剂(如 KOH、H_2PO_3、NaOH),尽管孔隙活化过程需要较高的加载成本和复杂的准备步骤。最重要的是,除了过度使用浸渍剂造成环境污染外,该工艺不利于大直径孔隙结构的形成。

蒸汽活化法已被广泛用于高温制备 AC($\geqslant 700℃$)。水蒸气存在时的蒸汽活化可以极大地改善生物活性炭的物理结构,同时对各种有毒污染物具有很强的亲和力。此外,水蒸气会使 SBET 升高,使平均孔径(nm)减小,这有利于 Hg^0 的吸附过程。桑枝生物炭的元素汞吸附效率在蒸汽活化后得到了显著提高,尽管汞的去除机制主要由化学吸附/氧化过程控制。各种表面改性剂,如硫化物、卤化物、金属和金属氧化物、碱和酸,可用于增强生物炭的 Hg^0 化学吸附/氧化效率。在这些活化剂/改性剂中,金属和金属氧化物可以在高温和还原环境下有效催化和氧化 Hg^0。

表面载 ZnO 的 AC(玉米秸秆、竹粉、木屑)吸附剂,在 130℃ 时,气相吸附仅占 7% 左右;H_2S 存在时极大地提高了脱汞率;ZnO 在 H_2S 存在的条件下催化 Hg^0 生成 HgS;而羰基的 C═O 基团在反应后变为 C—O。

$ZnCl_2$ 负载玉米芯活性炭(CCAC)的脱汞吸附剂在 150℃ 时,对 SFG 的除汞率高达 91.4%;$ZnCl_2$ 能活化碳的微孔结构,对汞元素的去除有重要作用;较 H_2SO_4 和 H_3PO_4,$ZnCl_2$ 是去除单质汞的最佳催化剂;较低浓度的 SO_2、NO 和 H_2O 更有利于汞的去除,CO_2 和高浓度的 SO_2、NO、H_2O 对去除 Hg^0 有抑制作用;Cl 在去除汞的过程中有重要作用,锌含量与除汞效率之间也存在正相关关系。

NH_4Br 改性马尾藻炭制备的吸附剂,提高热解温度、反应温度、加载值、O_2 浓度和 NO 浓度有利于 Hg^0 的去除;低浓度的 SO_2 和 H_2O 有利于 Hg^0 的去除,高浓度的 SO_2 和 H_2O 对 Hg^0 的去除有抑制作用;C—Br 和 C═O 共价基团在 Hg^0 去除中起主导作用。

虽然针对元素汞的吸附剂得到了突飞猛进的发展,但是还面临着吸附效率和经济性不能共同兼备的问题。诸如,贵金属改性的吸附剂,虽然热稳定性好,可再生,且脱汞率高,但是制造成本大;又如,生物质、飞灰类吸附剂,虽然制造成本低,但是耗量大,热稳定性差。针对以上问题,本项目组从经济性和高效性出发,以 Fe、Co、Mn 改性氧化铝制备吸附剂,并进行脱汞机理分析,为工业生产和同行学者提供参考。

活性炭因其良好的孔结构、较大的比表面积、较强的吸附能力和较高的机械强度，在化学工业中得到了广泛应用，尤其是在煤气化（合成气）中作为脱汞剂。一般认为，活性炭除汞主要以物理吸附为主，化学吸附为辅。这主要是因为单质汞具有较高的挥发性，与活性炭表面接触的活性位点较少，导致活性炭对汞的去除能力较差。考虑到活性炭本身是一种多孔含碳催化剂，项目组研究了活性炭在模拟气体中的孔结构对元素汞的吸附和去除作用，并研究了添加 H_2S 和 O_2 时活性炭（AC）对 Hg^0 的去除效率。研究结果表明，在模拟气体气氛中，当活性炭粒径小于 0.25mm 时，Hg^0 的去除效率随粒径的减小而降低；当活性炭粒径大于 0.55mm 时，Hg^0 的去除效率随粒径的增大而降低。根据 BET 分析，活性炭的比表面积较大，随着其微孔和中孔体积的增大，活性炭的吸附和脱汞能力显著提高。在 H_2S 和 O_2 存在的情况下，活性炭的脱汞效率从 20％提高到 76％，可能的反应如下：

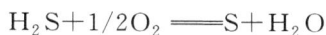

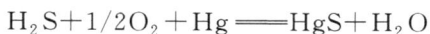

$$H_2S + 1/2O_2 \Longrightarrow S + H_2O$$
$$S + Hg \Longrightarrow HgS$$
$$H_2S + 1/2O_2 + Hg \Longrightarrow HgS + H_2O$$

同时，在 120℃时，活性炭对汞的吸附量随温度的升高而降低。由锰改性活性焦制备的用于从气体中去除 Hg^0 的 Mn/AC 催化剂研究表明，在 200℃时，Mn/AC 对 Hg^0 的去除率可达 84.3％。H_2S 通过吸附在催化剂表面并提供活性吸附位点，表现出较好的促进作用，显著提高了 Mn/AC 催化剂的除汞能力。CO 和 H_2 抑制了 Mn/AC 对汞的去除。在高温下，Mn/AC 催化剂对 Hg^0 的去除能力略有下降。活性炭脱汞剂是最有前途的固体吸附剂。活性炭本身对 Hg^0 的吸附主要是物理吸附。改性活性炭显著提高了其汞去除能力，但由于活性炭本身再生能力弱，热稳定性差，只能在低温条件下去除气体中的汞。在这种情况下，需要较大的碳汞（C/Hg）质量比（3000∶1～18000∶1）才能去除 90％的汞，从合成气中每千克汞的成本在 110000 美元到 150000 美元之间。因此，探索和开发低成本、有效的活性炭替代品以消除合成气中的 Hg^0 至关重要。

（3）金属氧化物对 Hg^0 吸附的改性

① 贵金属。

目前，贵金属改性吸附剂具有良好的 Hg^0 去除能力、高温再生能力以及对环境无二次污染等优点。项目组研究了四种合金（Pd、Au、Ag、Cu）对 Hg^0 的吸附去除效果，结果表明，在 Pd 中添加少量过渡金属可以改善 Pd 的表面结构，从而提高 Hg^0 的吸附和去除能力。此外，还比较了贵金属和非贵金属催化剂在模拟气体环境中的汞去除性能，结果表明，贵金属催化剂（Ir、Pt、Pd）比非贵金属催化剂（Cu、Zn、Co）具有更好的 Hg^0 去除活性。随着温度从 204℃升高到 307℃，催化剂对 Hg^0 的去除能力显著降低。同时，项目组对 Ir、Pt、Pd 等贵金属吸附剂进行了改性，以 Al_2O_3 为载体，结果表明，Pd/Al_2O_3 催化剂比其他改性催化剂具有更好的脱汞性能。

为了进一步研究负载型贵金属吸附剂的脱汞性能，项目组对比了 Pd/Al_2O_3 和 Pt/Al_2O_3 催化剂的性能表现。结果表明，在 204～388℃的模拟气体中，Pd/Al_2O_3 和 Pt/Al_2O_3 对 Hg^0 的吸附量随温度的升高而降低。Pt 和 Pd 负载量的增加提高了催化剂对 Hg^0 的去除能力。吸附前后的 XRD 光谱表明，汞在贵金属表面形成了汞齐，提高了 Hg^0 的去除活性。

然而，研究还表明，贵金属在酸性环境下的吸附/再生性能较差。通过深入研究气体中 H_2S 对 Pd/Al_2O_3 催化剂上 Hg^0 吸附和去除的影响，结果表明，H_2S 降低了 Pd/Al_2O_3 催化剂的 Hg^0 去除能力，主要是因为 H_2S 被催化剂氧化成 S 和 S^{4+}。因此，在酸性气氛下，负载型贵金属吸附剂性能不足，资金成本高，阻碍了其大规模应用。

② 过渡金属。

过渡金属氧化物改性已被证明是一种廉价且非常有效的方法，可以提高吸附剂对 Hg^0 的吸附能力。最近，部分学者研究了过渡金属氧化物，如 MnO_x、CuO_x、FeO_x、CoO_x 等，以去除元素汞。发现具有不同价态的金属氧化物能够在低氧化态和高氧化态之间形成氧化还原循环，将 Hg^0 转化为 Hg^{2+}。锰是一种典型的过渡金属，具有较高的氧化效率和持久性。氧化锰（MnO_x）主要用于不同空气污染物的催化氧化过程，例如 NO 和 SO_2。此外，MnO_x 对 Hg^0 有很高的氧化倾向。Scala 和 Cimino 开发了 Mn 基吸附剂，并研究发现，由于 Mn^{4+} 活性中心的存在，MnO_x 基催化剂具有较高的 Hg^0 氧化能力。Mn-Ce 改性生物炭可以积极改善烟气中元素汞的氧化和吸附。大量研究表明，由于铜氧化物在低温下具有较高的稳定性和去除 Hg^0 的催化活性，因此它是一种很有前景的 Hg^0 捕集材料。

CuO_x 催化剂在反应温度较低和烟气中存在 HCl 的气氛下表现出优异的 Hg^0 去除性能。此外，即使在烟气中低负荷情况下，CuO_x 改性也可以提高催化剂的 Hg^0 去除效率。氧化钴（CoO_x）显示出长时间的活性，对 CO、NO 和 VOCs 的氧化能力很高。CoO_x 还具有良好的 Hg^0 去除效率，其特殊的氧

化还原电位为 Co^{2+}/Co^{3+}。载钴飞灰材料（Co/FA），用于在实验室规模的固定床反应器中去除 Hg^0，结果表明，在 80℃时，Co/FA 对 Hg^0 的去除率有显著提高。Hg^0 的去除性能主要归因于 Hg^0 的氧化，因为 Co_3O_4 在飞灰表面的高度分散，显示出钴的高氧化还原电位。

氧化铁（$Fe_3O_4/\gamma\text{-}Fe_2O_3$）因其高 SBET 和超顺磁特性而成为许多学者的选择。此外，氧化铁通常用于催化吸附/氧化各种气体污染物。氧化铁改性吸附剂对不同的空气污染物表现出优异的吸附性能。类似地，富含 $Fe(NO_3)_3$ 的生物炭显示出超磁性，并具有优良的 Hg^0 去除性能，约 96% 来自模拟合成气。此外，该吸附剂的可再生特性使其成为汞去除的可回收材料。

在以上研究的基础上，本项目组进一步设计并搭建了模拟煤气脱汞实验测试系统，对温度、载气、吸附剂等对汞元素吸附脱除的特性进行了实验研究。通过 BET、TG、XRD 等检测，对吸附剂吸附汞元素实验取样并进行理论分析，获得吸附实验过程和吸附效率等研究成果。同时开发了各种 HgO 控制技术，包括湿式氧化、催化氧化、光催化氧化、等离子体去除、光化学去除和吸附剂注入等方法。通过超细煤颗粒气化在大型工业装置上的试验研究，项目组积累了一定 IGFC 技术的工程经验，并且摸索出了超细煤颗粒气化实现工业运行、提高气化效率的技术路径，在工业气化装置上进行了超细煤颗粒气化的试验，为我国首次在同类装置上进行，取得了较为成功的经验；采用煤粒度分布小于 $40\mu m$ 所占比例均在 70% 以上、中位粒径均小于 $40\mu m$ 的煤粉颗粒进行工业装置运行试验，在 72h 运行时间内，碳转化率分析结果达到 98% 以上，冷煤气效率大于 82%，运行指标优秀，形成了技术先进的干煤粉气化方式与经验。

5.6.3　氧化法脱汞技术

氧化法脱除 Hg^0，主要是通过氧化还原反应将 Hg^0 氧化为 Hg^{2+}，然后 Hg^{2+} 溶解在后端的 WFGD 脱硫浆液中，从而将 Hg^0 从烟气中脱除。氧化法包括传统氧化法、高级氧化法和催化氧化法。

（1）传统氧化法

H_2O_2 是传统的氧化剂，H_2O_2 的分解可以产生·OH 等多种活性含氧基团。这些含氧基团可以将 Hg^0 氧化为 Hg^{2+}。向 H_2O_2 添加 Fe^{2+}、Cu^{2+}、Mn^{2+} 等金属离子配成芬顿试剂和类芬顿试剂，可以使 H_2O_2 分解产生更多的含氧基团，提高 Hg^0 的氧化率[43]。将 $NaClO_2$ 喷入烟道内，在高温条件下 $NaClO_2$ 分解为 ClO、Cl 和 Cl_2 等活性氯物质。这些活性氯物质可以促进 Hg^0 的氧化[44]。酸性 $KMnO_4$ 溶液作为安大略法的吸收剂，可以直接将 Hg^0 氧化为 Hg^{2+}，并将汞元素固定在吸收液中[45]。美国环境保护署也将酸性 $KMnO_4$ 溶液作为分离纯化气态汞的吸收液。Zhao 等[46] 研究结果认为，H^+ 的加入可以提高 $KMnO_4$ 的氧化还原电位，而反应过程生成的 Mn^{2+} 可以继续催化反应的进行。因此，酸性 $KMnO_4$ 溶液是较好的 Hg^0 氧化剂。

（2）高级氧化法

等离子氧化法是常用的高级氧化法之一。等离子体的产生可以分为热源产生和非热源产生两种。Zhang 等[47,48] 使用 Cl_2 或者 O_2 处理活性炭，通过非热源产生 $\cdot Cl$、$\cdot O$ 和 $\cdot OH$ 等离子基团。使用等离子体负载过的活性炭来处理烟气中的 Hg^0，Hg^0 可以与活性炭表面的离子基团发生反应，从而附着在活性炭表面。因此等离子氧化法可以较好地吸附 Hg^0。光催化氧化技术是利用光和催化剂或者氧化剂产生较强的氧化物质，这些氧化物质将 Hg^0 氧化为 Hg^{2+}，使得 Hg^0 从烟气中脱除。光催化氧化过程中，最常用的催化剂是 TiO_2 基催化剂，光源多为紫外光（UV）[49]。光催化氧化法脱除烟气中的 Hg^0 分为两步：首先，电子填充轨道（electron-filled valence band，VB）中的电子（e^-）受到紫外光的激发，获得能量进入空轨道（vacant conduction band，CB），在电子填充轨道留下一个电子空穴（h^+）。随后，受到激发的电子被 H_2O 分子捕获，生成 $\cdot OH$ 等活性基团。活性基团与 Hg^0 发生氧化反应，生成 Hg^{2+}[50]。但是，纯 TiO_2 催化剂只能被紫外光激发。为了提高催化剂的光催化氧化活性，Ce、Ag、Al、Cu 等金属氧化物被填充到 TiO_2 催化剂中[51]。

（3）催化氧化法

催化氧化法是指当燃煤烟气经过催化剂时，烟气中的 Hg^0 在催化剂表面被 O_2 氧化，生成 HgO 的过程。Hg^0 的氧化过程涉及的催化剂类型主要有三种：贵金属催化剂、SCR 催化剂和过渡金属催化剂。下面对三种催化剂进行介绍。

① 贵金属催化剂。

Pd、Au、Pt 和 Ag 等贵金属元素可以催化氧化 Hg^0，其中 Pd 和 Au 的氧化效果最好。根据 Presto 等[52] 的研究结果，新鲜的 Pd 催化剂对 Hg^0 的氧化效率可以达到 95%。经过 3 个月的使用后，Hg^0 的氧化效率仍有 85%；经过 20 个月的使用后，Hg^0 的氧化效率还可以达到 65%。Pd 催化剂不仅催化活性较高，同时耐用性较好。Au 催化剂可以吸附燃煤烟气中的 Hg^0，生成汞齐，然后在催化剂表面，Hg^0 被 Au 元素催化氧化，生成 Hg^{2+}[53]。Presto 等[52] 的实验结果表明，在不同的烟气条件下，Au 催化剂并未表现出失活的迹象。因此，Au 元素同样表现出较高的催化活性和较好的耐用性。

② SCR 催化剂。

选择性催化还原技术，也称为 SCR 技术，是指将还原剂喷入烟气中，在催化剂的催化作用下，烟气中的 NO_x 被还原剂还原为 N_2 的技术。NH_3 是最常用的还原剂，同时 NH_3-SCR 过程也被广泛研究。SCR 技术是目前应用最多的烟气脱硝技术。有研究表明，SCR 催化剂同时具有催化氧化 Hg^0 的能力，且 SCR 催化剂脱汞要比活性炭吸附法经济有效[54]。然而，SCR 催化剂对 Hg^0 的氧化作用，与燃烧的煤种密切相关。如果煤中氯元素含量较高，则 SCR 催化剂可以较好地催化氧化 Hg^0，氧化效率最高可以达到 98%；如果煤中氯元素含量不高，SCR 催化剂催化氧化 Hg^0 效率不到 20%[55]。Li 等[56] 研究了 MnO_x-CeO_2/TiO_2 低温 SCR 催化剂对 Hg^0 的氧化作用。研究表明，在 200～250℃温度范围内，模拟燃煤烟气条件下 MnO_x-CeO_2/TiO_2 催化剂对 Hg^0 的氧化可以达到 90% 以上。

③ 过渡金属催化剂。

为了改善 SCR 催化剂脱汞性能的不足，一些学者研究了过渡金属氧化物对 Hg^0 的催化氧化作用。Yamaguchi 等[57] 在文章中指出，纳米 CuO 催化剂在 150℃、2ppm HCl 条件下，Hg^0 的氧化效率达到 80%。随着温度降低到 90℃，Hg^0 的氧化效率进一步提高。Liu 等[58] 的实验证实，7.5%（质量分数）Co/TiO_2 催化剂，在 120～330℃条件下，具有高达 90% 的 Hg^0 氧化效率。并且指出，O_2 在 Hg^0 氧化为 Hg^{2+} 的过程中，具有不可替代的作用。Li 等[59] 研究了 Hg^0 在 CeO_2/TiO_2 催化剂表面的氧化过程。实验结果表明，Ce/Ti 质量比为 1～2 时，在 150～250℃条件下，可以很好地促进 Hg^0 的催化氧化。这主要是与催化剂表面较多的铈元素和氧元素有关。

5.7　小结

煤气净化技术是一种关键的环保技术，旨在降低煤气中污染物的含量，减少对环境和人体健康的危害。随着工业化进程的加速和能源需求的增长，煤炭的利用日益广泛，但同时也带来了煤炭燃烧产生的大量污染物排放问题。

在煤气净化技术中，首要任务是对煤气中的硫化物、一氧化碳、汞、颗粒物等污染物进行有效去除。其中，常用的方法包括物理吸附、化学吸收、催化氧化等技术。另外，煤气净化技术还包括对煤气中的颗粒物进行过滤和捕集，以减少颗粒物对大气环境和人体健康的影响。这些技术不仅能够有效减少煤气排放中的污染物含量，还可以提高煤气利用的效率，减少资源浪费。在实际应用中，煤气净化技术需要综合考虑各种因素，包括煤种特性、燃烧工艺、排放标准等，以选择合适的净化方法和设备。此外，还需要对净化设备进行定期维护和管理，确保其稳定运行和净化效果。

总的来说，煤气净化技术在解决煤炭利用过程中的环境污染问题具有重要意义。通过有效降低煤气排放中的污染物含量，可以改善空气质量，保护生态环境，同时也为人类健康提供更可靠的保障。随着技术的不断创新和应用的推广，煤气净化技术将在环保领域发挥越来越重要的作用，为可持续发展做出更大的贡献。

参考文献

[1] Montero-Montoya R, Lòpez-Vargas R, Arellano-Aguilar O. Volatile organic compounds in air: Sources, distribution, exposure and associated illnesses in children [J]. Annals of global health, 2018, 84 (2): 225.

[2] Gonfa M T, Shen S, Chen L, et al. Research progress on the heterogeneous photocatalytic selective oxidation of benzene to phenol [J]. Chinese Journal of Catalysis, 2023, 49: 16-41.

[3] Van Der Waarde J, Van Der Werf A, Henssen M, et al. Performance and characterisation of a membrane biological air filter for space applications [M] //Biotechnology for the Environment: Wastewater Treatment and Modeling, Waste Gas Handling. Dordrecht: Springer Netherlands, 2003: 231-237.

[4] Fiedler N, Kipen H, Ohman-Strickland P, et al. Sensory and cognitive effects of acute exposure to hydrogen sulfide [J]. Environmental Health Perspectives, 2008, 116 (1): 78-85.

[5] Huang A, Jin Y, He S, et al. Effects of exogenous hydrogen sulfide on sepsis-induced oxidative stress in myocardial mitochondrial [J]. Int. J. Clin. Exp. Med., 2017, 10 (1): 367-375.

[6] Whiteman M, Winyard P G. Hydrogen sulfide and inflammation: The good, the bad, the ugly and the promising [J]. Expert Review of Clinical Pharmacology, 2011, 4 (1): 13-32.

[7] Li A J, Pal V K, Kannan K. A review of environmental occurrence, toxicity, biotransformation and biomonitoring of volatile organic compounds [J]. Environmental Chemistry and Ecotoxicology,

2021, 3: 91-116.

［8］ Guo H, Lee S C, Chan L Y, et al. Risk assessment of exposure to volatile organic compounds in different indoor environments [J]. Environmental Research, 2004, 94 (1): 57-66.

［9］ Yuan B, Shao M, De Gouw J, et al. Volatile organic compounds (VOCs) in urban air: How chemistry affects the interpretation of positive matrix factorization (PMF) analysis [J]. Journal of Geophysical Research: Atmospheres, 2012, 117 (D24).

［10］ Li N, Sioutas C, Cho A, et al. Ultrafine particulate pollutants induce oxidative stress and mito-chondrial damage [J]. Environmental Health Perspectives, 2003, 111 (4): 455-460.

［11］ Brook R D, Rajagopalan S, Pope C A, et al. Particulate matter air pollution and cardiovascular disease: An update to the scientific statement from the American Heart Association [J]. Circula-tion, 2010, 121 (21): 2331-2378.

［12］ Mukherjee S, Singla V, Pandithurai G, et al. Seasonal variability in chemical composition and source apportionment of sub-micron aerosol over a high altitude site in Western Ghats, India [J]. Atmospheric Environment, 2018, 180: 79-92.

［13］ Pui W K, Yusoff R, Aroua M K. A review on activated carbon adsorption for volatile organic compounds (VOCs) [J]. Reviews in Chemical Engineering, 2019, 35 (5): 649-668.

［14］ Yao J, Liao Y, Ji F, et al. Removal of hydrogen sulfide in biogas using biofilter with Polyure-thane foam as filter material [J]. Environmental Technology, 2018, 39 (12): 1562-1570.

［15］ Zhou Q, Liang H, Yang S, et al. The removal of hydrogen sulfide from biogas in a microaerobic biotrickling filter using polypropylene carrier as packing material [J]. Applied Biochemistry and Biotechnology, 2015, 175: 3763-3777.

［16］ He C, Cheng J, Zhang X, et al. Recent advances in the catalytic oxidation of volatile organic compounds: A review based on pollutant sorts and sources [J]. Chemical Reviews, 2019, 119 (7): 4471-4568.

［17］ Xu D, Tree D R, Lewis R S. The effects of syngas impurities on syngas fermentation to liquid fu-els [J]. Biomass and Bioenergy, 2011, 35 (7): 2690-2696.

［18］ Kostúr K, Laciak M, Durdan M. Some influences of underground coal gasification on the environ-ment [J]. Sustainability, 2018, 10 (5): 1512.

［19］ Lee S, Kim J, Tahmasebi A, et al. Comprehensive technical review of the high-efficiency low-emission technology in advanced coal-fired power plants [J]. Reviews in Chemical Engineering, 2023, 39 (3): 363-386.

［20］ 王辅臣. 煤气化技术在中国: 回顾与展望 [J]. 洁净煤技术, 2021, 27 (2): 1-33.

［21］ 单忠健, 叶立贞. 中国煤炭工业百科全书: 加工利用·环保卷 [M]. 北京: 煤炭工业出版社, 1999.

［22］ 姜耀东, 张博, 宋梅, 等. 煤炭清洁高效利用与中国的碳减排战略 [C] //2015 第四届国际清洁能源论坛, 2015.

［23］ 韦俊贤, 杨文彪. 我国炼焦工业的成就及展望 [C] //中国炼焦行业协会. 中国炼焦行业协会第三届二次理事会资料汇编与论文集, 2002: 44-53.

［24］ 艾文. 首批 42 项国家鼓励的循环经济技术, 工艺和设备公布 [J]. 工程机械, 2012, 43

(8)：67.

[25] 王辅臣. 煤气化技术在中国：回顾与展望 [J]. 洁净煤技术，2019，25 (2)：1-11.

[26] Bian J, Zhang Q, Min X, et al. Modified clinoptilolite catalysts for seawater flue gas desulfurization application：Preparation, characterization and kinetic evaluation [J]. Process Safety and Environmental Protection, 2016, 101：117-123.

[27] Li Y, Yi H, Tang X, et al. Study on the performance of simultaneous desulfurization and denitrification of Fe_3O_4-TiO_2 composites [J]. Chemical Engineering Journal, 2016, 304：89-97.

[28] Chen Z, Dong H, Yu H, et al. In-situ electrochemical flue gas desulfurization via carbon black-based gas diffusion electrodes：Performance, kinetics and mechanism [J]. Chemical Engineering Journal, 2017, 307：553-561.

[29] Hu Z, Jiang E, Ma X. Numerical simulation on operating parameters of SNCR process in a municipal solid waste incinerator [J]. Fuel, 2019, 245：160-173.

[30] Ye B, Lee M, Jeong B, et al. Partially reduced graphene oxide as a support of Mn-Ce/TiO_2 catalyst for selective catalytic reduction of NO_x with NH_3 [J]. Catalysis Today, 2019, 328：300-306.

[31] Li Y, Loh B C, Matsushima N, et al. Chain reaction mechanism by NO_x in SO_2 removal process [J]. Energy & Fuels, 2002, 16 (1)：155-160.

[32] Oh K J, Min B M, Kim S S, et al. Simultaneous absorption of carbon dioxide, sulfur dioxide, and nitrogen dioxide into aqueous 1, 8-diamino-p-menthane [J]. Korean Journal of Chemical Engineering, 2011, 28：1754-1760.

[33] 徐建华. 硫碳共脱技术的研究进展 [J]. 煤炭科学技术，2013 (5)：1-5.

[34] 李华. 溶剂法脱除烟气中 SO_2、NO_x 的基础研究 [D]. 郑州：郑州大学，2002.

[35] Zhao Y, Hao R, Wang T, et al. Follow-up research for integrative process of pre-oxidation and post-absorption cleaning flue gas：Absorption of NO_2, NO and SO_2 [J]. Chemical Engineering Journal, 2015, 273：55-65.

[36] Jin H, Liu P, Li Z. Energy-efficient process intensification for post-combustion CO_2 capture：A modeling approach [J]. Energy, 2018, 158：471-483.

[37] Liu X, Bae J. Urbanization and industrialization impact of CO_2 emissions in China [J]. Journal of Cleaner Production, 2018, 172：178-186.

[38] Sowiżdżał A, Starczewska M, Papiernik B. Future technology mix-enhanced geothermal system (EGS) and carbon capture, utilization, and storage (CCUS) -An overview of selected projects as an example for future investments in poland [J]. Energies, 2022, 15 (10)：3505.

[39] Benhelal E, Shamsaei E, Rashid M I. Challenges against CO_2 abatement strategies in cement industry：A review [J]. Journal of Environmental Sciences, 2021, 104：84-101.

[40] Zhang Z, Borhani T N, Olabi A G. Status and perspective of CO_2 absorption process [J]. Energy, 2020, 205：118057.

[41] 孙烨，王兴旺，楚海强，等. 二氧化碳脱除技术研究综述 [J]. 辽宁化工，2023，52 (6)：884-887.

[42] 高慧，杨艳，刘知鑫. 二氧化碳大规模脱除与利用技术综述 [J]. 世界石油工业，2021，28

（6）：42-52.

[43]　李彩亭，彭敦亮，范春贞，等．Fenton 氧化法同时脱硫脱硝的实验研究 [J]．环境工程学报，2013，7（3）：1059-1064.

[44]　Byun Y，Ko K B，Cho M，et al. Reaction pathways of NO oxidation by sodium chlorite powder [J]. Environ. Sci. Technol.，2009，43（13）：5054-5059.

[45]　Kellie S，Duan Y，Cao Y，et al. Mercury emissions from a 100MW wall-fired boiler as measured by semicontinuous mercury monitor and ontario hydro method [J]. Fuel Process Technol.，2004，85（6）：487-499.

[46]　Zhao L，Rochelle G T. Hg absorption in aqueous permanganate [J]. AIChE J.，1996，42（12）.

[47]　Zhang B，Xu P，Qiu Y，et al. Increasing oxygen functional groups of activated carbon with non-thermal plasma to enhance mercury removal efficiency for flue gases [J]. Chem. Eng. J.，2015，263：1-8.

[48]　Zhang B，Zeng X，Xu P，et al. Using the novel method of nonthermal plasma to add Cl active sites on activated carbon for removal of mercury from flue gas [J]. Environ. Sci. Technol.，2016，50（21）：11837-11843.

[49]　蒋展鹏，杨宏伟．环境工程学 [M]．3 版．北京：高等教育出版社，2013.

[50]　Wu C Y，Lee T G，Tyree G，et al. Capture of mercury in combustion systems by in situ generated titania particles with UV irradiation [J]. Environ. Eng. Sci.，1998，15（2）：137-148.

[51]　Balasundaram K，Sharma M. Technology for mercury removal from flue gas of coal based thermal power plants：A comprehensive review [J]. Crit. Rev. Environ. Sci. Technol.，2019，49（18）：1700-1736.

[52]　Presto A A，Granite E J. Noble metal catalysts for mercury oxidation in utility flue gas [J]. Platinum. Met. Rev.，2008，52（3）：144-154.

[53]　Zhao Y，Mann M D，Pavlish J H，et al. Application of gold catalyst for mercury oxidation by chlorine [J]. Environ. Sci. Technol.，2006，40（5）：1603-1608.

[54]　Kamata H，Ueno S I，Naito T，et al. Mercury oxidation over the V_2O_5（WO_3）/TiO_2 commercial SCR catalyst [J]. Ind. Eng. Chem. Res.，2008，47（21）：8136-8141.

[55]　He S，Zhou J，Zhu Y，et al. Mercury oxidation over a vanadia-based selective catalytic reduction catalyst [J]. Energy Fuels，2009，23（1）：253-259.

[56]　Li H，Wu C Y，Li Y，et al. Superior activity of MnO_x-CeO_2/TiO_2 catalyst for catalytic oxidation of elemental mercury at low flue gas temperatures [J]. Appl. Catal.：B，2012，111-112：381-388.

[57]　Yamaguchi A，Akiho H，Ito S. Mercury oxidation by copper oxides in combustion flue gases [J]. Powder Technol.，2008，180（1）：222-226.

[58]　Liu Y，Wang Y，Wang H，et al. Catalytic oxidation of gas-phase mercury over Co/TiO_2 catalysts prepared by sol-gel method [J]. Catal. Commun.，2011，12（14）：1291-1294.

[59]　Li H，Wu C Y，Li Y，et al. CeO_2-TiO_2 catalysts for catalytic oxidation of elemental mercury in low-rank coal combustion flue gas [J]. Environ. Sci. Technol.，2011，45（17）：7394-7400.

第 6 章

煤气化发电技术

6.1 概述

6.1.1 洁净煤技术发展方向

洁净煤技术又称清洁煤技术（clean coal technology，CCT），主要是指从煤炭开采直至利用整个过程中，通过加工、燃烧、转化以及污染控制等技术对煤炭生产利用的各个环节进行科学化、环保化处理，进而降低煤炭在开采与利用过程中对自然生态环境的负面影响的技术（不包括开采部分）[1]，其主要技术方向见表 6-1。根据煤炭利用过程，可简要分为前端的煤炭加工与净化技术，中端的煤炭燃烧、转化、污染物控制技术和后端的废弃物处理、碳减排及综合利用技术 3 大类[2]。

表 6-1 洁净煤技术分类

技术类型	子项主要技术
煤炭加工与净化	选煤、洗煤、型煤、水煤浆、配煤技术
煤炭高效清洁燃烧技术	循环流化床燃烧、加压流化床燃烧、粉煤燃烧、超临界发电、超超临界发电、整体煤气化联合循环（IGCC）、整体煤气化燃料电池联合循环（IGFC）、富氧燃烧
煤炭转化与合成技术	气化、液化、氢燃料电池、煤化工、煤制烯烃、分质分级转化技术
污染物控制技术	工业锅炉和窑炉、烟气净化、脱硫、脱硝、除尘、颗粒物控制、汞排放
废弃物处理技术	粉煤灰、煤矸石、煤层气、矿井水、煤泥
碳减排技术	碳捕获、利用和埋存（CCUS）技术
综合利用技术	多联产技术

根据国家统计局数据显示，2022 年我国煤炭消费总量达到 54.1 亿吨标准煤，占能源消费总量的 56.2％。燃煤发电在我国电力结构中具有重要基础地

位，预计到 2030 年燃煤发电占比仍将达到约 50%。由此可见煤炭在能源总消费中的主导地位仍不可动摇，煤炭的高效、清洁使用仍然是我国能源和化工领域的重大课题。

6.1.2　洁净煤技术发展态势

自 20 世纪 70 年代中期出现世界性石油危机后，洁净煤技术研究、开发和应用成了各国政府可持续发展和能源安全的战略研究重点。各发达国家在开发、制定和执行洁净煤技术开发应用程序上通常分为两个层次，即近期与长远相结合，发展常规技术和发展高新技术相结合，同时启动分期完成。常规的应用技术中有煤的洗选燃烧利用技术，高新应用技术是以煤气化为龙头，合成各种燃料油和化工产品，以及煤直接液化、新型煤气化发电等工艺[3]。

（1）国外煤炭清洁利用情况

在国外，煤炭资源的主要用途为燃煤发电，美国、欧洲、日本、澳大利亚等发达国家和地区均高度重视清洁燃煤发电技术的开发与示范，特别是先进燃煤发电技术及 CO_2 减排技术成为研究的热点[4]。

美国在洁净煤技术研究和开发上，注重节能使用与清洁燃烧技术并举，20世纪 80 年代初，美国德鲁·李维斯和加拿大威廉姆·戴维斯最早提出"清洁煤技术"；1990 年美国颁布《空气洁净法补充条款》，这些措施的实施迫使小煤矿关停，同时促使燃烧充分、污染排放少的燃煤机组的发展。

从 1986 年美国启动洁净煤计划以来，共投资 52 亿美元，选定实施了 38项技术，其中有 4 项是煤的洁净燃料加工技术：配煤燃烧专家系统、先进煤精制、温和气化、煤制液体甲醇/二甲醚技术，4 个项目总投资 4.3181 亿美元；但是 38 个项目中，发电技术占总投资的 55%，主要原因可能还是与美国的高能耗有关，并且电能是洁净能源，一次污染可在电厂集中处理，成本相对低廉[3]。

2003 年，美国创建世界上第一座清洁燃煤、零排放的示范电厂——未来型电厂，应用整体煤气化联合循环发电技术（IGCC），达到将 CO_2 排放物分离的目的，再利用收集技术，实现燃煤发电无污染，并带动发展氢能经济。

美国在煤种适应性强、大型化、温度压力高、混合性好的煤气化技术方面也有明显的优势，开发的气流床单台炉加煤量达 3200t/d，流化床单台炉加煤量达 4000t/d，两种床型的混合性较强，并有进一步提高温度和压力的潜力[5]。

2015 年美国政府在《清洁能源计划中》提出到 2030 年，美国发电厂 CO_2 排放比 2005 年降低 32% 以上的指标。美国 Liquid Light 公司开发出通过催化电化学的方法以 CO_2 为原料生产乙二醇的技术。该方法制得的乙二醇生产成本预计可降至 125 美元，远远低于传统以石油和天然气生产乙二醇的成本 600 美元[6]。CO_2 催化电化生产乙二醇技术如果可以实现工业化，将会是乙二醇生产技术的一次革新，也将为近零排放煤炭利用系统提供新的 CO_2 减排方法。

但是美国没有商业化的煤液化技术，直到 2005 年，由于飓风对美国原油炼制装置的严重破坏造成了能源供应中断，美国才重启了煤液化技术的研发。据美国能源部规划预测，到 2040 年，煤液化油将满足美国 27% 的燃油需求[7]。

日本的能源消费总量居世界第四，能源进口居世界第二，仅次于美国。多年来日本一直致力于煤的气化、液化技术方面的研究[8,9]。2018 年，日本制定第 5 次能源基本计划，第一次提出要大力发展清洁高效的火电技术，逐渐淘汰掉效率低下的燃煤发电技术，通过更新燃煤设备，达成提升发电效率的目的，到 2030 年，以高效火电技术为基础的发电效率要提高到 44.3%。煤炭清洁利用技术重点放在提高燃烧效率上，如流化床燃烧、烟道气净化技术以及煤气化燃料电池系统（IGFC）等清洁高效的新一代发电技术等，成为主要研究热点。

欧共体国家正在研究开发的项目有煤气化联合循环发电（IGCC）技术，煤和生物质及废弃物联合气化（或燃烧）技术，循环流化床燃烧技术，固体燃料气化与燃料电池联合循环技术等。

受俄乌战争导致天然气供应中断的影响，为应对能源危机，英国时隔 30 年重新批准新建煤矿，欧盟多国相继重新启动此前一度计划淘汰的煤炭发电来应对俄气供应减少。由此可见，燃煤发电在未来一段时期内仍将处于相对重要的地位，如何实现煤炭清洁利用成为各国低碳减排的重要途径。

（2）国内煤炭清洁利用情况

我国针对煤炭的热效率和气体排放开展了很多关于煤炭清洁利用的工作。随着国家宏观发展战略的转变，洁净煤技术作为可持续发展和实现两个根本转变的战略措施之一，得到政府的大力支持。

我国在 1997 年印发的《中国洁净煤技术"九五"计划和 2010 年发展纲要》是最早的促进中国洁净煤技术发展的指导性文件。"十一五"期间，洁净煤技术被列入国家高技术研究发展计划（863 计划），成为能源技术领域主题之一。进入"十三五"以来，我国颁布了《煤炭工业发展"十三五"规划》《关于促进煤炭安全绿色开发和清洁高效利用的意见》《煤炭清洁高效利用行动计划（2015—2020 年）》《国家能源局关于印发〈煤炭深加工产业示范"十三五"规划〉的通知》等一系列政策文件。

此外，2016 年，国家发展和改革委员会与国家能源局联合发布《能源技术革命创新行动计划（2016—2030 年）》，具体给出了面向 2030 年煤炭开采和清洁利用等相关技术的发展路线图。同时，煤炭清洁高效利用已被列入我国科技创新 2030 重大工程和项目。

2021 年 9 月，习近平总书记在榆林视察时发表重要讲话，提出"煤炭作为我国主体能源，要按照绿色低碳的发展方向，对标实现碳达峰、碳中和目标任务，立足国情、控制总量、兜住底线，有序减量替代，推进煤炭消费转型升级"。与此同时，煤炭清洁高效利用被列入国家"十四五"节能减排重点工程，专项再贷款额度达 3000 亿元。

我国的清洁煤利用技术在四个领域——煤炭加工、煤炭高效洁净燃烧、煤炭转化、污染排放控制，进行了长期自主研发，结合引进技术，自主创新并建设了一大批示范工程，有效地促进了我国洁净煤技术的发展和应用，很多方面已领先于国际水平。我国已拥有可工业化的煤气化、煤制油、煤制烯烃、煤制乙二醇技术，并取得了可靠的工程经验，为未来实现煤基多联产技术奠定了良好的产业基础，并且中国煤液化技术的产业化领先于美国。

我国开发的干粉气流床气化技术虽然生产规模、碳转化率和效率等指标与美国的干粉煤气化技术存在着较为明显的差距，但中国研制的多喷嘴对置水煤浆气化技术，单台炉加煤量可达 3000t/d，已超过美国通用汽车公司（GE）的水煤浆气化技术，同时在碳转化率、冷煤气效率和有效气含量等指标上与美国通用公司技术相当[5]。

作为世界上唯一同时掌握百万吨级煤间接液化和直接液化两种煤制油技术的国家，我国目前煤制油年产能已超 900 万吨，相当于辽河油田一年的原油产量。产能最大的为 2013 年国家能源集团宁夏煤业建成的 400 万吨/年煤制油项目，另外内蒙古鄂尔多斯 16 万吨/年煤炭间接液化示范装置、内蒙古伊泰杭锦旗 120 万吨/年和山西潞安 100 万吨/年两个百万吨煤炭间接液化项目也相继建成。与此同时，我国"煤制油"的直接液化技术也取得新突破——在内蒙古鄂尔多斯建成全球首个 100 万吨/年煤直接液化项目基础上，2022 年，国家能源集团自主研发的"煤直接液化二代技术"通过验收，可设计、建设单系列 200 万吨/年煤直接液化装置，达到国际领先水平。

截至 2022 年底，国内煤制烯烃（CTO/MTO/MTP）总产能 1692 万吨，配套甲醇总产能 3177 万吨。煤制乙二醇总产能 2519.5 万吨/年。2023 年以来，随着市场需求回暖，乙二醇产能继续扩大。截至 2023 年 6 月，我国乙二醇产能约 2747.5 万吨/年，较 2022 年增加 228 万吨/年，乙二醇产能呈现高速增长态势。但是随着"双碳"目标政策的不断推进，叠加国内新增产能持续释放，我国乙二醇行业正逐步进入挤压进口和淘汰落后产能的阶段。

由于煤液化油品的全生命周期 CO_2 排放量约是传统的石油炼制油品的两倍，导致煤液化油品在碳排放约束时期竞争力不足。近年来，随着洁净煤技术的快速发展，我国发展了多种新型燃煤发电技术，如整体煤气化联合发电技术（IGCC）[10]、超超临界发电技术[11]、煤电与光伏储能联动等[12]，已经实现了对硫化物和氮化物的有效控制与减排，但由于 CO_2 排放浓度低，捕集成本过高，仍很难解决燃煤导致的 CO_2 排放问题[13,14]。

6.1.3　我国洁净煤技术的发展思路与目标

在"碳中和"情景下，我国的发电技术面临着低碳化的压力，未来势必进一步向清洁高效的方向倾斜。根据 IEA 发布的《2022 年二氧化碳排放报告》，我国的二氧化碳排放量为 1147700 万吨，占全球排放量的 31.2%。煤炭全年消费量占全世界消费量的 54.8%，其中煤炭发电量全年 58531.3 亿千瓦时，占我国发电总量的 69.8%。煤电的碳排放成为最主要的碳排放来源，占我国碳排放总量的 37%。在可再生能源占比大幅上升的背景下，传统的煤炭电力仍然要保持较大的比例，一方面满足我国日益增长的廉价电力需求，另一方面也需要为电网提供足够的基载负荷。在可再生能源占比大幅上升的同时，我国去年煤炭发电量仍然增长了 2.1%。国网能源研究院《中国能源电力发展展望 2019》预测，至 2030 年，我国的电力需求将在现在的水平上增长 50%。因此，以煤为源头的发电技术在未来仍然长期占有一席之地。但是在新的形势下，煤电面临着新的挑战。

"双碳"目标下，要有效降低煤炭碳排放，可以从煤炭的开发、利用和转化三方面入手。首先，从源头上降低开采的能耗；之后，一方面大幅提升单位煤炭的能源产出，即大幅提升煤炭利用效率，使煤炭消费总量减少；另一方面依靠大幅降低煤炭转化利用过程中的碳排放，实施碳捕集、利用与封存。

（1）积极探索煤炭的绿色智能开发

煤炭的智能绿色开发要在智能开采和绿色开采两方面实现关键技术突破，

进而解决井下环境复杂，智能感知、协同控制可靠性低；能耗高（吨煤能耗 7 公斤标煤）；煤矿主产区严重缺水，生态环境脆弱；煤炭开采引起地表沉陷、地面塌陷和裂缝，导致矿区地下水位大范围和大幅度疏降等生态退化问题。实现降低吨煤能耗、减少煤矿数量和人员成本等问题，使矿区塌陷得到生态修复，加强固碳能力。

（2）有序引进煤炭清洁高效发电技术

整体煤气化联合循环（IGCC）是目前已被验证的、能够大型化的煤气化发电技术，可实现高供电效率、污染物与 CO_2 近零排放、灵活调峰等。IGFC 是将 IGCC 与高温燃料电池相结合的发电系统，可在 IGCC 的基础上进一步提高煤气化发电效率，降低 CO_2 捕集成本，同时实现 CO_2 及污染物近零排放，是煤炭发电的根本性变革技术。

IGFC 实现了煤基发电由物理发电向化学发电的技术跨越，突破卡诺循环效率限制，发电效率从目前的 $40\% \sim 45\%$ 提高到 $50\% \sim 75\%$。同时，有利于 CO_2 的富集和污染物的控制，大大降低了 CO_2 的捕集成本，预测 CO_2 排放可控制在 $500g/kW \cdot h$ 以下。

（3）推广煤炭的清洁高效转化系统

固体氧化物燃料电池（solid oxide fuel cells，SOFC）是将燃料中的化学能直接转化为电能的一类电化学装置。与传统的火力发电技术相比，SOFC 发电技术极大地降低了化石燃料在能量转换中的能量损失，一次电转化效率可以达到 $50\% \sim 60\%$，与汽轮机联动后电转化效率可达到 $70\% \sim 80\%$，比传统燃煤发电的效率提高一倍以上。单位发电量所需燃料减少一半以上，CO_2 排放量大幅降低。

针对我国以煤为主的能源资源禀赋条件，发展煤基/碳基 SOFC 系统具有广阔的前景，通过整合煤炭气化、蒸汽轮机发电和燃料电池发电技术，可大幅度提高煤炭利用效率。此外，煤炭中各类杂质在煤的气化环节得以清除，在此基础上可以发展氢分离技术和 CO_2 捕获和回收技术，真正实现煤炭的高效、清洁、低碳转化利用。

（4）煤基能源与碳捕集技术有机结合

二氧化碳捕集、利用与封存技术（CCUS）是指将 CO_2 从工业或者能源生产相关源中分离出来，加以地质、化工或生物利用，或输送到适宜的场地封存，使 CO_2 与大气长期隔离的技术组合。

国际上 CCUS 被视为实现净零排放的"兜底"技术，在中国 CCUS 是能源行业，尤其是煤炭行业低碳化发展的紧迫需求。需要中高浓度与低浓度捕集兼顾，集群式封存（含地质利用）与分布式固碳利用相统筹，加快能源行业CCUS 自主创新技术研发、实施 CCUS 集群规模化示范工程、实现 CCUS 超前应用和大规模部署。

洁净煤技术是中国减煤减碳的关键。联合国工业发展组织指出，高碳能源低碳利用的洁净煤技术，到 2050 年，对中国碳减排的贡献率可达 77.5%。近年来我国在散煤治理，煤炭、钢铁行业超低排放改造与现代煤化工等煤炭清洁化利用方面取得新进展。

积极发展先进的、颠覆性的煤炭转化与利用技术，大力推进面向 2035 年的洁净煤技术创新，有利于提升我国煤炭企业和行业的科技竞争力，实现我国煤炭工业的高质量发展，形成引领世界的煤炭清洁高效转化与利用新兴产业，推动我国构建绿色低碳、安全高效的现代能源体系，支撑能源革命和能源强国建设。

6.2 IGCC

IGCC（integrated gasification combined cycle）即整体煤气化联合循环发电系统，是以煤为燃料，经过气化炉煤气化过程，产生合成气（主要成分为CO、H_2），经净化过程处理得到净煤气，净煤气进入燃气轮机燃烧驱动燃气轮机，燃气轮机的高温排气在余热锅炉中换热产生蒸汽驱动汽轮机，实现燃气-蒸汽联合循环集成的洁净煤发电技术[15-17]。IGCC 是一种将煤气化技术、煤气净化技术与高效的联合循环发电技术相结合的先进动力系统，它在获得高循环发电效率的同时，解决了燃煤污染排放控制的问题，并且与未来二氧化碳近零排放、氢能经济长远可持续发展目标相兼容，是洁净煤发电技术最重要的发展方向之一。

6.2.1 IGCC 系统组成

IGCC 发电系统第一部分的主要设备有气化炉、空分装置、煤气净化设备（包括硫的回收装置）；第二部分的主要设备有燃气轮机发电系统、余热锅炉、蒸汽轮机发电系统。其中最为核心的技术是煤气化技术和燃气轮机技术[18]。

IGCC 的基本工艺流程图如图 6-1 所示。其实际过程是：向气化炉中喷入煤粉（或水煤浆）、水蒸气和来自空气分离器的富氧气化剂，在高压（2～

3MPa）条件下产生中低热值的合成粗煤气（CO＋H_2）；然后经净化系统将粗煤气中的灰分和含硫杂质（主要是 COS 和 H_2S）除去；净化煤气作为燃料在燃烧室点燃，生成的高温高压燃气进入燃气轮机中膨胀做功，发电并驱动压气机。压气机输出的压缩空气一部分进入燃气轮机燃烧室作为燃烧所需空气，一部分经空气分离器制得富氧气体。燃气轮机的排气进入低循环，在余热锅炉内将给水加热成蒸汽，并送入蒸汽轮机内做功发电。

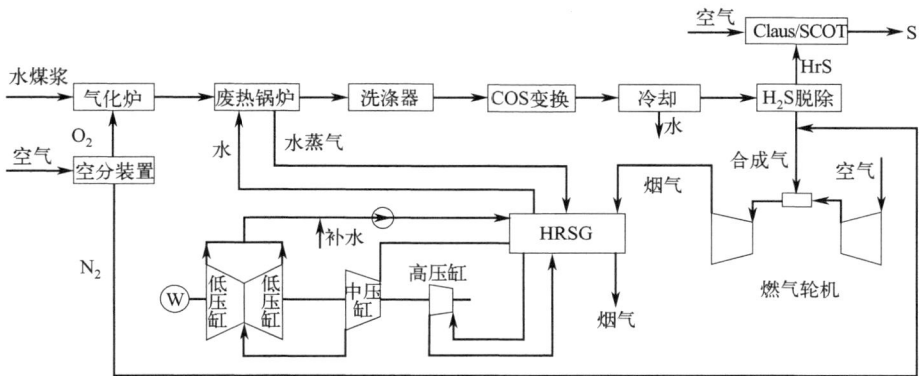

图 6-1　IGCC 系统工艺流程图

从总体上来说，一套完整的 IGCC 系统应该包括以下三大部分：①气化部分。包括气化炉、进料系统、粗煤气显热回收及净化系统。②动力系统。包括燃用清洁煤气的燃气蒸汽联合循环发电机组。③空分部分。在需要纯氧作为气化剂时的深度冷冻制氧空气分离系统。

从联合循环的形式上来看，IGCC 属于非补燃余热锅炉型联合循环，简单地说，它是利用煤的气化和净化设备，将煤转化为干净的可燃煤气，从而在高效且比较成熟的燃气-蒸汽联合循环中使用，以实现煤的洁净发电。总体上看，IGCC 较好地实现了煤中化学能的洁净转化，并通过联合循环实现了能量的高效梯级利用。

6.2.2　IGCC 工艺流程

IGCC 通过煤的气化和净化可以将煤转化为干净的可燃煤气，然后产生蒸汽发电，但 IGCC 技术目前还不能大幅的减少 CO_2 的排放，可以通过增加 CO_2 捕集装置，对原有的 IGCC 系统进行优化。例如，Descamps 等[19] 在基础 IGCC 系统气化流程的下游添加了转换装置，将净化后的燃料气送入了该转换装置（主要为在水蒸气的作用下将含碳气体更高比例地转化为 CO_2），进而实现燃烧前碳捕集，同时将转化过程中所释放的能量以水/水蒸气为载体送入余热锅炉。华能集团建成了世界上首个 10 万吨/年的基于 IGCC 的燃烧前二氧化碳捕集示范装置，捕集系统的单位能耗为 1.907GJ/t CO_2，捕集后 CO_2 干基浓度为 98.11%（体积分数），CO_2 回收率为 91.61%，捕集成本为 164.3 元/吨 CO_2；指标达到国际领先水平。集成 CO_2 捕集系统后，IGCC 供电效率的降低幅度可小于 8 个百分点，捕集能耗 1.5GJ/t CO_2。流程如图 6-2 所示。

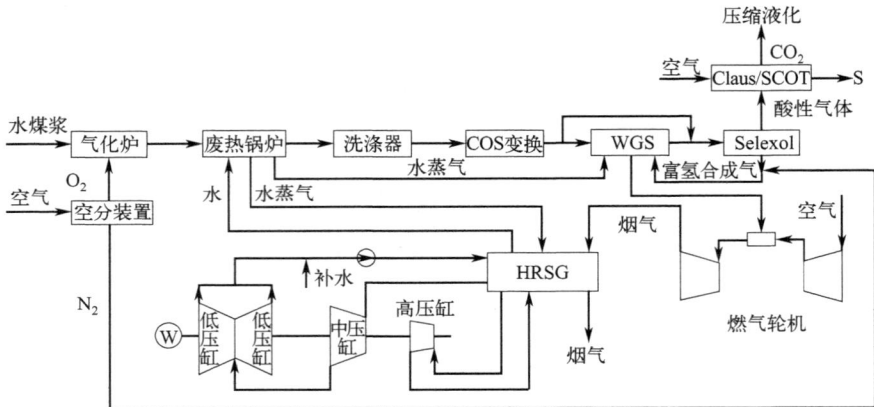

图 6-2　带 CO_2 燃烧前捕集的 IGCC 系统流程图

　　IGCC 用于热电联产：IGCC 系统的蒸汽轮机排气部分与常规燃煤机组一样，直接通入凝汽器会造成较大的冷端余能损失。采用抽气的方式来驱动吸收式热泵回收乏汽余能，不仅能够保留其灵活性，还可大大降低冷端余能损失，实现能量的梯级利用[20]，系统结构如图 6-3 所示。

　　多电耦合 IGCC 发电系统：在"双碳"目标之下，将 IGCC 与其他清洁、可再生能源进行耦合应用是 IGCC 系统的重要发展方向之一。IGCC 多能耦合发电系统主要包括将新能源电力嵌入、新能源热嵌入以及储能技术嵌入。杨承等[21] 通过对 IGCC 中燃汽轮机冷热电联产系统分析建模，将太阳能储热系统与 IGCC 系统进行耦合，结果指出该方法能够有效改善系统运行性能。常见的多电耦合方式如图 6-4 所示。

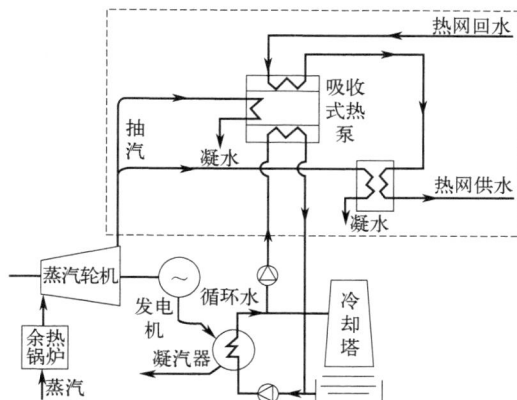

图 6-3　回收乏汽余热的 IGCC 热电联产系统

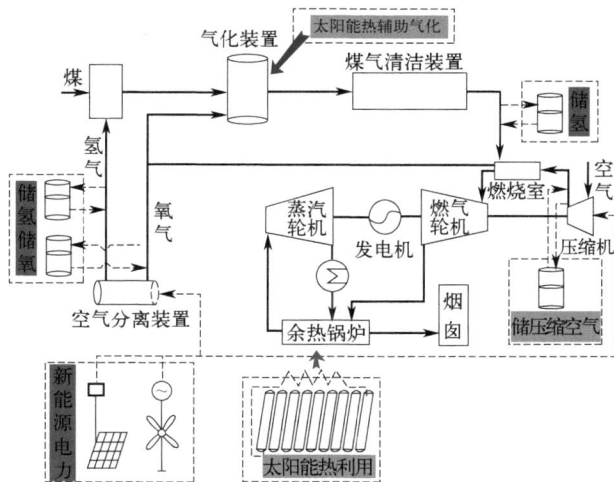

图 6-4　多电耦合 IGCC 热电联产系统

6.2.3　IGCC 关键技术工艺及特点

IGCC 多联产项目由多个单元相互集成为一个整体，系统依赖度高，对装置稳定性、可靠性要求高。

（1）IGCC核心技术

煤气化作为IGCC的核心技术，在采用不同的操作状态和流程方案时，带来的经济效益及有效气的组成也会有所不同，黄习兵[22]对比了粉煤和水煤浆气化技术方案（表6-2），得出粉煤激冷流程的煤气化技术工艺成熟，运行业绩多，环保效果好，可有效保障装置运行的稳定性，是对IGCC多联产项目适用性较优的煤气化技术。

表 6-2　粉煤和水煤浆气化方案对比

单元	粉煤方案	水煤浆方案
工艺装置		
煤气化	产有效气 32 万 m^3/h；3 台 2000t/d 气化炉（3 开热备），单炉检修时可保证装置 85% 的负荷生产	产有效气 32.8 万 m^3/h；3 台 2500t/d 气化炉（2 开 1 备）
净化	设计处理有效气 32 万 m^3/h	设计处理有效气 32.8 万 m^3/h
空分	设置 2 系列，单系列产氧 5.5 万 m^3/h	设置 2 系列，单系列产氧 7.0 万 m^3/h
硫回收	设置 2 系列，单系列 1.1 万 t/a	设置 2 系列，单系列 1.25 万 t/a
热电中心		
燃气轮机	配置 E 级燃机，额定发电量 126MW；设置 1 台	配置 E 级燃机，额定发电量 126MW；设置 1 台
余热锅炉	与燃气配套	与燃气配套
燃气锅炉	2 台 410t/h 高压锅炉	2 台 410t/h 高压锅炉
蒸汽轮机	3 台 40MW 抽背式汽轮发电机组	3 台 40MW 抽背式汽轮发电机组
除氧系统	锅炉给水 1250t/h	锅炉给水 1250t/h
燃煤锅炉	3 台 440t/h 高压锅炉	3 台 440t/h 高压锅炉
脱盐水站	7×250m^3/h	7×250m^3/h
公辅设施		
煤储运	2 座 10 万 t 级圆形料场	2 座 10 万 t 级圆形料场
循环水站	31500m^3/h	49500m^3/h
其他	配套	配套
主要指标		
总投资/万元	454419	450167
建设投资/万元	428450	422750
净利润/（万元/a）	29680	16495
内部收益率(税后)/%	10.60	7.04
投资回收期(税后)/a	9.12	10.99

燃气-蒸汽联合循环系统作为IGCC项目的另外一项核心技术，与常规燃

气蒸汽联合循环电厂相类似，但燃气轮机及其联合循环要用于 IGCC 必须面对的问题是：由于煤种的不同或气化方案的不同带来的燃料变化，合成气热值低，所包含的成分也很复杂、多变等情况；王霄楠[23] 对现有某 F 级燃机进行建模，通过模拟计算发现：碳氢比降低有利于合成气在燃气轮机的燃烧，当碳氢比由 3.5 下降到 1.25，排烟温度由 1374K 上升到 1420K 时，NO_x 排放量也会随之上升。因此碳氢比的降低虽然能提高燃机效率，但会提高 NO_x 的排放，因此碳氢比要慎重选择。另外，合成气有效成分由 70% 上升到 90%，可以提高燃烧效率，同时燃烧室出口温度也由 1322K 上升到 1363K，NO_x 的排放量有所上升，虽然提高了燃气轮机的效率，但不利于污染物排放的控制，也不利于燃烧室的保护。因此实际燃机运行过程中要综合选定合成气有效成分，兼顾燃机效率与 NO_x 排放。

GE 公司最新开发的 "H" 系列燃机，可用于 IGCC 电站。IGCC 电站的机组容量主要取决于燃气轮机的单机容量，目前世界上的燃气轮机的单机容量为 220～250MW（烧天然气时），组成的联合循环容量为 350～390MW。当燃用合成气时，功率增加 15%～20%。因此燃用合成气的 IGCC 单套容量最大可达 485MW，扣除厂用电后，净功率为 350～400MW。

（2） IGCC 技术特点

① 效率高。与传统发电相比，IGCC 的效率更高，百万千瓦超临界发电效率在 47.8% 左右，IGCC 发电能达到 64%。

② 燃料广泛。IGCC 可以根据煤种的不同选择不同的气化形式来满足要求，可以适合从无烟煤到褐煤的各煤种，比燃煤锅炉可适用的煤种多，尤其是灰熔点较低的煤种。

③ 对环境的污染小。IGCC 在合成气进燃气轮机之前进行除尘和脱硫，能脱除煤炭中 99% 的硫，粉尘排放低于 $100mg/Nm^3$；采用氮气回注的方式，可以使 NO_x 排放低于 25ppm，由于 IGCC 系统的热效率较高，与同容量常规火力发电厂相比煤耗低，相应的也能减少 CO_2 的排放；但是目前的技术要达到 CO_2 大量减少，还需要在燃烧前增设 CO_2 分离和捕集装置，而且气化后合成气压力较高，脱除 CO_2 比烟气中更容易。

④ 可实现多联产与多联供。气化产生的合成气除用于发电外，还可以用于合成甲醇、合成氨、制氢或其他化学品；也可以与无污染、可再生的发电系统耦合，提高整个系统的发电效率和性能。

⑤ 用水少。IGCC 中，燃气轮机发电占整个发电系统的 60%，蒸汽发电

占 40%，所以相对常规的火力发电厂，IGCC 的用水量大大减少。

6.2.4 IGCC 行业现状

实践证明 IGCC 技术是一种可行、先进、无污染的洁净煤发电技术[24,25]，具有效率高、环保性能极好、耗水量少、碳捕集成本低等优点，因此一度受到多个国家的青睐。

（1） IGCC 国外现状

IGCC 既能实现煤基多联产，又能像天然气一样高效、清洁发电，是国际能源领域战略必争的核心技术，美、欧、日等国家（地区）在此方面投入了大量资金。

世界上第 1 个完整的 IGCC 示范电站是 1984 年在美国加州建成的 Cool Water 100MW IGCC 示范电站，该示范电站验证了 IGCC 技术路线的可行性，标志着 IGCC 技术已经成熟。随后在 20 世纪 90 年代全球先后建设了 4 座商业化运行的以煤为原料的 IGCC 电站，其中美国 2 座，荷兰和西班牙各 1 座。进入 21 世纪后，日本、美国均新建了 1 座 IGCC 商业化运行的示范电站。这些商业化运行的 IGCC 资料[26] 见表 6-3 所示。

表 6-3　各国商业化运行 IGCC 电站对比

国家	荷兰	美国	美国	西班牙	日本	美国
电站	Nuon Buggenum	Wabash River	TECO Tampa	Puertollano	Nakoso	DUKE Edward
投运时间	1994.1	1995.10	1996.9	1997.12	2007.9	2013.6
净功率/MW	253	265	250	300	218.75	618
净效率（LHV）/%	43	40	42	43	42.4	42
气化炉型	Shell	E-gas	Texaco	Prenflo	MHI	GE
气化炉规模/(t/d)	2000	2500	2250	2640	1700	5000
气化炉台数	1	2	1	1	1	2
燃机型号	Siemens V94.2	GE7FA	GE7FA	Siemens V94.3	Mitsushshi M701DA	GE7FB
燃机出力/MW	156	198	192	190	124.2	236X2
汽机出力/MW	125	104	121	145	125.8	326

荷兰 Nuon Buggenum 电厂利用完全整体化空分系统，即从燃气轮机压气

机中抽出 1.1MPa 的压缩空气供高压空分设备使用，抽气量大约为压气机空气流量的 16%，V 型燃气轮机，出力占比 55.5%[27]。

美国 Wabash River 电厂采用完全独立的低压空分系统，两段式水煤浆气化，F 型燃气轮机，燃机出力 65.6%。美国 Tampa 电厂采用独立的高压空分系统，Texaco 水煤浆气化，F 型燃气轮机，出力占比 61.3%。

西班牙 Puertollano 电厂，采用完全整体化空分系统，德国 KruppKoppers 公司开发的 Prenflo 气化技术，燃料为 50% 当地高灰分劣质煤和 50% 高硫石油焦，V 型燃气轮机，出力占比 57.2%。

日本勿来电厂干煤粉进料，气化炉采用水冷壁形式，气化温度和冷煤气效率较高，碳转化率以及合成气的有效成分也较高。日本勿来电厂的空分规模只有同容量下纯氧气化炉空分设备容量的 20%～25%，规模较小，供给 $3.54 \times 10^4 \mathrm{m}^3/\mathrm{h}$（标准状态下）的氮气，作为惰性压缩气体用来传送煤粉。空分得到的氧气掺混到空气中，向气化炉供应富氧空气，验证了空气气化 IGCC 的可靠性。

美国 DUKE Edward 电厂的 IGCC 是第一个采用 GE 标准化 IGCC 概念设计的商业电厂。这次电厂的建设吸收了 Tampa IGCC 电厂的设计经验，在空分、整体化控制、蒸汽轮机、合成气辐射式冷却器、燃气轮机方面进行了重点改进，特别是在空分和燃气轮机的系统集成方面采用了氮气侧全集成、空气侧部分集成方案，这也是世界上第一次把空分部分整体化的概念应用于工程实际。在设计过程中没有把名义上的高效率作为主要的追求目标，而是提高了全厂可用率、环保指标的设计优先等级，全厂可用率目标为 85%，可用率和环保指标在世界上已经投运的 IGCC 电站中处于领先水平。采用 GE 辐射废锅气化技术，有效减少了煤耗，降低了 CO_2 及其他污染物的排放[28,29]。

除美国 DUKE Edward 电厂的 IGCC 采用标准化建设，建成了世界上规模最大的煤气化清洁发电装置，在可用率、环保指标方面居于世界领先水平外，其他几套装置主要以技术示范为目的，以发电为首要目标。展望未来，IGCC 可以向多联产、多原料方向发展：一是优化组合 IGCC 的气化技术与发电技术，以气化为龙头可以拓展为供煤气、供原料气、生产甲醇等化工品，以动力为龙头可以拓展为供电、供热、供冷等；二是结合炼油、化工企业的生产特点，将难以处理的渣油、沥青和石油焦作为廉价燃料供气化炉使用，既能合理地处理这些物料，又能降低发电成本，从而实现可持续发展和循环经济[30]。

（2）IGCC 国内现状

我国 IGCC 的研究和建设起步较晚。在国外的 IGCC 示范电站已经开始运行后，我国才开始筹建一批 IGCC 示范项目。

2004 年华能集团提出"绿色煤电"计划，计划的总体目标为研究开发与示范推广基于 IGCC，以煤气化制氢、氢气轮机联合循环发电和燃料电池发电为重，并进行 CO_2 分离和处理的煤基能源系统；大幅度提高煤炭发电效率，实现污染物和 CO_2 近零排放目的；掌握核心技术、支撑技术和系统集成技术，形成具有自主知识产权的绿色煤炭发电技术；使其在经济上可接受，并逐步推广应用，实现煤电的可持续发展[12]。

华能"绿色煤电"项目天津 IGCC 煤气化发电为中国第一座自主设计和建造的 IGCC 电厂。利用华能清洁能源技术研究院自主知识产权的 2000t/d 级两段式干煤粉加压气化炉，净化部分采用干法除尘，2012 年 11 月投运，净发电功率 266MW，净发电效率 41%，西门子 E 型燃气轮机，燃机出力 173MW，汽机出力 93MW，燃机出力占比 65%。

2016 年华能"绿色煤电"建成带有 CO_2 捕集的 400MW 级示范装置；目的是建立 400MW 级大规模煤制氢、燃料电池发电、氢气燃气轮机联合循环发电和 CO_2 分离技术等绿色煤电示范工程，完成系统与关键设备的设计集成化[13,14]；完善能源转化中高效和近零排放的技术，提高经济性，为大规模商业化做好准备。

"十一五"期间，我国 863 计划重大项目资助了三个 IGCC 项目，分别为华电集团筹建的浙江半山 200MW IGCC 发电示范工程、华能集团筹建的绿色煤电天津 250MW IGCC 电站、东莞电化筹建的东莞电化太阳洲 800MW IGCC 工程。除此之外，还有一批发电企业也在筹建自己的 IGCC 电站，比如中国电网筹建的烟台 IGCC 示范电站、中电投筹建的中电投廊坊 IGCC 热电厂工程、神华集团筹建的内蒙古 IGCC 煤电化多联产项目等。但大部分筹建的 IGCC 项目都半途而废，只有华能集团的天津绿色煤电 IGCC 电站建成并投产。

IGCC 除用于煤的清洁转化外，还用于炼油乙烯项目。国内已进入商业运行的 IGCC 装置有中国石化福建炼油乙烯项目 IGCC 装置。中国石化福建炼油乙烯项目 IGCC 装置在国内首先采用了 IGCC 多联产技术，装置原料为上游炼油装置产生的脱油沥青，向整个炼化一体化项目供应电力、所有等级蒸汽和 40% 的氢气（80000m³/h），同时供给整个炼厂的氮气，并外售惰性气体氩气[31]。

（3） IGCC 存在的问题及发展趋势

在一批 IGCC 电站商业化运行后，IGCC 电站暴露出了系统复杂、可靠性较低、造价高等问题，尤其是其投资是同等规模的超超临界燃煤机组的 3 倍，极大地打击了 IGCC 的投资热情。但是 IGCC 结合燃前碳捕集技术，在低碳化方面有着较大的优势，IGCC 可以以较低的成本实现碳捕集（即燃前碳捕集系统），其碳捕集成本远低于常规燃煤电站，结合了碳捕集技术，IGCC 发电的竞争力明显上升。随着我国煤化工技术的不断发展，空分、煤气化等化工岛的主要设备、材料均已实现完全国产化，IGCC 的化工岛的建设成本不断下降。另外，IGCC 与氢能路线非常契合，可以副产蓝氢，也可以将可再生能源的绿氢用于联合循环高效发电。通过与氢能技术路线的耦合，可以实现更高的发电灵活性和更好的效益。所以 IGCC 技术仍在不断发展中，今后主要的发展方向包括以下几方面。

① 更高的系统效率。当采用先进燃机（H 级）、干煤粉气化、高压空分与燃气轮机一体化、超临界参数蒸汽底循环以及高效全热回收设计的 IGCC 系统，经过系统集成优化，供电效率可超过 50%。如果耦合可再生能源发电技术，如太阳能、风能等，实现能源的多元利用，供电效率可能还会进一步提高至 55% 以上。而常规超超临界燃煤机组受限于蒸汽参数，供电效率提升空间有限，更高蒸汽参数（700℃）的燃煤机组在材料、结构等关键技术上还存在很大的技术难题。

② 更低的造价。IGCC 投资价格高的一个主要原因是该技术处于商业化前期，各个单元的造价均偏高。随着我国煤化工技术的日益成熟，化工岛的主要设备、材料均已实现完全国产化；而且随着国家对大型装备制造业的大力扶持，我国的燃气轮机技术也在不断突破中，高参数重型燃气轮机有望近年来实现国产化。随着这些单项技术的不断成熟，IGCC 设备成本有望大幅下降。

③ 实现 IGCC 超低排放。在"双碳"目标的指引下，通过碳捕集技术，使用制氧预燃、水煤气变换或其他固碳的方式可实现 IGCC 系统的超低排放。

④ 提高系统的灵活性。以煤气化为基础，以电力生产为核心，将 IGCC 与煤化工、热泵、制氢等技术耦合的多联产系统将是我国以煤为基础的新型能源转化系统技术的重点发展方向之一。

目前，IGCC 电站投资费用较高，国内外研究机构针对大型煤气化技术、净化技术、空气分离技术、燃气轮机技术以及系统集成控制技术已展开联合攻关研究。根据新思界产业研究中心发布的《2022—2027 年中国整体煤气化联合循环（IGCC）发电行业市场深度调研及发展前景预测报告》显示，我国人口规模大、工业规模大，电力资源需求旺盛。为调整能源结构，我国政府大力推动以光伏发电、风力发电为代表的新能源发电产业的发展，但新能源发电易受气候、天气影响，发电稳定性不足，因此火力发电在我国电力系统中仍占据主导地位。根据国家统计局数据显示，2021 年，全国火电发电量达到 58058.7 亿千瓦时，在总发电量中的占比达到 68%。火力发电能耗大、污染大，转型升级是必然趋势。

由于 IGCC 的污染物排放可以达到燃气发电的水平，低于燃煤电站超低排放标准，而且在碳捕集上有很大的成本优势，如果 IGCC 的效率得到进一步提升、造价进一步下降，在全球各国越来越注重环保和碳排放的环境下，IGCC 可能会重新回到清洁发电的赛道。

6.3 IGFC

IGFC（integrated gasification fuel cell）即整体煤气化燃料电池联合循环技术，是以 IGCC 技术为基础，融合煤气化技术与燃料电池发电技术，是 IGCC 技术的延展[32,33]。IGFC 是一种清洁高效的绿色煤电技术，实现了煤基发电由物理发电向化学发电的技术跨越，可在 IGCC 的基础上进一步提高煤气化发电效率，IGFC 有利于 CO_2 的富集和污染物的控制，大大降低了 CO_2 的捕集成本，预测 CO_2 排放可控制在 $500g/kW \cdot h$ 以下。

6.3.1 IGFC 系统组成及工艺流程

IGFC 主要包括煤气化及净化、燃料电池发电、尾气燃烧余热回收三个模块，燃烧得到的 CO_2 和 H_2O 的混合气体可耦合 CO_2 捕集及封存技术、固体氧化物电解池（SOEC）技术等。图 6-5 为 IGFC 系统一般流程图。

IGFC 的一般过程为煤（或天然气、生物质等）经气化生成合成气，热量回收后，合成气进入净化单元脱除硫与粉尘等有害物质，净化后的气体送入高温燃料电池阳极侧，同时阴极侧通入空气，燃料气与氧化气体在电池内发生电化学反应产生电，过程中大部分可燃成分转化为电和热，未转化的可燃成分随电池阳极尾气排出，进入燃烧室进行催化燃烧，全部转化为 CO_2 和 H_2O。该混合气体热量回收并冷凝出 H_2O 后，得到纯度在 90% 以上的 CO_2 气体，可直接捕集封存[34]。燃烧所得混合气体也可用于固体氧化物电解池（SOEC）制氢或合成气，作为能源供给及化工生产原料[35]。

华能集团基于高温燃料电池、煤气化、煤气净化、燃气透平与余热锅炉等

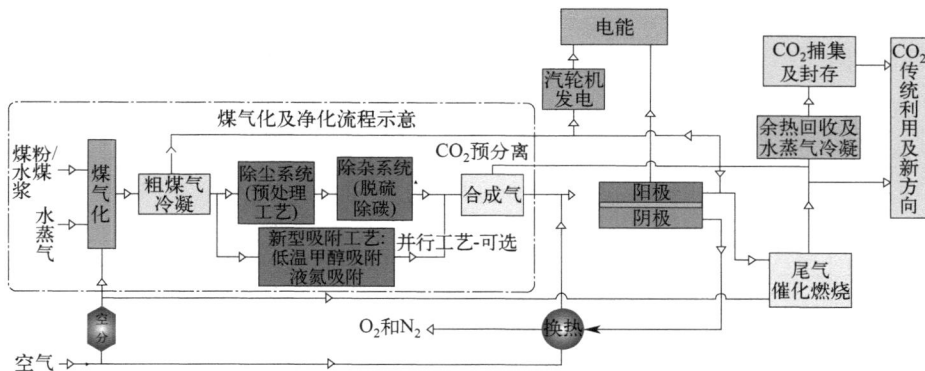

图 6-5　IGFC 系统一般流程

子系统的物质与能量转化特性，研究提出了可准确预测单元部件性能的模拟模型，构建整体煤气化燃料电池（IGFC）系统单元模型和系统整体优化仿真平台，揭示了 IGFC 系统内碳迁移规律与能量转换协同优化机制；设计出百兆瓦级 CO_2 近零排放的 IGFC 系统方案。方案中系统的 CO_2 捕集率达 95.5%，供电效率达 47.7%，编制完成百兆瓦级 CO_2 近零排放的 IGFC 系统工艺包。

北京低碳清洁能源研究院基于 SOFC 模块化发电特性，自主设计和建成了国内首套 CO_2 近零排放的 IGFC 试验示范系统，验证了 IGFC 模块化发电技术路线。IGFC 试验示范系统由煤气化净化工业装置供气，包括 5 套 20kW 级 SOFC 发电模块，连续稳定运行 100 小时以上，系统输入热功率 256.2kW，CO_2 捕集率 98.6%（CO_2 纯度 97.4%），燃料电池系统最大发电功率 101.7kW（图 6-6），燃料电池模块最大发电效率 57.3%，在尾气循环工况下燃料电池系统发电效率可以达到 53.2%，2022 年 9 月 11 日通过了中国石油和化学工业联合会组织的专家现场考核。

6.3.2　IGFC 发电单元

目前 IGFC 发电系统主要包括固体氧化物燃料电池和熔融碳酸盐燃料电池，但是国外研究最多的还是 SOFC。

（1）　SOFC 基本原理

SOFC 是一种在中高温下直接将储存在燃料和氧化剂中的化学能高效地转化为电能的全固态发电装置。它与一般电池不同之处在于，燃料电池的阴、阳

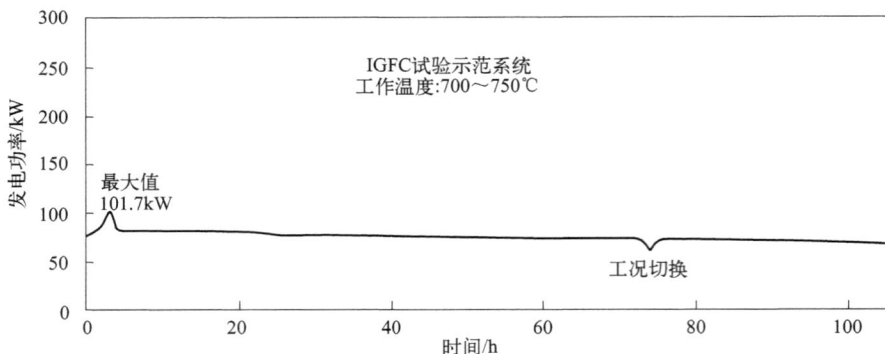

图 6-6　100kW 试验示范系统连续运行曲线（发电功率）

极本身不包含活性物质，只是起催化转换作用。所需燃料（氢或通过甲烷、天然气、煤气、甲醇、乙醇、汽油等石化燃料或生物能源重整制取）和氧（或空气）不断由外界输入，因此燃料电池是名副其实的把化学能转化为电能的装置。SOFC 主要由固体氧化物电解质、阳极（燃料气电极）、阴极（空气电极）和连接体组成。

SOFC 单电池的基本原理为：固体氧化物燃料电池作为电化学装置，把燃料气和氧化性气体（空气）的化学能直接转化为电能。工作原理如图 6-7 所示。在 SOFC 的阳极一侧持续通入燃料气（H_2、CO、CH_4 等），具有催化作用的阳极表面吸附燃料气体，并通过阳极的多孔结构扩散到阳极与电解质的界面。在阴极一侧持续通入氧化剂（空气），具有多孔结构的阴极表面吸附氧，

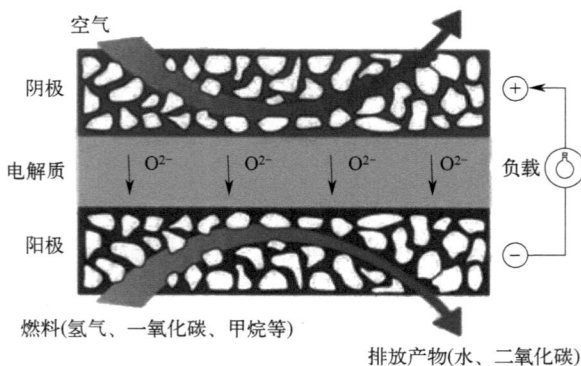

图 6-7　SOFC 单电池基本原理

使 O_2 得到电子变为 O^{2-}，在化学势的作用下，O^{2-} 进入起电解质作用的固体氧离子导体，由于浓度梯度引起扩散，最终到达固体电解质与阳极的界面，与燃料气体发生反应，生成水和电子，失去的电子通过外电路回到阴极，形成电流。

在阴极上，氧分子吸附解离后得到电子被还原成氧离子：

$$O_2 + 4e^- \longrightarrow 2O^{2-}$$

氧离子在电位差和氧浓度差驱动力的作用下，通过电解质中的氧空位向阳极迁移，与燃料（以 H_2 为例）发生氧化反应生成水并释放热量，同时释放电子：

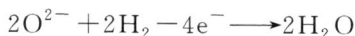

$$2O^{2-} + 2H_2 - 4e^- \longrightarrow 2H_2O$$

电池的总反应为：

$$2H_{2a} + O_{2c} \longrightarrow 2H_2O_a$$

下角标 a、c 分别表示阳极、阴极。

电池堆中除了单电池外，最重要的是串联电池所需的连接板以及能将他们密封在一起的密封材料。

（2）　SOFC 的热力学基础

SOFC 在 $600 \sim 1000℃$ 下工作，处在一个 T、p 一定的环境中。为方便起见，我们先把它看成一个封闭体系。SOFC 这个封闭体系和它所处的环境一起构成了一个大的体系，而这个大的体系可以看成是一个孤立体系。当发生某种变化时，孤立体系的熵一定是增加的，也就是说封闭体系的熵变与环境熵变的总和是大于 0 的，即

$$\Delta S - \frac{Q}{T} \geqslant 0 \tag{6-1}$$

式中，$-Q/T$ 只是环境的熵变化，因为环境从 SOFC 吸收的热量与 SOFC 从环境吸收的热量互为相反数。

对于 SOFC 这一封闭体系，它吸收的热量会小于它自身的熵变化乘以环境的温度，即 $Q \leqslant T\Delta S$。带入热力学第一定律，得到式(6-2)：

$$\Delta U + W \leqslant T\Delta S \tag{6-2}$$

考虑到体系做的功包括了体积功和非体积功，所以上式变形为

$$\Delta U + W + p\Delta V \leqslant T\Delta S \tag{6-3}$$

或者说

$$W \leqslant -(\Delta U + p\Delta V - T\Delta S) \tag{6-4}$$

式中，温度和压强都还是环境中的温度和压强。

对于 SOFC 内部，当它处于稳定运行工况的时候，电池本身、连接板、密封材料、保温材料等其实是不发生变化的（材料衰减所引起的微结构变化不在讨论之列，因为我们现在分析的是能量变化关系）。真正发生变化的是反应气体（燃料、空气等），它们变成了燃烧产物（水蒸气、CO_2）。如果把研究重点放在电堆内部，那么可以把电堆看作高温环境，把反应物、产物一起看作体系，分析其能量得失；如果把研究的重点扩大到 SOFC 系统本身，我们可以把大气看作环境，把低温的燃料和空气以及完全冷却之后进行排放的尾气一起看作体系。在恒温、恒压环境中，体系的温度等于环境的温度，体系的压强等于环境的压强。于是式(6-4)可以变形为：

$$W \leqslant -\Delta(U + pV - TS) \tag{6-5}$$

定义吉布斯自由能函数为：

$$G = U + pV - TS \tag{6-6}$$

则得到：

$$W \leqslant -\Delta G \tag{6-7}$$

也就是说体系所做的非体积功（在 SOFC 技术中代表电功）一定不会大于体系吉布斯自由能的减少值。这就是热力学第二定律对 SOFC 给出的限制。

$|W/\Delta G|$ 为吉布斯自由能的转化效率，它实际上是一个衡量 SOFC 技术水平高低且具有普遍科学意义的参数。但是，由于热机的发展传统，人们习惯于使用 $|W/\Delta H|$ 来评价一个系统的好坏，即燃料的燃烧热中到底有多少可以转化为功。这样一个效率（应称为热效率）实际上是与燃料的种类有关系的。有些燃料可以比较容易地达到较高的热效率，而有些燃料则不容易达到较高的热效率。因此，读者在参阅文献时需要时刻注意到底是讨论的哪个效率，特别是燃烧热还有高热值和低热值之分，也需要弄清楚。

也有人事先确定一个比值 $\Delta G/\Delta H$，称之为热力学效率，其意义是燃料的燃烧热中可以做功的部分，可以对各种燃料进行比较。比如氢气的热力学效率较低，且随着温度的升高而降低，而碳燃料的热力学效率保持，甚至超过 1，且受温度影响较小等。这说明了各种燃料转化效率潜力的挖掘范围，具有积极的意义，但也不能因此就断言氢燃料不如碳燃料，在转化速率方面，氢燃料具有不可动摇的优势。

（3） SOFC 的动力学基础

SOFC 在工作时的速率表现为电流密度（单位 A/cm^2），后文用 j 表示。如该电池没有内阻，则其工作时电池的电压将不会降低。但实际情况是电池工

作时端电压 U 与开路电压（一般情况下等于能斯特电动势 E）有一个较大的差值：

$$\Delta U = E - U \tag{6-8}$$

ΔU 与电流密度 j 的乘积就是单位面积所损耗的功率，体现为电能的减少和热能的增加。电压损耗 ΔU 由欧姆损耗和阴阳极上的极化损耗构成，即：

$$\Delta U = R_j + \eta_a + \eta_c \tag{6-9}$$

式中，R_j 为欧姆损耗，与电流密度成正比，表现为线性的损耗。其构成包括电解质的电阻（R_e），电极材料的固有电阻（阴极 R_c、阳极 R_a），连接板及其表面氧化层或涂层的电阻（R_s），以及界面之间的接触电阻（$R_{contact}$）。在系统集成时，还应当包括将电流从高温电堆导出到低温供电端的导线电阻（R_1）。所以：

$$R = R_e + R_a + R_c + R_{contact} + R_s + R_1 \tag{6-10}$$

一般说来阴极、阳极都采用电导率高的材料，所以 $R_a + R_c$ 常常可以忽略，因此欧姆电阻（也称阻抗）主要包括电解质电阻、合金连接板的电阻、接触电阻和导线电阻。降低欧姆阻抗可以减小整个极化曲线的斜率，换句话说，就是在相同的电流密度条件下可以获得更高的功率密度。由于合金的电阻率很小，所以降低欧姆阻抗的办法通常是减少电解质膜的厚度，同时改善电流收集方法。

对于一个电极反应来讲，其反应速率由速率控制步骤决定。当电化学活化过程（电荷转移过程）为速率控制步骤时，极化称为活化极化。由于包括电化学反应在内的所有化学反应都必须克服一个能垒，这个能垒又称为反应活化能，所以活化极化过电势 η_a 的本质是需要一个额外的能量（以电能方式）来克服电荷转移步骤的能垒。在活化极化控制区，电池的电压下降主要是由于活化极化引起的，其主要发生在电极活性层与电解质之间，也就是三相界面处；提高三相界面密度，可以很好地提高电池的工作性能。

SOFC 的系统由电堆和辅助设备（BOP）构成，SOFC 系统的效率是由这些部件的协同作用决定的。对于系统而言，燃料利用率是考虑系统效率的一个重要因素，定义为输入电堆的燃料中被电化学转化的那部分燃料的百分比。如果燃料利用率为 85%，意味着还有 15% 的燃料被排出电堆外部而存在于尾气中。这部分燃料不能直接排入大气中，大多数情况下在尾气燃烧器中被燃烧，转化为热能。设电堆的燃料利用率为 X，工作电压为 U，则在没有短路电流的前提下，输入燃料的吉布斯自由能的转化效率为 XU/E，其中 E 为能斯特电动势。在大多数系统设计中，尾气中剩余的燃料一般会被烧掉，从而回收热能。此时燃烧器的温度 T_b 就是一个重要的参数。当 T_b 高时，热能的利用价值大。如果这部分热能用于燃气轮机发电，则发出的电就多，系统效率就会高。但是，由于材料耐热温度的限制，一般而言，T_b 不会超过1200℃。

燃料利用率和发电效率可由式(6-11)进行计算：

$$U_f = \frac{n_e^- \times 3.6}{N_{fuel} \times n} \tag{6-11}$$

电效率：

$$\eta_{DC} = \frac{3.6 \times P_{DC}}{N_{fuel} \times LHV_{fuel}} \tag{6-12}$$

式中，U_f 为燃料利用率；N_{fuel} 为燃气进料量，kmol/h；n_e^- 为迁移电子量，mol/s；n 为每 mol 燃料氧化还原反应转移的电子数；η_{DC} 为燃料电池直流发电效率；P_{DC} 为燃料电池直流发电功率，W；LHV_{fuel} 为燃料低位热值，kJ/kmol。

电池的电动势可由 Nernst 方程求得：

$$E_r = E^\ominus + \frac{RT}{4F}\ln P_{O_{2c}} + \frac{RT}{2F}\ln\frac{P_{H_{2a}}}{P_{H_2O_a}} \tag{6-13}$$

式中，P 为气体的压力；$E^\ominus$ 为标准状态下的电池电动势。可用式(6-14)计算得到：

$$E^\ominus = \frac{RT}{4F}\ln K_i \tag{6-14}$$

在标准状态下 E_r 等于 $E^\ominus$，并可以表示为：

$$E_r = E^\ominus = -\frac{\Delta G^\ominus}{zF} = \frac{\Delta H^\ominus - T\Delta S^\ominus}{zF} \tag{6-15}$$

式中，$\Delta G^\ominus$ 为电池反应的标准 Gibbs 自由能变化值；$\Delta H^\ominus$ 为电池反应的标准焓变；$\Delta S^\ominus$ 为电池反应的标准熵变；z 为 1mol 燃料在电池中发生反应转移电子的量（mol）；F 为法拉利常量。

$$f_T = \frac{\Delta G^\ominus}{\Delta H}$$

电池的开路电压为电池处于开路状态，即电流为零时的电压。当一个电化学反应没有电流流过时，应该是处于平衡状态，那么其电位等于平衡电压，即 Nernst 电压。但是电极状态、杂质等不可控因素及电池中存在反应物通过电解质从阳极到阴极的渗透等导致电池的开路电压比平衡电压要低，对于在高温下工作的 SOFC，开路电压与平衡电压差别不是太大，但是在低温时会比平衡电压低 0.2V 左右。根据 Nernst 方程及相关的热力学数据可以求出 SOFC 不同工作温度时的理论电动势。

（4） SOFC 分类

根据电解质载流子的不同，燃料电池可以分为氧离子传导型固体氧化物燃料电池（O-SOFC）和质子传导型固体氧化物燃料电池（P-SOFC）（图 6-8）。在 O-SOFC 中，氧气在阴极吸附、解离成两个氧原子，从外电路获得电子后发生还原反应生成氧离子，在化学势的驱动下从阴极传输到阳极，与吸附在阳极催化剂上的燃料气发生反应，生成水或其他含氧化合物，同时释放出电子，对外电路供电。在 P-SOFC 中，燃料气吸附在阳极催化剂表面，并解离成质子和电子，电子进入外电路对外做功，而质子在化学势驱动下从阳极传输到阴极，与氧气和电子反应生成水。相比于 O-SOFC，由于 P-SOFC 的迁移离子为质子，具有较低的迁移活化能，因此更适宜在中低温度下（450～700℃）运行；此外，P-SOFC 的产物水在阴极侧生成，因此不会稀释燃料气而降低燃料利用率和单电池性能。

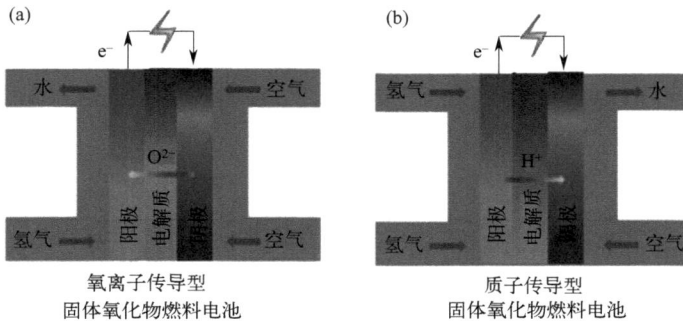

图 6-8 （a） O-SOFC；（b） P-SOFC

固体氧化物燃料电池根据其工作温度可分为三类，不同工作温度对材料的要求也不一样，其特点见表 6-4。

表 6-4 固体氧化物燃料电池的分类及特点

项目	高温	中温	低温
工作温度/℃	800～1000	600～800	<600
阳极	Ni/YSZ	Ni(Cu)YSZ/SDC	Ni(Cu)/CeO
电解质	YSZ	YSZ/LSGM	掺杂 CeO

项目	高温	中温	低温
阴极	LSM	YSZ/LSGM	LSCF，BSCF
连接体	LaCrO$_3$	合金	合金
燃料气	H$_2$、natural gas	Alcohol，hydrocarbon，syngas，natural gas	Alcohol，hydrocarbon，syngas，natural gas
电池支撑方式	电解质/阴极	阳极/金属支撑	阳极/金属支撑
关键问题	封接、连接体成本、积炭	阴极活性、材料匹配性、积炭	材料体系选择匹配性和稳定性

固体氧化物燃料电池按照结构形式可分为管式和平板式，管式和平板式各项性能上的差异如表 6-5 所示。与平板式 SOFC 相比，管式 SOFC 的功率密度略低，但它具有高机械强度、高抗热冲击性能、简化的密封技术、高模块化集成性能等特点，更适合于建设大容量电站。

表 6-5　管式 SOFC 与平板式 SOFC 的性能对比

性能	管式 SOFC	平板式 SOFC
单位面积功率密度	低	高
体积功率密度	低	高
高温密封	不必需	必需
启动速度	快速	慢
连接	困难	较容易
制造成本	高	低

（5）　SOFC 发电系统流程

SOFC 发电单元主要包括燃料电池堆以及 BOP 系统。燃料电池堆主要由电堆或电堆之间通过并联或串联的形式形成模块进行集成，也是整个发电系统的核心，为了维持电堆的工作温度，电堆或电堆模块一般放置在一隔热较好的空间里，一般称 hot-box。BOP 系统主要包括阴极和阳极的供气部分，进电堆气体的加热，空压机和尾气能量利用单元等，SOFC 发电系统基本流程如图 6-9 所示。

SOFC 发电系统基本流程中气体供给系统包括氮气、氢气、合成气、氧气、空气、水蒸气和氢/氮混合气七组管路，每组管路从接口起依次设置手动球阀、切断阀、中压压力表、减压阀、低压压力表、气体过滤器、质量流量计、单向阀等主要设备，其中水蒸气管路在流量计前端设计脱水罐，合成气管

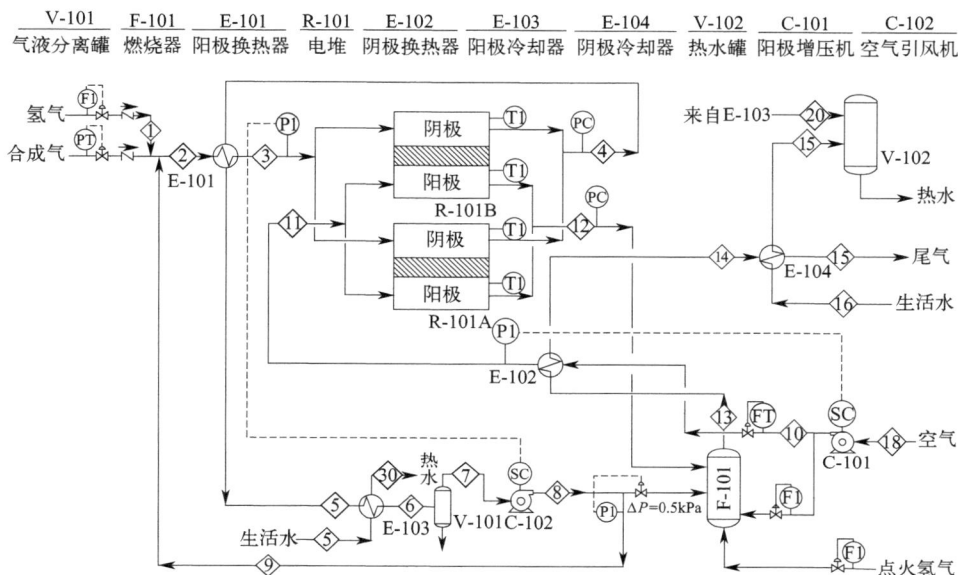

图 6-9 SOFC 发电系统基本流程

路在减压阀前端设计脱硫罐。其中氮气、氢气、合成气、氧气、空气和水蒸气通过管网供气，氢/氮混合气由氢气和氮气管线配气，氢气/氮气比例为1:19，经减压后进入系统。

阳极入口合成气先通过脱硫罐 V-101 进行脱硫后与蒸汽、氢气在电加热器 V-102 中进行混合，并加热至 140℃，后进入换热器 E-102 与电堆阳极出口高温气体换热，混合气体被加热到 700℃后进入电堆阳极，发生电化学反应。

电堆阳极反应生成的 CO_2 和 H_2O 与未反应的合成气，从阳极出口流出，与入口低温气体经过换热器 E-102 换热冷却，然后经水冷换热器 E-103 冷却降温到 70℃，再经冷凝罐将冷却水排出，气体经风机 C-102 增压。增压后的气体送入尾气燃烧器 F-101 后经换热器 E-104，最后排入尾气处理管道。

阴极入口气体为压缩空气，经减压过滤后进入换热器 E-104，通过阳极尾气燃烧器对尾气进行预热，然后与阴极高温尾气在换热器 E-105 中换热，被加热到 700℃后进入阴极，未反应的空气从阴极出口流出后和电堆入口空气经换热器 E-105 换热后被冷却到 158℃，然后经引风机 C-101 加压排入大气。装置启动时阴极空气加热利用启动燃烧器 F-102 进行，采用合成气与空气燃烧供热，燃烧尾气温度调节采用配冷空气方式进行；或者采用阴极加热器 E-106 进行启动加热。

本项目开展期间，项目参与单位北京低碳清洁能源研究院建成了 1kW、5kW 和 20kW 以及 100kW 级 IGFC 技术验证平台体系，对电堆的基本发电特性、热循环性能以及长周期工况进行了测试，并且开发了空气开放和密闭式供气的发电技术。测试了氢气工况、合成气工况下的 IV 性能，热循环性能以及长周期工况下的衰减情况，见图 6-10～图 6-14。

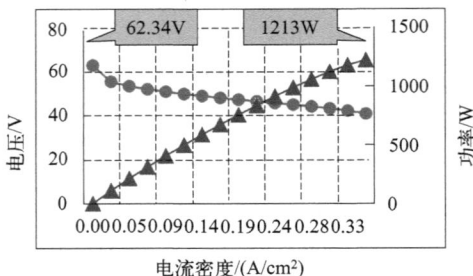

图 6-10　1kW 电堆 IV 曲线

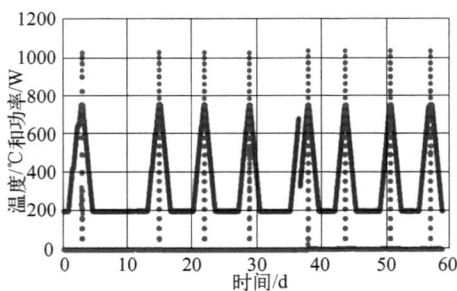

图 6-11　1kW 电堆热循环性能曲线

作为 IGFC 系统主要的发电单元，燃料电池还可以与微型燃气轮机耦合，进一步提高发电效率。根据燃料电池与燃气轮机的布置方式不同可以分为顶层循环模式和底层循环模式；另外，由于燃料电池为放热反应，工作温度维持在 800℃ 附近，燃料电池放出的热量除了要维持自身的反应温度，剩余的热量需要大量的空气带走，否则会使得固体氧化物燃料电池内部各处温度梯度过大，导致材料所受的热应力增大，从而加快材料老化降解速度，甚至发生断裂或者

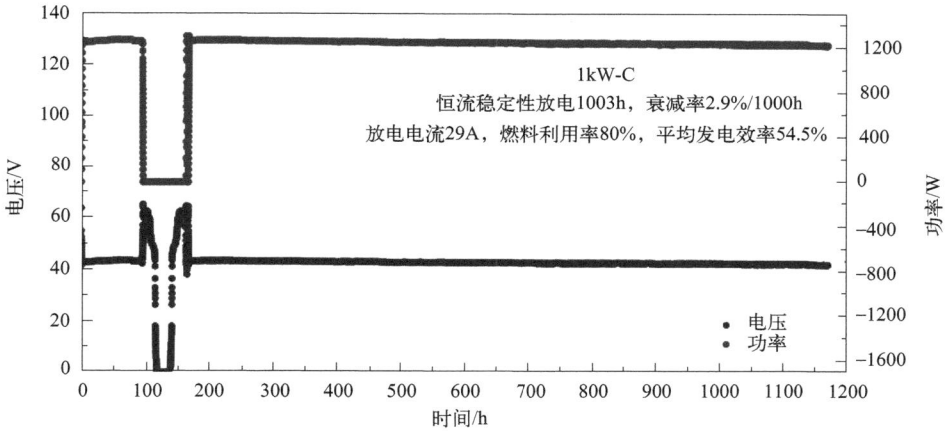

图 6-12 1kW 长周期性能测试

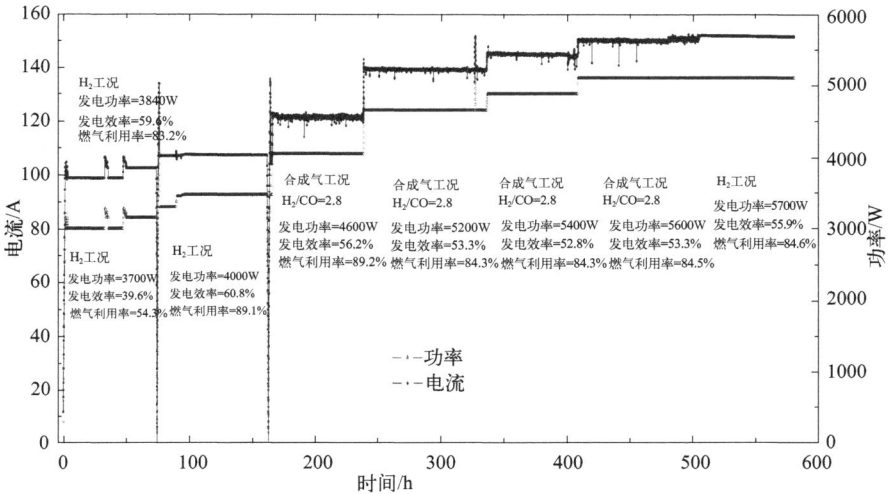

图 6-13 5kW 氢气、合成气工况测试

变形，缩短固体氧化物燃料电池的寿命。空气带走的气体余热可以用来产生热水或供暖等，进行热电联产。

① 顶层循环模式。

所谓顶层循环是指燃料电池及其辅助系统位于燃气轮机的上游，取代了燃

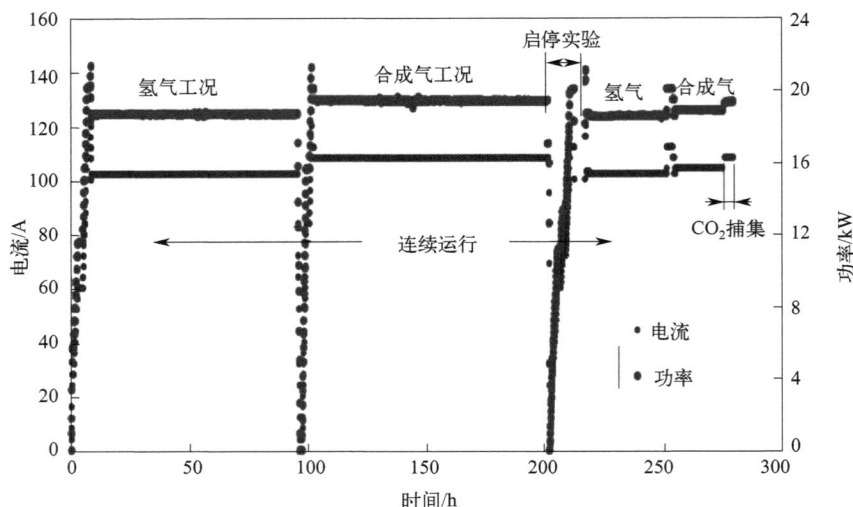

图 6-14 20kW 氢气、合成气工况测试

气轮机原有的燃烧室。压缩空气经两级换热器预热后进入燃料电池阳极，与重整后的燃料发生电化学反应，产生电能和热量。阳极未完全反应的燃料与阴极的高温高压排气混合后进入燃烧室燃烧，产生的高温高压燃气经过换热器 2 预热阳极进气的同时将温度调节为合适的透平进气温度（turbine inlet temperature，TIT）后进入透平做功，透平的高温排气经换热器 1 预热高压空气后排入大气。在此种循环中，燃料电池的功率密度较大，系统具有较高的效率。流程图如图 6-15 所示。

② 底层循环模式。

燃气轮机的排气进入燃料电池阴极侧作为氧化剂。由于燃气轮机的排气压力已较低，因此适合低压或常压的燃料电池。而燃料电池的高温排气则进入一个外置换热器中，用于加热经压缩机压缩后的空气，使其升温后进入燃气轮机做功。在此耦合系统中，由于燃料电池处于燃气轮机的下游，因此称为底层循环。流程图如图 6-16 所示。

③ 热电联供。

SOFC 运行温度高，电池产生的废热可以作为热源供给联合循环发电系统的其他部分使用，能更有效地提高整个发电系统的效率，同时构成热电联供系统。热电联供系统能有效地缓解能源消耗和环境恶化等问题，它根据能

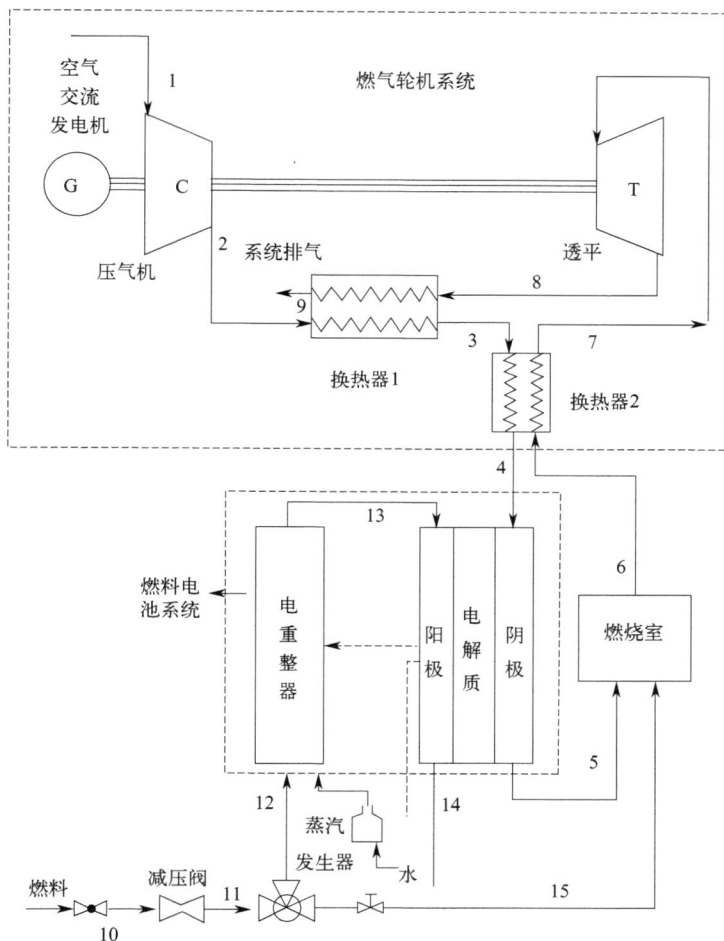

图 6-15 顶层循环流程

源梯级利用原理，先利用发电技术将石油、煤、天然气等一次能源转化为电能，再将发电后的余热用于供热的先进能源利用形式。相比于热电分产，热电联供具有节能减排、占地面积小、供热质量高等优点。将 SOFC 作为分布式能源的发电装置运用在热电联供（combine heat and power，CHP）系统中，具有高效、无污染和无噪声等特点，发电规模为 20kW 的系统在设计工况下系统的联供效率可达 89%。SOFC-CHP 系统的基本流程示意图如图 6-17 所示。

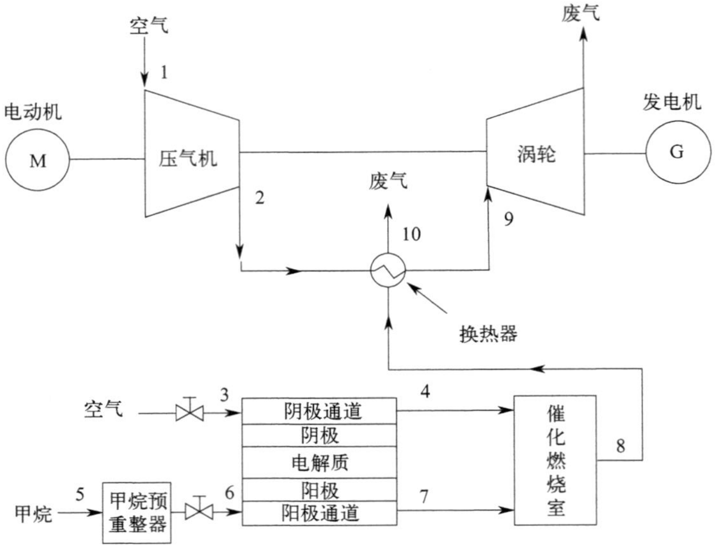

图 6-16　底层循环流程

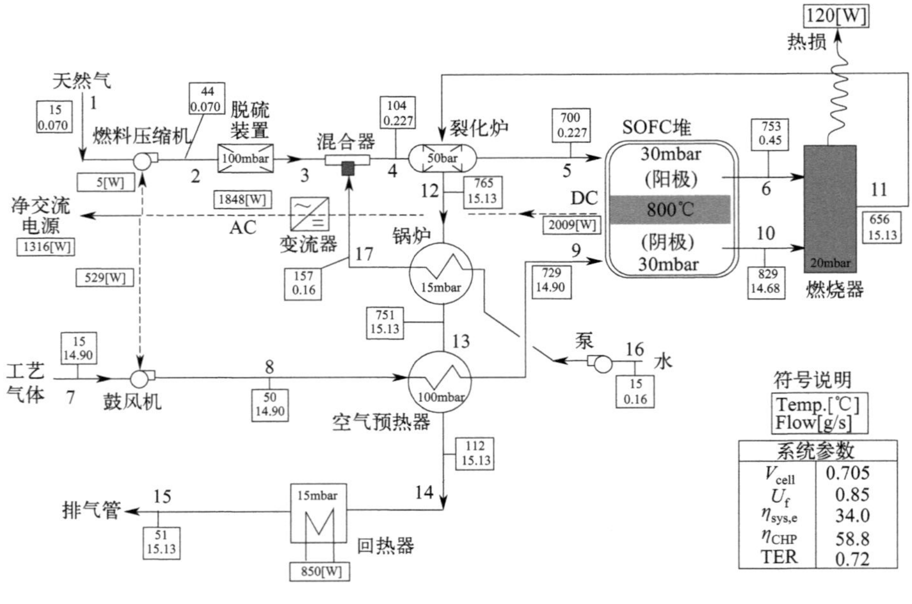

图 6-17　SOFC-CHP 系统的基本流程

（6）应用场景

固体氧化物燃料电池最常见的应用领域为固定式发电，包括小型家庭热电联供系统（CHP）、分布式发电或数据中心备用电源以及工业用大型固定式发电站等。其中，二氧化碳近零排放的大型煤气化燃料电池发电技术（IGFC）和可以采用氢气、甲烷、甲醇以及氨等作为燃料的分布式发电技术是未来的主要研究方向。IGFC 是将整体煤气化联合循环发电（IGCC）与 SOFC 或 MCFC 相结合的发电系统，可在 IGCC 的基础上进一步提高煤气化发电效率，降低 CO_2 捕集成本，同时实现 CO_2 及污染物近零排放，是煤炭发电的根本性变革技术。

另外，固体氧化物燃料电池作为辅助或动力电源在车辆、轮船、无人机等领域也有推广应用。其中，2016 年日产汽车发布了世界上首款以固体氧化物燃料电池为动力系统驱动的燃料电池原型车。2020 年 Bloom Energy（BE）公司与三星重工业株式会社签署了一项联合研发协议，共同设计和开发以固体氧化物燃料电池为动力的燃料电池船，实现其对船舶清洁能源和更加可持续的海上运输业的发展愿景。

6.3.3 IGFC 特点

高温固体氧化物燃料电池发电不需经过从燃料化学能→热能→机械能→电能的转变过程，不受卡诺循环的限制，可以直接从化学能转化为电能，能量转化效率高、操作方便、无腐蚀、燃料适用性广，可广泛地采用氢气、一氧化碳、天然气、液化气、煤气、生物质气、甲醇、乙醇、汽油和柴油等多种碳氢燃料，几乎没有颗粒物、NO_x、SO_x 和未燃烧的一氧化碳与烃类的排放。同时，固体氧化物燃料电池不需要贵金属催化剂，原材料资源丰富且成本低。另外，固体氧化物燃料电池具有环境友好、排放低和噪声低等优点，是公认的高效绿色能源转换技术。固体氧化物燃料电池系统在电效率、部分负荷效率和排放方面都比现有的燃气机、燃气涡轮机和组合循环装置等具有更明显的优势。SOFC 的具体特点如下。

① 高的工作温度（一般在 600℃以上）有效地提升了电极的反应活性，降低了活化极化电势，使其不必像其他低温燃料电池那样使用贵金属催化剂，而代之以廉价的 Ni、Co、Cu 等电极催化剂材料，制造成本大大降低。

② 高温工作拓宽了燃料气体的选择范围，价格相对低廉的烷烃类燃料可以在电池内部重整和氧化产生电能。这样就避免了使用价格相对昂贵的氢气作

为燃料。同时，高温工作大大提高了电池对硫化物的耐受能力，其耐受能力比其他燃料电池至少高两个数量级。

③ SOFC 工作时产生大量的余热，可以实现热电联产，配合热汽轮机将热废气进行有效利用，提高发电系统的效率，理论上电池的总效率可以达到 80% 以上，是一种清洁高效的能源系统。由于实际电池工作时各种极化现象的限制，目前各种燃料电池的实际能量转化效率为 50%～60%，而火力发电和核电的效率大约在 30%～40%。

④ SOFC 是全固态电池结构，可以避免使用液态电解质所带来的腐蚀和电解液流失等问题，全固态结构还有利于电池的模块化设计，提高电池体积比容量，降低设计和制作成本。

⑤ 对燃料的适应性广。从原理上讲，固体氧化物离子导体是最理想的传递氧的电解质材料，所以，几乎所有可以燃烧的燃料都适用于 SOFC，如氢气、一氧化碳、天然气、液化气、煤气、甲醇、乙醇和甲/乙酸等含氢氧化合物、石油、汽油、柴油、煤、氨生物质气、垃圾填埋气等碳氢化合物，其燃料来源广泛，成本低，方便储存和输运。

⑥ 可高度模块化，总装机容量大，安装位置灵活方便等。燃料电池电站占地面积小，建设周期短，电站功率可根据需要由电池堆组装，十分方便。燃料电池无论作为集中电站还是分布式电站，或是作为小区、工厂、大型建筑的独立电站都非常合适。

⑦ 有害气体 SO_2、CO、NO_x 及噪声排放都很低，CO_2 排放因能量转换效率高而大幅度降低，无机械振动，作为工业用大型发电装置，体积比传统火力发电装置小。

⑧ 负荷响应快，运行质量高。燃料电池在数秒钟内就可以从最低功率变换到额定功率，而且电厂离负荷可以很近，从而改善了地区频率偏移和电压波动，降低了现有变电设备和电流载波容量，减少了输变线路投资和线路损失。

⑨ 应用范围广。既可以用于移动式电源设备，也可以用于固定式发电和家庭式的热电联合设备。

⑩ 较高的电流密度及功率密度。

⑪ 固体氧化物燃料电池的应用范围广，可用于大型集中供电、中型发电和小型家用热电联供等民用领域，也可作为各种便携式移动电源。

6.3.4 IGFC 行业现状

IGFC 受到世界上各研究团队的广泛关注，研究较为深入的有日本、美国、欧洲部分国家，韩国、澳大利亚等也开展了部分工作。

（1）IGFC 国外现状

美国能源部和日本新能源产业技术发展组织（NEDO）均长期持续投入巨资进行 IGFC 技术的研发和应用示范。1999 年，美国能源部成立固态能源转化联盟（SECA），旨在开发百兆瓦级 IGFC 系统。2003 年，美国肯塔基先进能源与燃料电池能源（FuelCell Energy）公司合作，在沃巴什河 IGCC 电站示范 2MW IGFC 发电系统。2016 年，美国国家能源技术实验室发布基于 SOFC 技术的研究进展及规划，将于 2025 年和 2030 年建成 10MW 和 50MW IGFC（含 CO_2 捕集）示范系统。

2019 年，日本公布了由 NEDO 和大阪发电公司合作完成的世界上第一座煤气化燃料电池联合循环发电厂（IGFC-IGCC）及二氧化碳捕集示范集成项目的建设情况，项目已完成一二期的建设，即 IGCC 系统与 CO_2 捕集回收系统，第三期将建成 IGFC 示范工程研究，预计 CO_2 捕集率超过 90%，单位 CO_2 排放量减少到 590g/（kW・h），同时净热效率达到 55% 以上[36]。

21 世纪初期，由法国 Bertin & Cie 公司牵头，由丹麦科技大学、荷兰能源研究基金会（ECN）、法国 Usine D Electricite De Metz 公司、法国 CdFINGENIERIE 公司等共同参与开展了 IGFC 的可行性研究，称为"Baraka"项目[37]。项目研究的系统由煤气化、气体净化、燃料电池发电、热回收四个子系统构成。

韩国墨尔本大学的 Souman RUDRA 和 Jinwook LEE 等[38] 研究了 IGFC 系统中热回收蒸汽发电（HRSG）的优化，以提高 SOFC 废气的热回收效率，并最大化 IGFC 系统蒸汽循环中产生的发电量。采用 Aspen Plus 模拟软件开发热力学模型，用于模拟混合燃料电池系统配置。新加坡国立大学的 Naraharisetti 等[39] 研究了以生物质或天然气为燃料的 IGFC 系统，研究表明天然气是优于生物质的首选燃料，并且维持吉布斯平衡过程对于最大能量生产至关重要。

SOFC 是 IGFC 系统的关键技术，目前世界范围内，燃料电池能源（FuelCell Energy）、布鲁姆能源（Bloom Energy）公司、三菱重工、LG 燃料电池公司和西门子西屋公司开发的 SOFC 技术处于领先地位，并已经实现商业化应用，研发的下一阶段目标是降低燃料电池成本、提高性能及长期稳定性。

Bloom Energy 公司是目前公认的 SOFC 行业内技术力量最强、运作最成功的公司，其采用电解质支撑电池技术。Bloom Energy 公司开发的 SOFC 发

电系统规格在 $100 \sim 250 \mathrm{kW}$，主要发展方向为长寿命、低衰减及大功率系统，经过了长时间的验证。目前该产品已为很多数据中心、办公楼、银行、医院等提供了数百套的燃料电池分布式发电系统，截至 2019 年上半年总共安装了 500MW 的 SOFC 发电系统。

2005 年，美国能源部出资 8300 万美元委托美国 GE 公司开发以煤炭为燃料的集成 SOFC/燃气轮机的联合发电系统，该系统设计了分别采用 SOFC、MCFC 作为发电单元，阳极尾气循环及直接排放四种方案。经研究对比，四种方案中，采用加压 SOFC 与阳极尾气循环联合利用的系统，整体发电效率最高。系统的整体设计效率可达 61.5%，但 CO_2 后续的捕集及封存，将消耗一定的能量，因此系统的整体设计效率修正为 58.4%[40]。

苹果公司新总部大楼已经建成了 10MW 的 SOFC 微电网系统。

目前日本成为行业内的领导者，其商业化进程已超过美国，是世界上最早实现民用 SOFC 发电系统商业化的国家。日本新能源产业技术综合开发机构（NEDO）于 2011 年开发成功全球首个商业化的 SOFC 热电联供系统。该系统由发电单元和利用废热的热水供暖单元组成，输出功率为 700W，发电效率为 46.5%，综合能源利用效率高达 90.0%，工作时的温度为 $700 \sim 750 ℃$，在作为家庭基础电源的同时，还可利用废热作为热水器或供暖器。NEDO 组织对 SOFC 发电系统的具体指标为实现 40000h 的连续工作，衰减率小于 $0.25\%/$ 1000h，并实现 250 次的重复启动。

三菱重工（MHI）自从 20 世纪 80 年代开始研究针对碳基的 SOFC 大规模发电系统，2015 年示范了 250kW 的 SOFC 与燃气轮机混合的发电系统，2016—2017 年安装运行了 4 台 250kW 的样机。

欧盟 SOFC 技术同样已基本成熟，设计生产的 SOFC 模块组件原型，已在实验室连续试运行了 10 年，显示了很好的应用前景。英国 Ceres Power 公司开发的金属支撑型平板式 SOFC 系统，因运行温度相对较低（$550 \sim 600℃$），可壁挂式安装，能为一般英国家庭提供电力的同时满足所需热能需求，CHP 单元的衰减率约为每百小时 1%。丹麦 Topsoe Fuel Cell A/S 与丹麦科技大学 Risoe 国家实验室合作开发的微 CHP 系统组成的电池堆为 $1 \sim 2 \mathrm{kW}$。澳大利亚的陶瓷燃料电池公司（Ceramic Fuel Cell Limited，CFCL）所制造的 $1 \sim 2 \mathrm{kW}$ BlueGen 发电系统使用含有约 200 片阳极支撑结构单电池的平板式电池堆，可实现高达 60% 的发电效率。该公司在 2011 年和 2012 年为德国的国家创新计划（NIP）项目提供 200 台 BlueGen CHP 系统。德国于利希研究中心成功运行了 20kW 平板式电池堆。丹麦的托普索燃料电池公司也单独开发了

5kW 的 SOFC 系统，并与芬兰的瓦锡兰公司（Wärtsilä）合作完成 20kW 的示范演示。荷兰的能源研究中心（Netherlands Energy Research Centre，ECN）主要进行 40kW 级 SOFC CHP 系统的商业化开发。

但是，作为新一代高效发电技术，国外的 SOFC 产品和技术均对中国封锁。

（2）　IGFC 国内现状

中国的燃料电池研究始于 1958 年，到 1970 年间，一些大专院校、科研院所分散地进行了燃料电池的探索性及基础性研究工作；20 世纪 70 年代末，由于国家重大项目调整，燃料电池的开发工作中止。

20 世纪 90 年代以来，在国外燃料电池技术取得巨大进展的形势影响下，中国又一次掀起了燃料电池研究开发热潮。1995 年，中国科学院大连化学物理研究所组装了国内首个平板式 SOFC 单电池，其薄膜型 YSZ 固体电解质制备工艺开发也成了同行业的研究典范。1996 年国内最早开展 SOFC 研究的单位中国科学院上海硅酸盐研究所研制出 800W 的电池堆，并能在 750℃ 下稳定运行。1997 年，中国科学院大连化学物理研究所成功组装了 30kW 质子交换膜燃料电池组。

2000 年起，SOFC 技术在国内掀起研究热潮，新工艺、新材料、新器件得到极大程度的发展。2001 年国内组装和运行了第 1 个高温 SOFC 电池堆，工作温度为 1000℃，输出功率为 810W。2007 年 12 月，中国科学院宁波材料研究所建立了中国第 1 条平板式固体氧化物燃料电池（SOFC）单电池中试实验生产线，生产面积为 $10 \times 10 \sim 15 \times 15 cm^2$ 的单电池，年产能达到 20000 片，该单电池最大功率在 850℃ 达到 90W，在 750℃ 达到 50W（活性面积 $10 \times 10 cm^2$）。2010 年国内诞生了第一家专业从事 SOFC 技术向产业转化的小公司——苏州华清京昆新能源科技有限公司，落户在江苏昆山。中国科学院上海硅酸盐研究所在 2010 年利用研发的 20cm×20cm 大尺寸电池片组装的电堆，在 750℃ 下功率可以达到 1500W。华中科技大学于 2010 年完成国内首台 kW 级固体氧化物燃料电池独立发电系统样机。

自 2011 年起，科技部加大了对 SOFC 研究的资助力度，在 973 计划中设立了题为"碳基燃料固体氧化物燃料电池体系基础研究"的项目，同时设立了多个旨在尽快拿出 SOFC 样机的 863 项目。

大连物所从 1995 年开始进行 SOFC 的研究工作，主要研发管式固体氧化物燃料电池技术。2013 年，在科技部 863 项目支持下进行管式电池堆技术研发，研发的电池堆发电功率达到 3kW。2013 年，大连化物所与欧盟固体氧化物燃料电池合作研发取得新结果，成功制备出性能指标超过先前的电池，在 800℃下氢燃料的电池面电阻降低到 $0.16\Omega \cdot cm^2$，在 600℃下氢燃料和甲烷燃料的电池面电阻分别降低到 $0.49\Omega \cdot cm^2$ 和 $0.51\Omega \cdot cm^2$，达到项目计划的电池性能指标要求，其中大连化物所主要参加了阳极材料、阴极材料和电池集成等课题的研究工作。

清华大学韩敏芳老师作为首席科学家领导的国家 973 计划——碳基燃料固体氧化物燃料电池体系基础研究项目，自主开发了电池堆元件和电堆技术，集成了国内首台自主点火、独立运行的 SOFC 发电系统，依托清华大学技术，亿华通氢燃料电池电堆的功率已达 60kW，旗下神力科技专注国产电堆研发。

上硅所从"十五"到"十二五"期间分别承担国家重大技术攻关项目"5kW 平板型中温固体氧化物燃料电池技术"、863 计划"2kW 中温平板型固体氧化物燃料电池系统"课题研究、973 计划课题"中低温 SOFC 关键材料设计及荷电传导机制"等工作，建设了 SOFC 单体电池生产线、关键部件批量化加工中心、电池堆集成与测试平台以及发电系统集成与演示平台等。课题组在 SOFC 基础研究方面进展显著，至今，上海硅酸盐研究所在电池堆设计、控制、运行等方面积累了丰富的经验。

2012—2016 年中国矿业大学（北京）作为依托单位承担的国家 973 项目"碳基燃料固体氧化物燃料电池体系基础研究"，针对 SOFC 中关键材料设计及荷电传导机制、界面演变、电极反应动力学及一体化电池设计中多尺度多场耦合性能演化等开展了基础理论研究，为 SOFC 的产业化推进提供了理论基础和应用基础支撑。近些年，中国矿业大学（北京）采用人工神经网络映射逻辑搭建了一种新型物理全维模型模拟电堆的多物理场和多维特性，该模型对单电池及 30 片电池的电堆进行实验验证，精度可达到 2%。模型实现了 SOFC 堆的全三维多物理和多维动态模拟，综合了多场的电化学反应、气体传输和化学反应的动力学行为，为电堆的放大提供了理论支撑[41]。

随着中国洁净煤技术"九五"计划实施，我国开始布局燃煤发电新技术的研究。到"十三五"期间，《煤炭工业发展"十三五"规划》《煤炭深加工产业示范"十三五"规划》以及 2016 年国家发展和改革委员会与国家能源局联合发布的《能源技术革命创新行动计划（2016—2030）》等一系列政策出台，煤炭清洁利用提出了详细的发展方向及时间规划。

2017 年 7 月 IGFC 被列入科技部国家重点研发计划项目的资助范围；同年，国家能源集团牵头，北京低碳清洁能源研究院联合中国矿业大学（北京）、苏州华清京昆能源有限公司、华能清洁能源研究院等承担了国家重点研发计划"CO_2 近零排放的煤气化发电技术",开发 SOFC 及 SOEC 的关键技术和系统。项目采取逐级放大、分步实施的技术研发策略,先后在宁夏煤业实验基地完成了 1kW 和 5kW 测试平台的调试、试车及电堆/模块的长周期稳定性实验,并实现了 20kW 级联合煤气化燃料电池发电系统的试车[42-46]。在宁煤建成了兆瓦级 IGFC 基地,于 2022 年 9 月完成了 5 套 20kW 组成的 100kW 级 IGFC 系统集成技术的开发,最大发电功率 101.7kW,燃料电池模块最大发电效率 57.3%,二氧化碳捕集率 98.6%,是全国首个真正意义上的由煤到合成气到发电的 100kW 级发电装置。图 6-18 为国家重点研发计划项目组在推进项目示范过程中开发的 SOFC/SOEC 堆 [图 6-18(a)]、IGFC 测试平台 [图 6-18(b)] 和搭建的新型 20kW 级系统 [图 6-18(c)],建设的 IGFC 示范基地 [图 6-18(d)]。

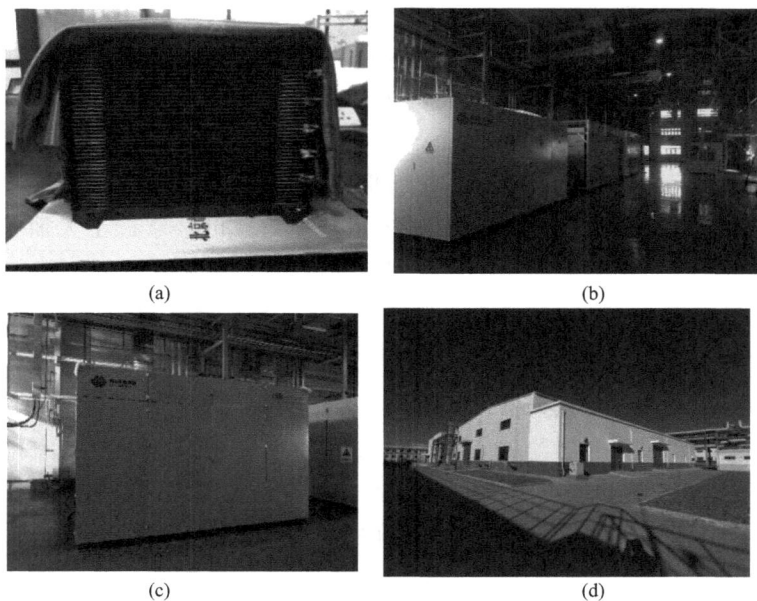

图 6-18 国家重点研发计划项目开发的电堆、平台和基地

苏州华清京昆能源有限公司于 2023 年 2 月交付天津临港投资控股有限公司的全自主知识产权的 25kW SOFC 热电联供系统成功下线。2021 年 1 月,索福人自主研发的由 6 个 5kW 单堆组成的 25kW 级 SOFC 发电系统开车成功,

系统发电功率达到 30.3kW，电效率 60.8%，燃料利用率 79.8%，达到原计划设计要求。

潮州三环在电解质隔膜片和单电池上的研发和生产技术雄厚，生产的电解质隔膜片和单电池出口欧洲。2016 年，已开发出 1.5kW 标准电堆，发电效率 68% 以上，预计寿命可达到 5 年。2022 年底，潮州三环（集团）股份有限公司和广东能源集团科学技术研究院合作开展的"高温燃料电池发电系统研发与应用示范"由 5 套单个模块发电 35kW 的系统，组合成总装机容量 100kW 的发电装置，交流发电净效率高达 64.1%，已连续并网发电超过 1000h 并持续运行。

宁波材料所、潍柴动力、华科福赛等对 SOFC 电池材料、电池片和发电系统也都有研究或产品。IGFC 技术作为煤电新技术之一，在"十四五"期间将得到进一步的技术提升。

（3） IGFC 存在的问题及发展趋势

目前，煤气化和净化技术已实现大规模商业化应用。但在燃料电池发电领域，我们国家起步较晚、资金投入不够、技术积累不多，国外已进入商业化运行阶段，而我国还处于研发、初步进行工程示范阶段。制约 IGFC 系统发展的主要技术在于高温燃料电池以及系统的集成化，主要如下。

① 单电池作为电堆的基本单元，国内数家单位已经掌握了大面积单电池量产技术，耐久性可达到数千小时，潮州三环尤为突出；但是市面上已有的运行稳定性好、寿命长、热循环稳定性好、发电效率以及燃料利用率高的电堆发电功率大多在 1kW 左右，这样对集成大功率的发电系统来说，要面对电堆机械强度和系统占地面积较大的挑战，也很难做到百千瓦以上的大规模集成，在一定程度上限定了燃料电池的应用，所以开发大功率的单堆是后续燃料电池发展的方向之一。

② 电堆技术是一个门槛，国内在电池结构设计、单电池组装方面还比较粗放，电池密封和连接体结合强度在电池长期运行中还存在不稳定等问题。这样使得大功率加压燃料电池的长时间运行难度较大，高温燃料电池是整个系统的核心，其性能制约着整个系统的最终功率与效率。

③ 除了电堆本身的发展制约，我国的 SOFC 系统开发都还停留在实验室和样机阶段，没有商业化的 SOFC 引领，产业的参与度较低；国内 SOFC 产业链还不完整。SOFC 工作温度高，所用的换热器、燃烧器、预重整器、水蒸气发生器、电源、电控系统都是高度定制化的产品。目前，国内还没有专业厂

家供应相关的核心零部件；国内参与的企业较少，技术力量不强。

④ 由于 SOFC 的开发和使用成本都很高，造成国内 SOFC 发展缺乏企业的长期投入，国外的企业都是在 SOFC 领域进行了持续十几年，甚至几十年的研发投入，积累了丰富的经验和产品迭代，特别是一些大型公司在不计短期成本的情况下，长期对 SOFC 研发和推广进行支持，给 SOFC 的发展带来了商业化的可能；目前国内研发 SOFC 的企业正在逐渐增多，国内的 SOFC 发展有望得到突破。

⑤ SOFC 发展缺乏上层规划，缺乏政府的政策刺激，难以调动企业发展的积极性，也严重缺乏产业链基础和专业技术人才，这一系列原因造成行业未能取得突破。

⑥ 缺乏 SOFC 的应用场景。国内电网稳定，覆盖面较广，电价低廉，使 SOFC 发电失去竞争力，所以无论在大型发电还是小型家用方面，用户还很难接受，国内需要寻找合适的应用场景。

IGFC 是未来煤电发展的重要转型方向，发展 IGFC 技术将彻底升级整个煤电行业。伴随 IGCC 与 IGFC 电厂从示范工程到推广工程，整套系统中的各种关键设备，包括气化炉、余热炉、电池单元组、冷却系统等都需要电力设备制造单位积极研发，才能支撑未来的煤电行业快速升级。期待到 2035 年，实现 IGFC 电站兆瓦级产业化，同时具有全产业链的兆瓦级的燃料电池（SOFC、MCFC）和 IGFC 电站的制造能力。

6.4　小结

煤气化发电技术的基本原理是利用煤气化过程将煤转化为合成气，然后将合成气作为燃料进行燃烧，产生高温高压的蒸汽，驱动汽轮机发电。这种技术可以实现煤炭资源的充分利用，提高能源利用效率，并减少二氧化碳、氮氧化物和颗粒物等有害气体的排放。

煤气化发电技术具有多个优势。首先，相比传统的燃煤发电，煤气化发电能够提高能源利用效率。通过将煤转化为合成气，可以更充分地释放煤中的能量，从而提高发电效率。其次，煤气化发电技术可以减少大气污染物的排放。由于煤气化过程中可以进行气体清洁和脱硫处理，使得燃烧后的废气中的污染物大大减少，对环境的影响更小。此外，煤气化发电技术还具有适应性强和资源丰富的特点。煤炭是全球范围内广泛存在的能源资源，煤气化发电技术可以利用各种类型和品质的煤炭进行发电，具有较高的灵活性和可持续性。

虽然煤气化发电技术具有许多优势，但也面临一些挑战。首先，该技术需要复杂的设备和高温高压条件，投资成本较高。其次，合成气中的一氧化碳含量较高，需要通过催化转化或水煤气变换等步骤来提高氢气的含量，增加能源转换效率。此外，废气中的 CO_2 排放问题也需要解决，如采用碳捕获和封存技术来减少二氧化碳排放。

总而言之，煤气化发电技术是一种高效、清洁的发电方式，具有重要的应用前景。随着对能源利用效率和环境保护要求的提高，煤气化发电技术将进一步得到推广和应用，为可持续发展和能源转型作出贡献。同时，应进一步研究和开发新型催化剂和碳捕获技术，以提高技术经济性和环境友好性。

参考文献

[1] 曹旭兵. 煤炭洗选加工现状与多元化发展趋势探索 [J]. 内江科技，2020，21 (1)：25，74.

[2] 孙旭东，张博，彭苏萍. 我国洁净煤技术 2035 发展趋势与战略对策研究 [J]. 中国工程科学，2020，22 (3)：132-140.

[3] 谢克昌. 新一代煤化工和洁净煤技术利用现状分析与对策建议 [J]. 中国工程科学，2003 (6)：19-28.

[4] 佚名. 2019 中国战略性新兴产业发展报告 [M]. 北京：科学出版社，2018.

[5] 吴彦丽，李文英，易群，等. 中美洁净煤转化技术现状及发展趋势 [J]. 中国工程科学，2015，17 (9)：133-139.

[6] Martin L. A cheaper route to making chemicals from CO_2 [EB/OL]. MIT Technology Review，2015.

[7] Conti J J, Holtberg P D, Beamon J A, et al. Annual energy outlook 2014 [R]. US Energy Information Administration，2014.

[8] 孙淑君. 日本 NEDO 洁净煤技术的进展 [J]. 中国煤炭，1995 (2)：51-54.

[9] 高雅琴. 日本的洁净煤技术现状 [J]. 中国煤炭，1995 (9)：92-93.

[10] Ren S, Feng X, Wang Y. Energy evaluation of the integrated gasification combined cycle power generation systems with a carbon capture system [J]. Renewable and Sustainable Energy Reviews，2021，147：111208.

[11] 王倩，王卫良，刘敏，等. 超 (超) 临界燃煤发电技术发展与展望 [J]. 热力发电，2021，50 (2)：1-9.

[12] 乌若思. 未来的燃煤电厂——中国绿色煤电计划 [J]. 中国电力，2007，40 (3)：6-8.

[13] Nagai T. Development of IGCC demonstration plant-from 200t/d pilot plant to 250MW demonstration plant [J]. J. Japan. Inst. Energy，2000，86：315-320.

[14] 许世森，程健. 煤气化制氢及氢能发电试验系统 [J]. 中国电力，2007，40 (3)：9-13.

[15] 姜薇，曹炯明．新能源发展形势下的煤电与光伏储能联动发展 [J]．新能源科技，2021，10：30-32.

[16] Siefert N S，Litster S．Exergy and economic analyses of advanced IGCC-CCS and IGFC-CCS power plants [J]．Applied energy，2013，107：315-328.

[17] 张波，穆延非，陈新明，等．低热值合成气燃气轮机仿真系统的设计与验证 [J]．风机技术，2021，63 (2)：73-78.

[18] 焦树建．整体煤气化燃气-蒸汽联合循环 [M]．北京：中国电力出版社，1996.

[19] Descamps C，Bouallou C，Kanniche M．Efficiency of an integrated gasification combined cycle (IGCC) power plant including CO_2 removal [J]．Energy，2008，33 (6)：874-881.

[20] 周贤，许世森，史绍平，等．回收余热的热电联产 IGCC 电站研究 [J]．中国电机工程学报，2014 (S1)：100-104.

[21] 杨承，王旭升，张驰，等．太阳能与压缩空气耦合储能的燃气轮机 CCHP 系统特性 [J]．中国电机工程学报，2017，37 (18)：5350-5358.

[22] 黄习兵．IGCC 多联产项目煤气化技术选择 [J]．现代化工，2021，41 (11)：197-200，205.

[23] 王霄楠．燃气轮机合成气燃烧特性数值模拟 [D]．北京：华北电力大学 (北京)，2017.

[24] 段立强，林汝谋，金红光，等．整体煤气化联合循环 (IGCC) 技术进展 [J]．燃气轮机技术，2000，13 (1)：9-17.

[25] 林汝谋，金红光，邓世敏，等．整体煤气化联合循环技术研究方向与进展 [J]．燃气轮机技术，2002，15 (2)：15-22.

[26] 任永强，车得福，许世森，等．国内外 IGCC 技术典型分析 [J]．中国电力，2019，52 (2)：7-13.

[27] 张建府．整体煤气化联合循环电站空分系统配置及常见故障分析 [J]．发电设备，2012，26 (1)：43-46.

[28] 李现勇．首座基于 GE 技术的标准化 IGCC 电厂浅析 [J]．电力勘测设计，2013 (3)：49-52.

[29] 方斌，胡凯．GE 大型化气化工艺产业化历程及其发展 [J]．化学工业，2014，32 (8)：44-47.

[30] 白尊亮．中美日典型 IGCC 电站对比研究 [J]．中外能源，2021，16 (5)：14-20.

[31] 尚玉明．轻烃回收装置优化方案研究与应用 [J]．石油与天然气化工，2006，35 (5)：347-349.

[32] 安航，周贤，彭烁，等．煤气化燃料电池发电技术研究进展 [J]．热力发电，2021，50 (11)：20-26.

[33] 曹静，王小博，孙翔，等．基于固体氧化物燃料电池的高效清洁发电系统 [J]．南方能源建设，2020，7 (2)：28-34.

[34] Sabri M A，Al Jitan S，Bahamon D，et al．Current and future perspectives on catalytic-based integrated carbon capture and utilization [J]．Science of the Total Environment，2021，790：148081.

[35] 李汶颖．固体氧化物电解池共电解二氧化碳和水机理及性能研究 [D]．北京：清华大学，2015.

[36] Xu J，Wang T，Gao M，et al．Energy and exergy co-optimization of IGCC with lower emissions based on fuzzy supervisory predictive control [J]．Energy Reports，2020，6：272-285.

[37] Kivisaari T，Björnbom P，Sylwan C，et al．The feasibility of a coal gasifier combined with a high-temperature fuel cell [J]．Chemical Engineering Journal，2004，100 (1-3)：167-180.

[38] Rudra S, Lee J, Rosendahl L, et al. A performance analysis of integrated solid oxide fuel cell and heat recovery steam generator for IGFC system [J]. Frontiers of Energy and Power Engineering in China, 2010, 4: 402-413.

[39] Naraharisetti P K, Lakshminarayanan S, Karimi I A. Design of biomass and natural gas based IGFC using multi-objective optimization [J]. Energy, 2014, 73: 635-652.

[40] Mu L I, Rao A D, Brouwer J, et al. Design of highly efficient coal-based integrated gasification fuel cell power plants [J]. Journal of Power Sources, 2010, 195 (17): 5707-5718.

[41] Ba L, Xiong X, Yang Z, et al. A novel multi-physics and multi-dimensional model for solid oxide fuel cell stacks based on alternative mapping of BP neural networks [J]. Journal of Power Sources, 2021, 500: 229784.

[42] Zheng S, Shi Y, Wang Z, et al. Development of new technology for coal gasification purification and research on the formation mechanism of pollutants [J]. International Journal of Coal Science & Technology, 2021, 8 (3): 335-348.

[43] Han M, Lyu Z. Solid oxide cells development in China [C]. 14th European SOFC & SOE Forum. Lucerne Switzerland, 2020: 20-23.

[44] Yang Z, Lei Z, Ge B, et al. Development of catalytic combustion and CO_2 capture and conversion technology [J]. International Journal of Coal Science & Technology, 2021, 8 (3): 377-382.

[45] Peng S. Current status of national integrated gasification fuel cell projects in China [J]. International Journal of Coal Science & Technology, 2021, 8 (3): 327-334.

[46] Mu S, Yang W, Zhou Y. Power electronics based MW SOFC system design for integrated gasification fuel cell (IGFC) [C] //2018 IEEE energy conversion congress and exposition (ECCE). IEEE, 2018: 3629-3632.

第 7 章

煤化工产品生产

7.1 概述

7.1.1 碳-化工产品的发展历程

碳-化工是以含一个碳原子的物质为原料，合成化工产品和液体燃料的生产过程，主要有合成气制燃料、甲醇及系列产品、低碳醇、醋酸及系列产品、低碳烯烃和燃料添加剂等。

当前全球基础有机原料工业的发展正面临石油资源短缺、环保法规日益严格这两大难题。因此发展碳-化工，生产合成燃料及基础有机原料，逐步替代石油资源已成为主要发展趋势。CO、CO_2 是从煤的气化得到的，而 CH_4 是天然气的主要成分，因此碳-化工实际上就是新一代的煤化工和天然气化工[1]。碳-化工产品种类繁多，可合成各种烯烃和含氧化合物。

20 世纪 20 年代德国便开始由合成气（以氢气、一氧化碳为主要组分供化学合成用的一种原料气。由含碳矿物质，如煤、石油、天然气以及焦炉煤气、炼厂气等转化而得。按合成气的不同来源、组成和用途，它们也可称为煤气、合成氨原料气、甲醇合成气等）合成烃类，并在第二次世界大战期间生产液体燃料，称为费托合成。战后由于有廉价的石油及天然气供应，此项技术没有得到发展。费托合成是以合成气为原料生产各种烃类以及含氧有机化合物的方法。1923 年，德国的 Fischer 和 Tropsch 利用碱性铁屑作催化剂，在温度 400～455℃、压力 10～15MPa 条件下，发现 CO 和 H_2 可反应生成烃类化合物与含氧化合物的混合液体。1925 年至 1926 年他们又使用铁或钴催化剂，在常压和 250～300℃下得到几乎不含有含氧化合物的烃类产品。此后，人们把合成气在铁或钴催化剂作用下合成烃类或醇类燃料的方法称为费托合成法[2]。

20 世纪 70 年代由于石油大幅度涨价和供应紧张，又引发重新开展从合成气制取基本有机化工原料和发动机燃料的研究。20 世纪 70 年代中期，由日本提出了碳-化工的概念。各大化工公司先后成功地用低压甲醇羰基化制取乙酸，利用甲醇转化制汽油，利用合成气制取乙酸酐、草酸、乙二醇和乙酸乙烯等。其中一些过程已工业化，形成了碳-化工，并得到了快速发展。其中从合成气先合成甲醇，再以甲醇为基础原料，进一步合成其他有机原料取得了更多的进展。

其中已工业化的过程有：

① 乙酸的合成。以甲醇、一氧化碳为原料，在铑催化剂存在下进行羰基化反应制得乙酸，选择性在 99％以上。

② 乙酸酐的合成。在铑系催化剂的作用下，将乙酸甲酯与一氧化碳反应生成乙酸酐。

③ 草酸合成。现在的工业生产方法多是采用丁醇在亚硝酸丁酯的存在下，以铂为催化剂，与一氧化碳和氧气反应生成乙酸丁酯，经酸化后可得草酸和丁醇，后者在循环中使用。

④ 费托合成。用铁系催化剂，由一氧化碳和氢气合成液体燃料。此法只有南非在采用。

⑤ 莫比尔法。是 20 世纪 70 年代莫比尔化学公司开发的方法，利用 ZSM-5 分子筛催化剂，在 340℃，1.0～2.0MPa 压力下使甲醇一步转化为高辛烷值汽油。

⑥ 20 世纪 90 年代又发展了以含磷分子筛为催化剂将甲醇脱水偶联生产乙烯，是生产乙烯很有竞争力的一种新方法。

此外，还研究开发了多种合成乙二醇、乙酸乙烯、烯烃、乙醇、乙醛等方法，都有工业化的前景[3]。

碳-化工产品的主要原料包括煤炭、天然气、重油（渣油）和石脑油等。21 世纪初，原油价格持续处于高位，资源供求紧张，导致以重油和石脑油为原料的碳-化工产品原料路线纷纷改为以煤炭和天然气为原料。

煤炭发展成为生产碳-化工产品的廉价原料。原料煤通过气化生产的煤气（CO、CO_2 和 H_2）可生产合成氨、甲醇和二甲醚（一次产品），同时分离出的高纯 CO 和 H_2 可用作羰基合成化学品（乙酸、丁辛醇等）和加氢化学品的重要原料；通过液化（CTL）可生产清洁燃料油；通过焦化可生产焦炭、煤焦油、芳烃和沥青等化学品，焦炉气可用于制甲醇和作为合成氨的辅助原料。

天然气是生产碳-化工产品的清洁原料。在发达国家和天然气资源丰富的地区，天然气路线生产的碳-化工产品已经占 90%～100%。天然气经转化加工后，生成的合成气主要用于生产甲醇和合成氨。此外，天然气还少量用于生产乙炔、氢氰酸和二硫化碳等化学品。21 世纪初以来，甲醇制烯烃（MTO、MTP）和天然气制合成油（GTL）技术不断完善和成熟，已经成为碳-化工发展较快的一个新领域[4]。

从我国资源特点出发，在我国发展以煤和天然气为主要原料的一碳化学化工有着非常重要的战略意义。同时，吸取历史经验教训，发展工业不能以牺牲环境为代价，因而环境保护或新兴的绿色合成技术在一碳化学化工的研究与开发中始终是不可忽视的重要因素[5]。

7.1.2　煤气化产品生产种类及路线

煤气化是指煤或焦炭、半焦等固体燃料在高温常压或加压条件下与气化剂反应，转化为气体产物和少量残渣的过程。煤气化可得到合成气，合成气的下游产品主要有合成氨和甲醇、醋酐、二甲醚、乙二醇、乙烯、丙烯、丙烯酸、丙烯腈、甲醛等基础化工原料。气化剂主要是水蒸气、空气（或氧气）或它们的混合气，气化反应包括了一系列均相与非均相化学反应。所得气体产物视所用原料煤质、气化剂的种类和气化过程的不同而具有不同的组成，可分为空气煤气、半水煤气、水煤气等。煤气化过程可用于生产燃料煤气，作为工业窑炉用气和城市煤气，也用于制造合成气，作为合成氨、合成甲醇和合成液体燃料的原料，是煤化工的重要过程之一[6]。

煤的气化可归纳为五种基本类型：自热式的水蒸气气化、外热式水蒸气气化、煤的加氢气化、煤的水蒸气气化和加氢气化结合制造代用天然气、煤的水蒸气气化和甲烷化相结合制造代用天然气[7]。目前，煤气化的主流技术有气流床气化技术、流化床气化技术、固定床气化技术[8]。根据煤气化过程中所用原料和操作条件的不同，可以获得不同的产物，下面将以合成氨、甲醇、二甲醚、醋酸、甲醛为例，分别介绍煤气化产品的生产种类及路线。

（1）合成氨（NH₃）生产路线

合成氨指由氮和氢在高温高压和催化剂存在条件下直接合成的氨，为一种基本无机化工流程。现代化学工业中，氨是化肥工业和基本有机化工的主要原料[9]。煤化工合成氨工艺的主要流程分为制备原料气、原料气的净化、原料气的精炼、氨的合成以及氨的分离五个步骤[10]。

① 制备原料气。

制备原料气是煤化工合成氨的首个环节，整个过程以煤炭和焦炭为原料，采用煤气化法通过促进蒸汽、氧气和其他催化剂反应实现对煤的高温加热，借此方式使煤炭分解成氢气与一氧化碳等可燃性气体，在二段蒸汽工法基础上完成转化，合成气体。

② 原料气的净化。

受现代工业发展水平限制，当前制备的原料气掺杂着很多硫化物、一氧化碳、二氧化碳以及微量氧气，可通过对原料气的净化提升原料气的纯度。

③ 原料气的精炼。

经一氧化碳转换与二氧化碳脱除工艺以后，原料气内依然残留着少量的一氧化碳、二氧化碳、氧气与水等杂质，为将以上物质对合成氨催化剂产生的毒害作用降到最低，在把原料气送到合成工序之前，要对其进行精炼处理。当下，精炼原料气普遍采用的方法有如下三种：一是铜氨液吸收法；二是甲烷化法；三是深冷液氮洗涤法。

④ 氨的合成。

氨的合成是合成氨生产工艺中核心环节，氨的合成一定要在合成塔内高温、高压且有催化剂辅助的条件下进行，合成塔内只有部分氢气、氮气会成功合成为氨，未参与反应的氢气和氮气占比较高，受反应平衡条件的制约，合成塔内合成条件的特殊性直接决定了气体内氨含量偏低，通常含量在 10% ～ 21%，在这样的工况下为明显提升氨的含量，就一定要配合应用氢气-氮气的循环系统，通过提升氨的分离效率，提升合成氨的整体合成效率。

⑤ 氨的分离。

为提升合成塔出口混合气内未反应的氢气与氮气资源的利用效率，且获得纯度更高的氨产品，在氨的分离阶段，将氨从混合气内分离出来是一项十分关键的工序。当前分离氨多采用如下两种方法，其一是水吸收法，其二是冷凝分离法。当下国内很多大型氨厂优先采用第二种方法分离氨，其原理主要是利用氨冷却的方法促使混合气内气态氨在较短时间内冷凝成为液态氨，而后利用分离器促进气、液的有效分离。

（2）甲醇生产路线

甲醇又称羟基甲烷，是一种有机化合物，是结构最为简单的饱和一元醇，也是一种传统的化工原料，在化工行业扮演着至关重要的角色。约 80% 以上的甲醇来源于煤炭转化，因此，煤炭供应量对甲醇的生产质量及效率具有直接影响。煤气化制备甲醇工艺的主要流程包括气化流程、变换环节和低温甲醇洗环节三部分[11]。

① 气化流程。

首先配制煤浆。将原料煤输送到棒磨机内，加入适量水，开展湿法磨煤工作。为保障煤浆稳定性，可以在研磨过程中加入添加剂，在煤浆浓度达到65%左右时，将其降压后送入煤浆槽内准备气化。

煤浆配制后的各项性能要能够满足气化标准，如将煤浆内的酸碱值维持在6～8。为根本上提升气化环节的水资源利用率，可以将含有少量甲醇的沸水或甲醇精馏水作为煤浆用水。

气化环节要使煤浆与氧气进行充分的氧化反应，形成粗合成气。气体经过洗涤与冷却后送至变换工段。气化反应后的熔渣进入到激冷水室内分离。

② 变换环节。

变换环节就是将气体内的一氧化碳除去，通过过滤去除气体内部杂质。在原料气预热装置内部加热到30.5℃后将一部分气体送入变换炉，在水蒸气及催化剂的作用下进行转换，通过一系列的蒸汽过热、控制温度等方式，进入到中压蒸汽发生装置，最后冷却到40℃后，进入低温甲醇洗吸收系统内。另一部分气体不进行变换反应，直接进入低压蒸汽发生装置，待到温度降至180℃后，进入到脱盐水加热器回收热量，最后被传输至低温甲醇洗吸收系统。

③ 低温甲醇洗环节。

低温甲醇洗环节主要分为吸收、溶液再生、氨压缩制冷以及甲醇合成精馏环节，不同环节对煤气化制甲醇工艺实施的质量与效率具有直接影响，需针对低温甲醇洗环节特征，制定出相应的管理方案。举例而言，在甲醇合成环节，应控制甲醇洗脱硫脱碳净化后的气压数值，将甲醇合成循环器增压至6.5MPa。利用气冷反应装置，将冷管预热至23.5℃，使气体进入到水冷反应装置进行甲醇合成，将合成后的甲醇进行精馏处理，从根本上保障甲醇生产质量。

（3）二甲醚生产路线

二甲醚（DME）又称甲醚，是一种有机化合物，标准状态下为无色有气味的易燃气体，化学式是 C_2H_6O。二甲醚除了在日用化工、制药、农药、染料、涂料等方面有广泛的用途，还具有方便清洁、十六烷值高、动力性能好、污染少、易加压为液体、易储存等性能。

最早是在生产甲醇的基础上制备二甲醚。以煤气化支撑的甲醇为基础来制取二甲醚的方法，主要有甲醇脱水法。该方法的主要反应为：$2CH_3OH(g) + cat(s) \longrightarrow CCH_3OCH_3(g) + H_2O(g) + cat(s)$；由于不同的催化剂与反应条件可以用气相法与液相法来划分，即甲醇气相脱水法和甲醇液相脱水法[12]。随着技术的不断发展，合成气一步法也成为广泛应用的二甲醚制备方法。

① 甲醇气相脱水法制备二甲醚。

甲醇气相催化脱水生产二甲醚的工艺在目前工业上应用已较为成熟，其具有投资少，流程短、甲醇转化率高、二甲醚选择性高的优点。

原料甲醇预热后，从塔顶进入汽化塔，塔釜蒸汽供热汽化，进入反应器，在一定温度、压力及催化剂的作用下脱水反应生成二甲醚，反应放出的热量使反应气体自身温度升高，采用三段冷激式固定床反应器，用气相甲醇冷激降温以使反应在一定温度范围内进行。反应气经多次换热，最后经冷却水冷却进入粗甲醚贮罐进行气液分离。副反应气经冷却后进入洗涤塔，用吸收液洗涤后的二甲醚、甲醇流回到粗甲醚罐内，不凝气体从洗涤塔排出。从粗甲醚贮罐出来的粗甲醚经预热器预热，进入精馏塔。根据各组分的挥发度不同，多次部分的汽化和冷凝，塔顶回流提纯采出合格的二甲醚产品，塔釜重组分中甲醇回到汽化塔内回收，工艺废水从汽化塔塔釜排出[13]。

甲醇脱水反应化学方程式[14]：

$$2CH_3OH \longrightarrow CH_3OCH_3 + H_2O$$

主要副反应：

$$CH_3OH \longrightarrow CO + 2H_2$$

$$CH_3OCH_3 \longrightarrow CH_4 + H_2 + CO$$

$$CO + H_2O \longrightarrow CO_2 + H_2$$

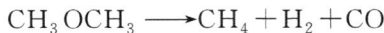

② 甲醇液相脱水法制备二甲醚。

液相甲醇法制取二甲醚也叫硫酸法，它的主要反应为：

$$H_2SO_4 + CH_3OH \longrightarrow CH_3HSO_4 + H_2O$$

$$CH_3HSO_4 + CH_3OH \longrightarrow CH_3OCH_3 + H_2SO_4$$

该法的适宜反应温度在130℃以上，甲醇的转化率达到80%以上，选择性达到99%，二甲醚的浓度到达99.6%以上[15]。

由于这种方法是以硫酸为催化剂，腐蚀性强，安全性能较低，对反应器具有严格的要求，在工业上并不常采用。

③ 合成气一步法制备二甲醚。

合成气一步法制甲醚总反应式为$3CO + 3H_2 \longrightarrow CH_3OCH_3 + CO_2$。

一步法可分为两相法和三相法。两相法即合成气在固体催化剂表面进行反应，又称固定床气相合成法；三相法即合成气在扩散到悬浮于惰性溶剂中的催化剂表面反应，又称浆态床液相合成法。

（4）醋酸（乙酸 CH₃COOH）生产路线

醋酸又称乙酸，由于冰点很低，也被称为冰醋酸，可用于生产醋酸酯、氯醋酸等物质，能用于工业生产领域。随着市场对醋酸需求量的增加，醋酸的生产工艺逐渐优化，甲醇羰基化生产醋酸的工艺成为产品生产的主要路线之一，以煤作为原料，经过甲醇这一中间体进行醋酸生产的煤化工产业链逐渐成熟。

在醋酸生产工艺中，甲醇羰基化法将煤炭作为原料，生成的甲醇与 CO 在铑-碘催化体系下搅拌，甲醇与 CO 均相混合生成醋酸。没有完全反应的 CO 与有机蒸气会从反应器的顶部排出，再经过转化釜底部气体分布器来到转化釜，和反应液内的甲醇与醋酸甲酯发生反应，最终生成醋酸。在减压阀的减压作用下，反应液的液相被加热蒸发，完成气液分离，再经过精馏工序达到分离效果，生产出的精制醋酸质量分数最高可以达到 99.85％。在甲醇羰基化生产期间，生产负荷越高，各类杂质越多，甚至会对醋酸成品的品质产生影响，所以醋酸生产工艺优化需要致力于对杂质的有效控制[16]。

（5）甲醛生产路线

甲醛又名蚁醛，是一种有机化合物，化学式 CH₂O，可用来生产胶黏剂，主要用于木材加工业，其次是用作模塑料、涂料、纺织物及纸张等的处理剂。甲醛最早于 1988 年在德国实现工业化，其生产方法历经了以液化石油气为原料的非催化氧化法、二甲醚氧化法、甲烷氧化法、甲醇空气氧化法、甲缩醛氧化法等几种方法。1923 年德国巴斯夫公司实现以合成气为原料规模化生产工业甲醇，其后甲醇氧化法成为工业甲醛生产的主导工艺路线。目前，全球甲醛产品 90％以上采用甲醇氧化法生产。该工艺路线是以甲醇为原料，将其催化氧化脱氢制得甲醛，根据催化剂种类的不同，可分为"银法"和"铁钼法"两种工艺技术[17]。其中银催化氧化法应用最为广泛。以下分别对这两种方法进行介绍。

① 银催化氧化法。

银催化氧化法又称甲醇过量法，用纯金属电解银或以浮石为载体的浮石银为催化剂，过量甲醇蒸气，空气和蒸汽进行脱氢氧化反应。过量甲醇是因为甲醇转化率较低，产品甲醇含量高，甲醛浓度低。银法甲醇氧化制甲醛的工艺流程如图 7-1 所示。原料先经高温预热，进入固定床反应器后，反应释放的热量经汽包回收后进入过热器用于加热低温物料，产物中的甲醛经两级循环吸收塔进行收集，得到的甲醛水溶液进入产品罐，吸收后的尾气主要成分为氮气，一部分循环继续作为反应原料，其余经尾气炉焚烧。

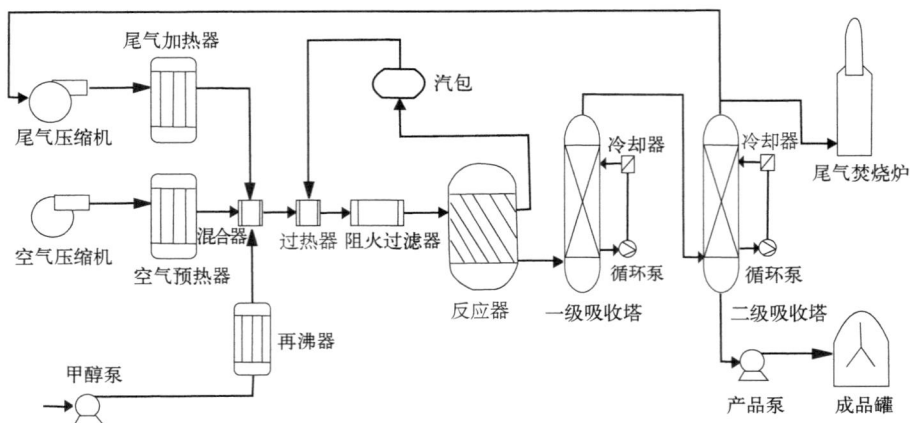

图 7-1 银法甲醇氧化制甲醛工艺流程图[18]

② 铁钼氧化物催化氧化法。

铁钼氧化物催化氧化法是指在加入铁钼氧化物催化剂的条件下，过量的空气与甲醇气和蒸汽混合物进行脱氢氧化反应[19]。过量的空气以及催化剂较高的选择性，使该法可获得近乎 100％的甲醇转化率和 94％左右的甲醛收率[20]。

铁钼法甲醇氧化制甲醛的工艺流程如图 7-2 所示。其进料亦采用尾气循环式，原料经汽化器预热进入固定床反应器，反应产生的热量由导热油带出，并由废热锅炉回收，甲醛经两级吸收塔得到产品。

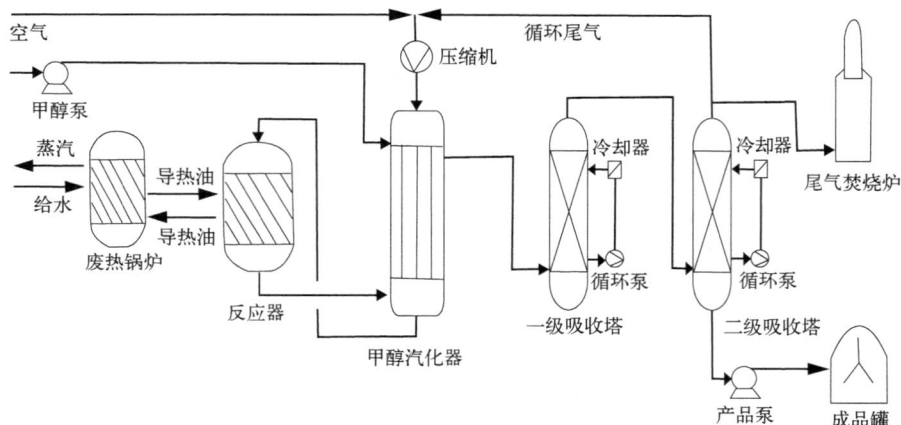

图 7-2 铁钼法甲醇氧化制甲醛工艺流程图[18]

7.2　合成氨生产

7.2.1　氨的性质与用途

氨是一种无碳化合物，燃烧时只产生水和氮气以及少量的氮氧化合物，也可以作为清洁能源来代替化石燃料[21]。氨在标准状态下是无色的气体，密度较小，且伴有刺激性的气味。人们如果长期处在氨含量比较多的环境内，可能会引起慢性中毒。液氨和干燥的氨气对大多数物质都没有腐蚀作用，但在有水的情况下，对一些金属的腐蚀作用比较强。除此之外，氨在常温下比较稳定，在高温作用下可能会分解为氮和氢，因为元素中有氢，所以氨比较容易被点燃，因此氨的化学性质较为活泼。合成氨一直是化工产品的重要组成部分，世界上每年合成氨的产量已经达到了一亿吨以上。而其中大多数的氨用来制造化肥，而 1/5 作为其他化工产品的原料。因此，氨就是最基础的化工产品。

氨是推动我国化工产业发展的重要因素，在我国经济发展过程中是非常重要的。合成氨是由氢气和氮气在高温、高压、催化剂条件下进行的一系列化学反应而制成。而氨的主要来源，除了从焦炉气进行回收之外，最重要的就是进行合成氨的制备。氨主要用于农业，尤其是合成氨，大部分都用于我国化肥工业的发展。氨主要用于氮肥的生产，氮肥也是形成尿素和其他化肥的原料。除此之外，氨在无机化学和有机化学的发展过程中也起着非常重要的作用，它是生产铵、胺、炸药、合成纤维等的原料。其作为化工原料和氨化肥的总量约占其世界总产量的 1/10。此外，其他硝酸和含氮的无机盐等都是以氨作为原料进行生产的[22]。

7.2.2　合成氨的工艺条件

在进行合成氨操作时，需要确保氢以及氮原料满足相应标准的要求。氮气可以通过以下方式获得：①直接在空气中获得；②通过液化的方式和空气进行分离；③通过燃烧空气，穿过燃料层并去除产生的二氧化碳以及一氧化碳。一般情况下，获取氢气的方式是通过燃烧各种含有碳氢化合物的燃料，比如无烟煤、焦炭、天然气等作为原料与水蒸气。通过固体燃料的燃烧把水蒸气进行分解，与空气中的氧反应生成氢气、一氧化碳、氮气以及二氧化碳等合成气体。在这个过程中主要产生的反应有：

$$C + H_2O(g) = CO + H_2 \qquad \Delta H = 131.39\text{kJ/mol}$$

$$C+2H_2O \text{ (g)} \Longrightarrow CO_2+2H_2 \quad \Delta H=90.20kJ/mol$$

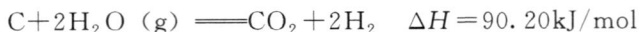

把净化之后得到的氮以及氢的混合气体通过压缩的方式，在高温或者是以铁作为催化剂的条件下进行合成氨反应，反应式为 $3H_2+2N_2 \Longrightarrow 2NH_3$。在合成尿素的过程中含有下列过程：①氨过量的条件下，使用氨和二氧化碳作为原料合成尿素，从而生成尿素合成液；②高压环境下，使用氨和二氧化碳作为汽提剂，之后在比上述高压低的压力状况下，对尿素合成液进行分解，主要的目的是将过量氨以及一些副产物分离开来，如氨基甲酸铵分解产生的氨和二氧化碳；③之后使用溶剂吸收氨和二氧化碳气体混合物中的水，并完成冷凝操作，再循环获得溶液和冷凝液。在这个过程中，涉及的具体工艺如下。

（1）制取原料气

煤化工合成氨的第 1 个环节就是产生原料气体。一般情况下，应用煤气化法产生原料气体，在催化剂的作用下，结合氧气和蒸汽可以加速煤炭在高温环境下的分解，产生可燃气体，如氢气和一氧化碳等。之后把第 2 个环节的蒸汽用来转换氨以及合成氨。

（2）纯净原料气

在制备好原料气体之后，气体中含有很多硫化物以及少量二氧化碳和一氧化碳，因此原料气体纯度比较低。所以有必要对原料气体进行净化，净化原料气体可以去除气体中残留的除氨和氢以外的其他杂质。在净化原料气体的过程中需要注意方法的有效性，确保脱硫脱碳的彻底性。就原料气体的净化而言，其中去除一氧化碳非常困难，为了确保有效地去除一氧化碳，需要先对一氧化碳进行转化，将一氧化碳转化成氢气和二氧化碳，这样可以在很大程度上减小去除该气体的难度，提高氢气原料的提取量，从而增加合成氨的原料量。去除一氧化碳的实质是原料气体的持续生产，在此期间一氧化碳还可以与水反应生成部分氢气。在除尽原料气体中的一氧化碳以后，还需要实施脱硫操作，脱硫能够提高合成氨的实际质量。不仅如此，由于硫化合物具有毒性，所以去除原料气体中的硫化合物也可以给合成氨的安全性提供保障。工业生产过程中，脱硫操作应用比较普遍的方式有两种：①物理化学吸收法；②低温甲醇洗涤法。把初始的原料气体中含有的一氧化碳进行转化以后，转化得到的气体中含有二氧化碳和一氧化碳，除此之外还含有甲烷和氢等其他成分，但是二氧化碳的含量是最高的。一般情况下，使用溶液吸收法去除原料气体中含有的二氧化碳。

（3）精炼原料气

精炼原料气是指将原料气体中所包含的一氧化碳转变为其他气体，并将其中的二氧化碳去除干净，对于其中的少量杂质，比如一氧化碳或者是氧气等，要将这些杂质气体保留在原料气体中。在这个过程中为了避免这些杂质导致催化剂中毒，需在生产原料气体之前进行精炼，一般情况下精炼原料气体的方法有三种，通常都会使用甲烷化法来进行精炼。

（4）合成氨

在实际的合成氨生产过程中，原料气的制备是非常重要的，通过提纯原料气应用于合成氨的过程，能够有效提升合成氨的纯度。在高温与高压的条件下，借助催化剂来促进合成氨的生产，可以使合成氨反应速率提高上万亿倍，为了有效提升合成氨的含量，可以通过使用氢氮循环系统，并使用氢气的高效合成来促使合成氨效率的提升[23]。

7.2.3　合成氨的工艺流程

从工艺流程上来看，合成氨主要是在高温、高压和催化条件下将氢和氮合成为氨，包含合成气制取、粗原料气净化和氨合成三个环节。

首先需要对合成气进行制取，选取的原料主要为煤、炭等固体，需要利用气化方式制得含有氢、氮元素的粗原料气，利用渣油制取合成气，可以通过部分氧化的方式获得合成气。从气态烃等物质中提炼氨，需要采用二段蒸汽转化法制备原料气。

其次，获得的粗原料气中含有杂质，不能直接进行氨合成，需要采用净化工艺进行处理，包含一氧化碳转换、脱硫脱碳、精制气等过程。在一氧化碳转换阶段，可以通过加入富氧空气的形式进行燃烧，转化得到二氧化碳。采取的脱硫工艺主要包含两类，一类为低温甲醇洗涤法，另一类为物理化学吸收法。对二氧化碳进行脱除，也可以采用低温甲醇法，另外使用变压吸附法等，能够对硫化氢等气体进行吸附。在原料气精炼阶段，将含有的少量一氧化碳转换，并去除二氧化碳和其他少量杂质气，以防后续在氨合成过程中出现催化剂中毒问题。采用甲烷化法，能够将含碳和硫的氧化物有效清除。

最后在氨合成阶段，可以利用氢气和氮气的混合气制氨。在完成纯净混合气压缩后，利用催化剂催化，获得合成氨。采用不同压力进行气体压缩，可以将合成方法划分为高压法、中压法和低压法。采用高压法，能够实现较高合成效率，有助于从混合气中分离氨气，但产生的能耗也较大。在工业中应用广泛的为中压法，发展相对成熟，能够在达到一定合成效率的同时，减少资源损耗，经济性较强。采用低压法只需要简单设备即可进行生产操作，但合成效率较低。受反应平衡条件制约，产物中除了包含氨，同时也包含未反应的氢气和氮气，需要采用冷凝分离法等技术进行分离，使气态氨在短时间内凝结成液态，实现气液分离，最终得到合成氨[24]。

（1）合成氨的主要设备

工业合成氨的主要设备包括合成气制备装置、合成氨反应器、氢分离装置、压缩装置和冷却装置，除以上主要设备外，还需要配套控制系统、储存设施、输送系统等。这些设备和系统共同构成了工业合成氨的生产线。

① 合成气制备装置。

合成气制备装置是工业合成氨生产中的关键设备，用于制备合成气。合成气主要由一氧化碳和氢气组成，通常按照 3∶1 的比例。以下是合成气制备装置的详细介绍。

a. 蒸汽重整装置。蒸汽重整是最常用的合成气制备方法之一。该装置主要由炉膛、催化剂床、换热器和分离装置等组成。在炉膛中，通过加热天然气（或液化石油气）与过量的水蒸气反应，产生一氧化碳和氢气。催化剂床中的镍催化剂有助于反应的进行。换热器用于回收废热，提高能量利用效率。分离装置用于分离合成气中的杂质。

b. 部分氧化装置。部分氧化是另一种常用的合成气制备方法。该装置主要由炉膛、催化剂床和分离装置等组成。在炉膛中，通过将天然气（或液化石油气）与氧气进行部分燃烧反应，产生一氧化碳和氢气。催化剂床中的催化剂有助于反应的进行。分离装置用于分离合成气中的杂质。

c. 煤气化装置。煤气化是一种将固体煤转化为合成气的方法。该装置主要由煤气化炉、气化剂供应系统、气化剂净化系统和分离装置等组成。在煤气化炉中，通过将煤与氧气或蒸汽进行高温反应，产生一氧化碳和氢气。气化剂供应系统用于提供氧气或蒸汽。气化剂净化系统用于净化气化剂，防止催化剂中毒。分离装置用于分离合成气中的杂质。

② 合成氨反应器。

合成氨反应器是工业合成氨生产过程中的核心设备，用于将氮气和氢气通过催化反应转化为氨。

a. 反应器类型。合成氨反应器通常采用垂直固定床反应器或水平固定床反应器。固定床反应器是最常用的类型，其中催化剂填充在反应器的床层中。催化剂通常采用铁或铁-铝催化剂。

b. 反应条件。合成氨反应需要在高温高压条件下进行。典型的反应条件

是压力为 $150\sim250$bar，温度为 $350\sim500℃$。反应器内需要保持恒定的压力和温度，以确保反应的进行。

c. 催化剂。合成氨反应催化剂通常是铁或铁-铝催化剂。这些催化剂具有高度的活性和选择性，能够促进氮气和氢气的结合生成氨。催化剂通常以颗粒状形式存在，填充在反应器的床层中。

d. 冷却装置。合成氨反应过程中会产生大量的热量，需要通过冷却装置进行热量的散发和回收。常用的冷却装置有冷却塔、换热器等。冷却装置可以将反应器内的热量转移到其他工艺中，提高能量利用效率。

e. 控制系统。合成氨反应器需要配备精确的控制系统，以确保反应的稳定进行。控制系统可以监测和调节反应器内的压力、温度和流量等参数，保持反应条件的稳定。

③ 氢分离装置。

氢分离装置是一种用于将氢气从气体混合物中分离出来的设备。氢气分离通常在工业领域中进行，以满足不同工艺和应用对纯度高的氢气的需求。

a. 工作原理。

氢分离装置通常利用氢气与其他气体（如甲烷、氮气、二氧化碳等）在特定条件下的差异性进行分离。常见的分离方法包括膜分离、吸附分离和膨胀分离等。

膜分离：利用氢气分子在特定膜材料上的渗透性，将氢气从混合气体中分离出来。常用的膜材料包括聚合物膜、金属膜和陶瓷膜等。

吸附分离：利用吸附剂对氢气和其他气体的吸附性能的差异，通过吸附剂的选择性吸附来分离氢气。常用的吸附剂包括活性炭、分子筛和金属有机骨架材料等。

膨胀分离：利用氢气和其他气体在不同压力下的相变特性差异，通过膨胀过程将氢气与其他气体分离。常用的膨胀分离方法包括膨胀冷却和膨胀吸收等。

b. 主要组成部分。

氢分离装置的主要组成部分根据不同的分离方法可能会有所差异，但一般包括以下几个部分。

进料系统：用于将混合气体引入分离装置。通常包括气体净化、压缩和调节等设备。

分离单元：根据不同的分离方法，包括膜单元、吸附单元或膨胀单元等。这些单元用于实现氢气与其他气体的分离。

氢气收集系统：用于收集和储存分离出来的纯氢气。通常包括储氢罐或压缩机等设备。

废气处理系统：用于处理分离过程中产生的废气。通常包括废气净化和排放控制等设备。

氢分离装置的设计和运行需要根据具体的工艺要求和气体混合物的成分进行优化。合适的分离方法和设备选择可以提高氢气的纯度和回收率，降低生产成本，并满足不同工业应用对氢气的需求。

④ 压缩装置。

压缩装置是一种用于将气体或液体增加压力的设备。它通过降低体积或增加压力来实现气体或液体的压缩。压缩装置在许多工业领域中广泛应用，包括空气压缩机、气体压缩机和液体泵等。

a. 空气压缩机。

空气压缩机是将空气压缩为高压气体的设备。它通常通过活塞或螺杆等机械结构将空气压缩到所需的压力。空气压缩机广泛应用于工业生产中的气动工具、空气动力设备和气体输送系统等。

b. 气体压缩机。

气体压缩机用于将气体压缩为高压气体。它可以是离心式压缩机、轴流式压缩机或往复式压缩机等。气体压缩机的工作原理与空气压缩机类似，但适用于各种气体的压缩，如天然气、氢气和氧气等。气体压缩机广泛应用于石油、化工、能源和制冷等行业。

c. 液体泵。

液体泵用于将液体增加压力并推送到需要的位置。它通常通过叶轮或柱塞等结构将液体压缩并推送。液体泵广泛应用于化工、石油、水处理和供水系统等领域。

压缩装置的选择取决于所需的压缩介质（气体或液体）、工作压力、流量要求以及特定应用的要求。在设计和选择压缩装置时，需要考虑压缩效率、能耗、维护要求和安全性等因素，以确保装置的可靠性和其他性能。

⑤ 冷却装置。

冷却装置是一种用于降低物体或介质温度的设备。它通过吸收热量，并将热量传递到周围环境中，以实现物体或介质的冷却。

a. 冷却器。

冷却器是一种用于将热量从液体或气体中移除的设备。它通常通过传导、对流或辐射等方式将热量传递给冷却介质，如水、空气或制冷剂。冷却器广泛应用于空调系统、冷冻设备、发电厂和化工工艺中。

　　b. 冷凝器。

冷凝器是一种用于将气体或蒸汽冷凝为液体的设备。它通过将气体或蒸汽暴露在冷却介质的表面上，使其散发热量并转化为液体。冷凝器广泛应用于蒸汽动力系统、制冷循环和化工过程中。

　　c. 冷水机组。

冷水机组是一种通过制冷剂循环来降低水温的设备。它通常由压缩机、冷凝器、膨胀阀和蒸发器等组成。冷水机组通过压缩机将制冷剂压缩成高压气体，然后通过冷凝器将热量散发到周围环境中，最后通过膨胀阀和蒸发器将制冷剂蒸发并吸收热量，从而实现水的冷却。

　　d. 散热器。

散热器是一种用于将热量从电子设备或发动机等热源中散发出去的设备。它通常由散热片和风扇组成。散热器通过扩大表面积和增加风流来提高热量的散发效率，从而降低热源的温度。

冷却装置的选择取决于所需的冷却效果、温度范围、流量要求以及特定应用的要求。在设计和选择冷却装置时，需要考虑冷却效率、能耗、维护要求和安全性等因素，以确保装置的可靠性和其他性能。

（2）合成氨的设备操作

　　① 合成塔的正常操作。

合成塔的正常操作主要是控制适当的合成塔催化剂层温度，并控制好炉层压力，从而增强催化剂的活性，提高氢气、氮气的转化率及设备的生产能力。

　　a. 稳定控制压力，减少压差，严禁超压。

在合成过程中既要保证足量新鲜气，维持合成系统较高的操作压力，又不允许超压，减少压力的波动。根据合成塔内反应情况、入口氨与惰性气体含量、氢氮比的波动及时采用放空阀调节压力，稳定控制压力，严禁超压。对压力调节应缓慢进行，不能进行猛烈地升降压。防止由于放空速度过快产生静电而导致着火、爆炸。

　　b. 稳定控制热点温度，严禁超温。

控制催化剂层温度是合成氨的主要操作环节，要根据生产负荷及合成塔进口气体成分等影响温度变化的因素，及时调节循环机近路、系统近路、合成塔副阀等，稳定控制催化剂层的热点温度。根据催化剂的型号及使用阶段的不同确定热点温度控制标准，保持催化剂层的温度在催化剂活性范围内。不允许超温操作，防止由于结晶黏聚而使催化剂烧坏并失去活性。

② 塔壁温度与塔出口温度控制。

合成塔外筒制造复杂且成本高昂，不能经常维修和更换，为了保证生产的安全及延长设备使用寿命，应该注意控制好塔壁湿度，防止合成塔主要部件同时承受高温和高压。过高的塔壁温度，会降低钢材强度，从而承受不了高压，加快塔壳的腐蚀速度，从而缩短其使用寿命，甚至会引发爆炸事故。另外，塔出口温度过高也同样会加快氢气、氨气对钢材的腐蚀，降低钢材强度，因此也要严格控制塔出口温度在管材规定的范围内。

③ 液位的控制。

首先是控制冷交、氨分液位。冷交、氨分液位高低，会随着生产负荷等因素的变化而变化，过高或过低的液位都会影响合成塔的正常操作，甚至引发事故。因此需要严格控制在指标范围内。其次是控制氨冷器液位，因为液位过低会增大合成塔入口氨含量，液位过高则会造成冰机带氨。最后要控制废锅的液位，防止液位过低造成废锅出口温度高，甚至出现"干锅"，液位过高则影响蒸汽质量。

④ 循环机的正常操作与紧急停车。

循环机主要是给氨分离器的循环气增压，使其与新鲜气混合，可以循环利用气体，从而提高反应率。正常生产时需要定期排放滤油器油水，记录循环机进出口温度、压力、电压，控制油箱油位、主轴瓦油压等。当发生着火、爆炸、电气故障、机械事故等情况时应采取紧急停车措施。

⑤ 催化剂的装填。

在合成氨工业中催化剂的装填非常重要，对合成反应有重要影响。各种规格的催化剂填装时要层次分明，高度尺寸及重量要准确，平面各点要填装平整，防止催化剂受潮，催化剂要磨角处理，装前要过筛，边过筛边称量边填装。内件各处要密封填料，不得泄漏。装填完毕要及时对催化剂床层进行吹扫和封盖[25]。

7.3 甲醇生产

7.3.1 甲醇的性质和用途

甲醇是一种无色、易燃、有刺激性气味的液体，化学式为 CH_3OH，也称为木醇或甲基醇。甲醇是一种重要的基础化工原料，广泛用于制造甲醛、乙二醇、二甲醚、丙烯酸、甲基叔丁基醚（MTBE）、二甲基碳酸酯（DMC）等化工产品。甲醇也是一种清洁能源，可以作为汽油、柴油、液化石油气（LPG）等传统燃料的替代品或添加剂，提高燃料的辛烷值和抗爆性，降低尾气排放中的有害物质。此外，甲醇还可以用于制造燃料电池、合成氢气、生物柴油等新能源产品。

甲醇的性质主要由其分子结构决定。甲醇分子由一个碳原子和一个羟基组成，是最简单的饱和一元醇。由于羟基的存在，甲醇具有极性，并能与水互溶，形成共沸体系。甲醇也可以与其他极性或非极性的有机溶剂混溶，如乙醇、乙醚、苯等。由于碳原子只有一个，甲醇不易与卤素发生取代反应，但容易与其水溶液发生加成反应，生成二卤代甲烷和二卤代甲醚等衍生物。甲醇还可以发生氧化反应、脱水反应、氨化反应、水煤气变换反应等，生成各种有机物。

甲醇的用途主要分为以下几类[26]。

① 作为基础化工原料，用于合成各种有机物。例如，甲醛是由甲醇在银触媒作用下氧化而得到的最重要的衍生物之一，它可以进一步转化为多种产品，如尿素、己二酸、己内酰胺、己二胺等。乙二醇是由甲醛在高温高压下与水反应而得到的另一种重要衍生物，它可以用于制造聚乙烯醇（PVA）、聚乙烯对苯二甲酸（PET）、聚乙二醇（PEG）等聚合物。二甲醚是由甲醇在固体催化剂作用下脱水而得到的最简单的醚类化合物，它可以用作溶剂、萃取剂、冷却剂、引爆剂等，并可进一步转化为二氧化碳和氢气等。

② 作为清洁能源，用于替代或添加传统燃料。例如，MTBE 是由甲醇和异丁烯在强酸催化剂作用下生成的一种含氧化合物，它可以作为汽油的添加剂，提高汽油的辛烷值和抗爆性，降低汽油的挥发性和尾气排放中的一氧化碳、烃类等有害物质。甲醇也可以直接作为汽油、柴油、LPG 等燃料的替代品，但需要对发动机进行一定的改造，以适应甲醇的物理和化学特性。甲醇还可以用于制造燃料电池、生成氢气、生物柴油等新能源产品，具有清洁、高效、可再生等优点。

③ 作为其他用途，如溶剂、防冻剂、变性剂等。例如，甲醇是一种常见的溶剂，由于其低紫外线吸收，使得甲醇高度适用于高效液相色谱法、紫外-可见分光光度法和液相色谱-质谱联用法等分析方法。甲醇也可以作为防冻剂，用于管道、挡风玻璃清洗液等。甲醇还可以作为变性剂，与乙醇混合，生成变性乙醇或甲基化酒精，用于工业或医疗等领域。

7.3.2　合成甲醇的工艺条件

煤气化技术合成甲醇是指将煤或其他固体燃料与水或氧气等氧化剂在高温

高压下进行部分氧化反应，生成含有 CO 和 H_2 等组分的合成气，然后在催化剂的作用下反应生成甲醇的技术。其反应方程式为：$CO+2H_2 \longrightarrow CH_3OH$，是一种放热反应，反应热为 $-90.7kJ/mol$，属于平衡限制反应。这是目前最常用的甲醇制造方法，具有原料来源广泛、成本较低、产量较大的优点。煤气化技术合成甲醇的工艺条件主要包括反应温度、反应压力、原料气组成和空速等[27]。

（1）反应温度

反应温度对合成甲醇的影响较大，一般控制在 200～300℃ 之间，过高或过低都会降低反应速率和转化率。反应温度过高会导致催化剂失活和副反应增加，降低催化剂的选择性和稳定性，增加能耗和设备损耗；反应温度过低会导致反应速率下降和平衡转化率降低，降低生产能力和经济效益。因此，要根据催化剂性能和反应器类型选择合适的反应温度，保持反应器内部温度分布均匀，避免出现温度波动和热点现象。

（2）反应压力

反应压力对合成甲醇的影响较小，一般控制在 5～10MPa 之间，过高会增加设备投资和运行费用，过低会降低反应平衡常数和转化率。反应压力过高会导致原料气密度增大和流动阻力增加，增加压缩机功率和能耗，降低空速和生产能力；反应压力过低会导致平衡转化率下降和单程收率降低，增加循环气量和能耗，降低催化剂利用率。因此，要根据原料气组成和产品要求选择合适的反应压力，保持反应器内部压力分布均匀，避免出现压力波动和泄漏现象。

（3）原料气组成

原料气组成对合成甲醇的影响较复杂，一般要求 CO 和 H_2 的摩尔比在 1：2～1：3 之间，同时要控制 CO_2、CH_4、N_2 等杂质气体的含量，以提高催化剂的选择性和稳定性。原料气组成不合理会导致催化剂失活和副反应增加，降低催化剂的选择性和稳定性，影响产品质量和收率。N_2 抢占催化剂活性中心的同时，CO_2 和 CH_4 也会与 H_2 竞争催化剂活性中心，抑制甲醇生成。因此，要根据原料气来源和质量选择合适的变换和净化技术，调整原料气组成，保持反应器内部组成分布均匀，避免出现组成波动和变化现象。

（4）空速

空速是指单位时间内通过催化剂床层的原料气体体积与催化剂床层体积之比，常用 h^{-1} 表示。空速对合成甲醇的影响取决于催化剂性能和反应器类型，一般控制在 1000～5000h^{-1} 之间，过高会降低转化率和单程收率，过低会降低生产能力和经济效益。空速过高会导致原料气通过催化剂床层的时间缩短，反应不充分，甲醇生成量减少；空速过低会导致原料气通过催化剂床层的时间延长，反应过度，甲醇分解量增加。因此，要根据催化剂性能和反应器类型选择合适的空速，保持反应器内部空速分布均匀，避免出现空速波动和变化现象。

7.3.3　合成甲醇的工艺流程

工业上几乎都是通过将煤气化为一氧化碳、二氧化碳，采用加压催化氢化法合成甲醇，典型的流程包括煤气化、变换、原料气净化、甲醇合成、粗甲醇精制等工序（图 7-3）。下面分别介绍每个阶段的具体内容和特点[28,29]。

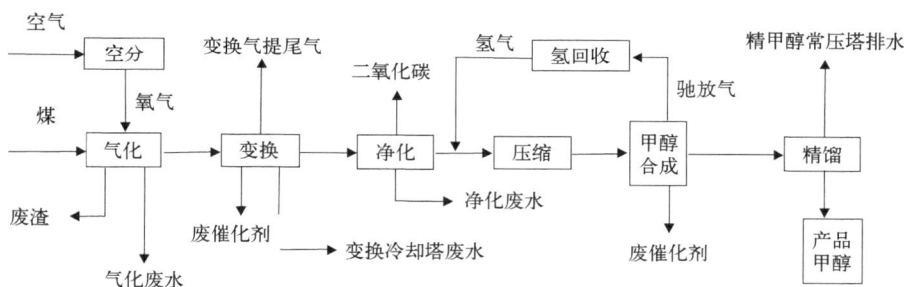

图 7-3　煤气化合成甲醇工艺流程图

（1）气化阶段

气化是指将煤或其他固体燃料与水或氧气等氧化剂在高温高压下进行部分氧化反应，生成含有 CO 和 H_2 等组分的合成气的过程。煤气化反应可以用以下简化的化学方程式表示：

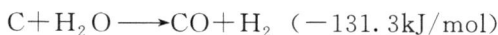

$$2C+O_2 \longrightarrow 2CO(+94.1kJ/mol)$$

$$C+H_2O \longrightarrow CO+H_2 \ (-131.3kJ/mol)$$

$$C+2H_2 \longrightarrow CH_4 \ (+74.8kJ/mol)$$

煤气化反应是一个复杂的、多相多组分的非平衡反应，其反应速率和方向受到原料质量、气化剂种类和用量、气化温度和压力、反应器类型和结构等因素的影响。煤气化反应器有多种类型，如固定床、流化床、悬浮床、熔融浴等，各有优缺点，需要根据具体情况选择合适的反应器。一般来说，固定床反应器适用于低灰分、低水分的无烟煤或褐煤，流化床反应器适用于高灰分、高水分的褐煤或无烟煤，悬浮床反应器适用于粒度小、灰分低的无烟煤或褐煤，熔融浴反应器适用于粒度大、灰分高的无烟煤或褐煤。

煤气化阶段的目标是尽可能地提高 CO 和 H_2 的产率和纯度，同时尽可能地降低 CH_4、CO_2、N_2 等杂质的含量。为了达到这个目标，需要优化原料质量、气化剂种类和用量、气化温度和压力等参数。一般来说，原料质量越好，即灰分、硫分、水分越低，CO 和 H_2 的产率和纯度越高；气化剂种类越纯，即 O_2 含量越高，CO 和 H_2 的产率和纯度越高；气化温度越高，CO 和 H_2 的产率越高，但 CH_4 和 CO_2 的产率也会增加；气化压力越高，CO 和 H_2 的产率越低，但 CH_4 和 CO_2 的产率也会降低。

（2）变换阶段

变换是指将粗合成气中的 CO 和水蒸气在催化剂的作用下进行水汽变换反应，生成 CO_2 和 H_2 的过程，以调整合成气中 CO 和 H_2 的比例，满足合成甲醇的原料气组成要求。变换技术主要分为高温变换和低温变换两种类型，一般采用两者相结合的方式进行变换。水汽变换反应可以用以下简化的化学方程式表示：

$$CO + H_2O \longrightarrow CO_2 + H_2 (+41.1kJ/mol)$$

水汽变换反应是一个可逆的平衡反应，其反应速率和方向受到变换温度和压力、催化剂种类和用量、反应器类型和结构等因素的影响。水汽变换反应器有多种类型，如固定床、流化床、膜反应器等。一般来说，固定床反应器适用于高温高压的变换条件，流化床反应器适用于低温低压的变换条件，膜反应器适用于中温中压的变换条件。

变换阶段的目标是尽可能地提高 H_2 的产率和纯度，同时尽可能降低 CO_2 的含量。为了达到这个目标，需要优化变换温度和压力、催化剂种类和用量等参数。一般来说，变换温度越低，H_2 的产率和纯度越高，但反应速率越慢；变换压力越高，H_2 的产率和纯度越低，但反应速率越快；催化剂种类活性越高，H_2 的产率和纯度越高，但催化剂寿命越短；催化剂用量越多，H_2 的产率和纯度越高，但催化剂成本越高。

（3）净化阶段

净化是将变换后的合成气中的 CO_2、H_2S、NH_3、CH_4、N_2 等杂质气体进行分离和回收，提高合成气的纯度和活性的过程。净化技术主要分为物理吸收法、化学吸收法、吸附法、膜分离法、冷冻法等类型，要根据杂质气体的种类和含量选择合适的净化技术。一般来说，吸收法适用于高压、高浓度的杂质分离，吸附法适用于低压、低浓度的杂质分离，膜分离法适用于中压、中浓度的杂质分离，冷冻法适用于低温、低浓度的杂质分离。

净化阶段的目标是尽可能地提高合成气的纯度和活性,同时尽可能地降低净化成本和能耗。为了达到这个目标,需要优化净化方法的选择和组合、净化参数的调节、净化设备的设计和运行等方面。一般来说,净化方法的选择和组合应根据杂质种类和含量、合成气温度和压力、合成气需求量和质量等因素综合考虑;净化参数的调节应根据净化效果和能耗之间的平衡进行;净化设备的设计和运行应根据净化方法的特点和要求进行。

（4）合成阶段

合成是指将净化后的合成气在催化剂的作用下反应生成粗甲醇的过程。甲醇合成反应可以用以下简化的化学方程式表示:

$$CO + 2H_2 \longrightarrow CH_3OH(-90.7kJ/mol)$$
$$CO_2 + 3H_2 \longrightarrow CH_3OH + H_2O \ (-49.5kJ/mol)$$

甲醇合成反应是一个可逆的平衡反应,其反应速率和方向受到合成温度和压力、催化剂种类和用量、反应器类型和结构等因素的影响。合成技术主要分为固定床反应器和液相反应器两种类型,前者适用于高压低温条件下的合成,后者适用于低压高温条件下的合成。目前,固定床反应器是最常用的合成甲醇反应器类型。

合成阶段的目标是尽可能地提高甲醇的收率和质量,同时尽可能地降低合成成本和能耗。为了达到这个目标,需要优化合成温度和压力、催化剂种类和用量等参数。一般来说,合成温度越低,甲醇的收率和质量越高,但反应速率越慢;合成压力越高,甲醇的收率和质量越低,但反应速率越快;催化剂种类越活性,甲醇的收率和质量越高,但催化剂寿命越短;催化剂用量越多,甲醇的收率和质量越高,但催化剂成本越高。

（5）精制阶段

精制阶段是将合成后的粗甲醇中的水分、杂质和未反应的合成气进行分离和回收,提高甲醇的纯度和稳定性。精制方法有多种,如蒸馏法、吸收法、吸附法、膜分离法等。一般来说,蒸馏法适用于高纯度、高稳定性的甲醇分离,吸收法适用于低纯度、低稳定性的甲醇分离,吸附法适用于中纯度、中稳定性的甲醇分离,膜分离法适用于特殊要求的甲醇分离。

精制阶段的目标是尽可能地提高甲醇的纯度和稳定性,同时尽可能地降低精制成本和能耗。为了达到这个目标,需要优化精制方法的选择和组合、精制参数的调节、精制设备的设计和运行等。一般来说,精制方法的选择和组合应根据甲醇含量和质量、水分和杂质含量、甲醇需求量和质量等因素综合考虑;

精制参数的调节应根据精制效果和能耗之间的平衡进行；精制设备的设计和运行应根据精制方法的特点和要求进行。

7.3.4 合成甲醇的主要设备及操作

合成甲醇的主要设备包括：煤粉制备系统、气化系统、变换系统、净化系统、合成系统和精制系统。下面分别介绍每个系统的主要设备和操作。

（1）煤粉制备系统

煤粉制备系统用来将煤块破碎、干燥、筛分和储存，制成符合气化要求的煤粉。煤粉制备系统的主要设备有：破碎机、干燥机、筛分机和储罐等。煤粉制备系统的主要操作如下。

① 破碎。将煤块通过给料机送入破碎机，进行初级和二级破碎，将煤块粉碎成小于 10mm 的颗粒。

② 干燥。将破碎后的煤粉通过输送带送入干燥机，利用废气或蒸汽进行干燥，将水分降低到 10％以下。

③ 筛分。将干燥后的煤粉通过输送带送入筛分机，进行多级筛分，将不同粒度的煤粉分离出来，一般选用 0.1～1mm 的煤粉作为气化原料。

④ 储存。将筛分后的煤粉通过输送带送入储罐，进行密闭储存，防止水分增加和自着火。

（2）气化系统

气化系统是将煤粉与气化剂在高温高压下反应，生成含有 CO 和 H_2 的粗合成气。气化系统的主要设备有：氧气制取装置、锅炉、预加热器、气化反应器和冷却器等。气化系统的主要操作如下。

① 氧气制取。利用空分装置从空气中提取纯度高达 99.5％的氧气，作为气化剂。

② 锅炉。利用部分合成气或其他燃料对水进行加热，生成高温高压的水蒸气，作为气化剂或变换剂。

③ 预加热。将储罐中的煤粉通过锁风阀和喷射器喷入预加热器，与水蒸气混合，进行预加热，提高温度至 300～400℃。

④ 气化。将预加热后的煤粉与氧气混合，通过喷射器喷入气化反应器，与高温高压的水蒸气接触，进行部分氧化和水汽重整反应，生成含有 CO 和 H_2 的粗合成气。

⑤ 冷却。将气化后的粗合成气通过冷却器进行冷却，降低温度至 $400 \sim 500 ℃$，同时凝结出部分水分和焦油等杂质。

（3）变换系统

变换系统是将粗合成气中的 CO 和水蒸气进行水汽变换反应，增加 H_2 含量，调整 H_2/CO 比例。变换系统的主要设备有：变换反应器、冷却器和分离器等。变换系统的主要操作如下。

① 变换。将冷却后的粗合成气通过变换反应器进行水汽变换反应，增加 H_2 含量，调整 H_2/CO 比例。根据反应温度不同，有高温变换、中温变换和低温变换等。

② 冷却。将变换后的合成气通过冷却器进行冷却，降低温度至 $100 \sim 200 ℃$，同时凝结出部分水分和 CO_2 等杂质。

③ 分离。将冷却后的合成气通过分离器进行分离，将水分和 CO_2 等杂质从合成气中分离出来。

（4）净化系统

净化系统是将变换后的合成气中的 CO_2、CH_4、N_2 等杂质进行分离和回收，提高合成气的纯度和活性。净化系统的主要设备有：吸收塔、吸附塔、膜分离装置、冷冻装置等。净化系统的主要操作如下。

① 吸收。利用吸收液（如碱液或胺液）在吸收塔中对合成气进行吸收，将 CO_2 等酸性杂质从合成气中吸收出去。

② 吸附。利用吸附剂（如活性炭或分子筛）在吸附塔中对合成气进行吸附，将 CH_4 等惰性杂质从合成气中吸附出来。

③ 膜分离。利用膜分离装置对合成气进行膜分离，将 N_2 等低分子量杂质从合成气中分离出来。

④ 冷冻。利用冷冻装置对合成气进行冷冻，将水分和其他低沸点杂质从合成气中分离出来。

（5）合成系统

合成系统是将净化后的合成气在催化剂作用下进行甲醇合成反应，生成粗甲醇。合成系统的主要设备有：合成塔、冷却器和分离器等。合成系统的主要操作如下。

① 合成。将净化后的合成气通过合成反应器进行甲醇合成反应，生成粗甲醇。根据反应器类型不同，分为固定床、流化床和多管床等。

② 冷却。将合成后的粗甲醇通过冷却器进行冷却，降低温度至 $40 \sim 50 ℃$，

同时凝结出部分水分和未反应的合成气。

③ 分离。将冷却后的粗甲醇通过分离器进行分离，将水分和未反应的合成气从粗甲醇中分离出来。

（6）精制系统

精制系统是将合成后的粗甲醇中的水分、杂质和未反应的合成气进行分离和回收，提高甲醇的纯度和稳定性。精制系统的主要设备有：蒸馏塔、吸收塔、吸附塔、膜分离装置等。精制系统的主要操作如下。

① 蒸馏。利用蒸馏塔对粗甲醇进行蒸馏，将甲醇与水分和其他杂质进行分离，得到高纯度的甲醇。

② 吸收。利用吸收液（如水或其他溶剂）在吸收塔中对未反应的合成气进行吸收，将其中的 CO_2 等酸性杂质从合成气中吸收出去。

③ 吸附。利用吸附剂（如活性炭或分子筛）在吸附塔中对未反应的合成气进行吸附，将其中的 CH_4 等惰性杂质从合成气中吸附出来。

④ 膜分离。利用膜分离装置对未反应的合成气进行膜分离，将其中的 N_2 等低分子量杂质从合成气中分离出来。

7.3.5　粗甲醇精制

粗甲醇是指从甲醇合成反应器出来的液体产物，其主要成分是甲醇，但也含有一定量的水和其他杂质，如乙醇、异丙醇、丙二醇、乙二胺等。为了提高甲醇产品的质量和性能，需要对粗甲醇进行精制处理，以达到国家或行业标准。其主要目的是。

① 除去水分，降低甲醇产品的水含量，提高其纯度和稳定性。水分是影响甲醇品质的主要因素之一，过高的水含量会降低甲醇的热值和辛烷值，增加其腐蚀性和冰点，影响其储运和使用。国家标准规定，甲醇产品的水含量不得超过 0.1%。

② 除去其他杂质，降低甲醇产品中的有机杂质和无机杂质含量，提高其品质和性能。其他杂质主要包括乙醇、异丙醇、丙二醇、乙二胺等有机物以及硫化物、氯化物、铁等无机物。这些杂质会影响甲醇的颜色、气味、密度、黏度、闪点等物理性质以及影响甲醛、乙二醇等下游产品的转化率和品质。国家标准规定，甲醇产品中的乙醇含量不得超过 0.5%，异丙醇含量不得超过 0.05%，丙二醇含量不得超过 0.01%，乙二胺含量不得超过 0.005%，硫化物（以硫计）含量不得超过 0.0005%，氯化物（以氯计）含量不得超过 0.0005%，铁含量不得超过 0.0001%。

③ 回收利用未反应的合成气和尾气，减少能源损失和环境污染。未反应的合成气是指从甲醇合成反应器出来的未转化为甲醇的一氧化碳和氢气的混合气体，尾气是指从粗甲醇精制装置出来的主要由水和其他杂质组成的废气。这些气体如果直接排放到大气中，不仅会造成能源浪费，而且会对环境造成污染。因此，需要对这些气体进行回收利用或处理排放。

粗甲醇精制的主要方法有：水洗法、脱水法、分馏法、吸附法、加氢法等。下面将简要介绍各种方法的原理及优缺点。

（1）水洗法

水洗法是利用水与甲醇的互溶性，将粗甲醇与水进行反复接触，用水溶解出甲醇中的水溶性杂质，如乙二胺、硫化物、氯化物等，从而提高甲醇的纯度。水洗法的优点是操作简单、成本低、效果明显；缺点是会造成甲醇的损失和水的消耗，需要对洗涤水进行回收或处理，水洗后的粗甲醇含水量增加，需进一步脱水。

（2）脱水法

脱水法是指利用分子筛或其他干燥剂与粗甲醇中的水分的不同吸附性能，通过吸附干燥，将水分从粗甲醇中分离出来的方法。脱水法的优点是能够有效去除微量水分，达到高纯度的要求；缺点是需要消耗吸附剂或分子筛，并需要定期进行再生或更换。

（3）分馏法

分馏法是利用不同组分之间沸点或相对挥发性的差异，在一定温度和压力下进行蒸馏分离，从而除去甲醇中的有机杂质，如乙醇、异丙醇、丙二醇等。分馏法的优点是能够有效分离出不同组分，提高甲醇的品质和性能，并且获得其他有价值的副产品；缺点是需要较高的能源消耗和设备投资，并可能造成未反应合成气和尾气的排放。

（4）吸附法

吸附法是利用活性炭或活性氧化铝等吸附剂，将粗甲醇中的有机杂质或无机杂质吸附出来，从而提高甲醇的纯度和品质。吸附法的优点是能够去除多种杂质，适用于不同来源和品位的粗甲醇；缺点是需要消耗吸附剂，并定期进行再生或更换。

（5）加氢法

加氢法是利用催化加氢反应，在一定温度和压力下，将粗甲醇中的有机杂质转化为甲醇或其他易于分离的物质，从而提高甲醇的纯度和收率。加氢法的优点是能够有效利用未反应的合成气，提高资源利用率，净化效果好，能去除难以分离的杂质；缺点是需要较高的温度和压力，并可能产生一些副产物，且设备复杂，安全风险较大。

7.4　二甲醚生产

7.4.1　二甲醚的性质与用途

二甲醚（dimethyl ether，DME）是一种无色、无味、易燃的气体，分子式为 CH_3OCH_3，分子量为 46.07。常温常压下沸点为 $-24.9℃$，临界温度为 $127.2℃$，临界压力为 5.37MPa。二甲醚是一种低沸点、高压力、高挥发性的物质，因此需要在高压容器中储存和运输。二甲醚是一种含氧燃料，其燃烧热为 1455kJ/mol，比柴油高约 10%，比 LPG 低约 20%。二甲醚的燃烧性能优良，其十六烷值为 55～60，比柴油高出 10～15 个单位，适合压缩点火式发动机。二甲醚的燃烧过程中不产生黑烟和颗粒物，对环境污染小，是一种清洁的替代能源。二甲醚的燃烧极限较宽，说明它可以在不同的空气比例下燃烧，具有较好的可燃性和爆炸性。二甲醚的安全操作温度范围为 $-40～40℃$，超过这个范围可能会引起自燃或爆炸。二甲醚对人体有一定的毒性和刺激性，吸入过量或接触皮肤和眼睛可能会引起头痛、恶心、呼吸困难、皮肤红肿等症状。因此，在使用二甲醚时，需要注意防火、防爆、防泄漏，并佩戴适当的防护设备。

二甲醚的用途非常广泛，主要有以下几个方面。

① 作为清洁燃料，可以替代液化石油气（LPG）、柴油、汽油等，用于家庭、工业、交通等领域。二甲醚具有高辛烷值、高灵敏度、低碳氢比、低硫含量等优点，燃烧时产生的污染物较少，可以降低温室气体的排放。二甲醚与 LPG 相比，具有更高的能量密度和更低的储存压力；与柴油相比，具有更好的着火性能和更低的颗粒物排放；与汽油相比，具有更高的抗爆震能力和更低的碳排放。二甲醚可以单独使用，也可以与其他燃料混合使用，如 DME-LPG 混合气、DME-柴油混合液、DME-汽油混合液等。目前，二甲醚已经在中国、日本、欧洲等地作为家用燃料、工业锅炉燃料、汽车发动机燃料等广泛应用。

② 作为化工原料，可以用于合成甲醇、乙烯、乙二醇、聚酯纤维、聚碳酸酯等。二甲醚可以通过脱水或裂解反应生成甲醇或乙烯，也可以通过羰基化反应生成乙二醇或聚碳酸酯。二甲醚与甲醇相比，具有更低的生产成本和更高

的转化率；与乙烯相比，具有更低的储存压力和更高的安全性；与乙二醇或聚碳酸酯相比，具有更低的环境影响和更高的附加值。目前，二甲醚已经在中国、美国、德国等地作为化工原料进行了大量的研究和开发。

③ 作为冷冻剂和气雾剂，可以用于制冷和喷雾产品。二甲醚具有良好的制冷效果和低毒性，可以替代氟利昂等臭氧层破坏物质，也可以与其他物质混合制成复合冷冻剂或气雾剂。二甲醚与氟利昂相比，具有更低的全球变暖潜值和更高的臭氧消耗潜值；与其他冷冻剂或气雾剂相比，具有更低的价格和更高的性能。目前，二甲醚已经在中国、日本、印度等地作为冷冻剂和气雾剂进行了广泛的应用。

④ 作为农药和药品的中间体，可以用于合成除草剂、杀虫剂、抗生素等。二甲醚可以与其他有机物反应生成多种含氧化合物，如苯并三唑类、吡唑类、嘧啶类等。这些化合物具有广泛的生物活性和药理作用，可以用于防治多种植物和动物的疾病。目前，二甲醚已经在中国、美国、欧洲等地作为农药和药品的中间体进行了大量的研究和开发。

二甲醚是一种具有多种性质和用途的重要化学品，它在清洁能源、化工原料、制冷剂、气雾剂、农药和药品等领域都有着广阔的应用前景。随着科技的进步和市场的需求，二甲醚的生产和消费将会不断增长，为人类社会带来更多的利益和便利。

7.4.2　合成二甲醚的工艺条件

合成二甲醚的主要原料是合成气，即以一定比例的 CO 和 H_2 为主要组分的气体混合物。合成气可以由煤、天然气、石油等碳氢化合物经过气化或重整等工艺制得。根据不同的原料和工艺，合成气的组成和比例也不同。一般来说，富含一氧化碳的合成气更适合于合成二甲醚。合成二甲醚的基本反应是：

$$3CO + 3H_2 \longrightarrow CH_3OCH_3 + CO_2 (+245.1kJ/mol)$$

该反应是一个吸热反应，同时伴随着水煤气变换反应：

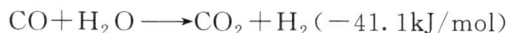

$$CO + H_2O \longrightarrow CO_2 + H_2 (-41.1kJ/mol)$$

该反应是一个放热反应，同时也是一个平衡反应，其平衡常数随温度的升高而降低。因此，合成二甲醚的工艺条件主要取决于反应平衡和反应动力学的综合考虑。主要有以下几个方面。

（1）催化剂的选择

催化剂是影响合成二甲醚反应速率和选择性的重要因素。一般来说，催化剂需要具有高的活性、稳定性和抗中毒性，同时也要有适当的孔隙结构和表面性质。目前，合成二甲醚的催化剂主要有两种类型：一种是双功能催化剂，即同时具有合成甲醇和脱水制二甲醚的功能，如 Cu-Zn-Al/γ-Al$_2$O$_3$、Cu-Zn-Al/ZSM-5 等；另一种是单功能催化剂，即只具有合成甲醇或脱水制二甲醚的功能，如 Cu-Zn-Al、γ-Al$_2$O$_3$ 等。双功能催化剂可以在同一个反应器内完成两步反应，节约设备投资和能耗；单功能催化剂可以分别在不同的反应器内进行优化和调节，提高反应效率和选择性。根据不同的原料和条件，可以选择不同类型和组合的催化剂进行反应。

（2）反应温度的控制

反应温度是影响合成二甲醚反应平衡和动力学的重要因素。一般来说，反应温度越低，反应平衡越有利于生成二甲醚，但反应速率越慢；反之，反应温度越高，反应平衡越不利于生成二甲醚，但反应速率越快。因此，需要在保证足够的反应速率和较高的 CO 转化率之间寻找一个适宜的温度范围。目前，合成二甲醚的反应温度一般在 200～350℃ 之间。过低的温度会导致催化剂失活或中毒；过高的温度会导致催化剂热解或烧结。

（3）反应压力的控制

反应压力是影响合成二甲醚反应平衡和物料转移的重要因素。一般来说，反应压力越高，反应平衡越有利于生成二甲醚，因为该反应是一个体积缩小的反应，提高压力可以促进平衡向右移动，提高 CO 和 H$_2$ 的转化率和二甲醚的选择性。同时，提高压力也可以增加反应组分在惰性溶剂中的溶解度，有利于二甲醚的分离和纯化；但过高的压力会增加设备投资和能耗，并可能导致催化剂失活或中毒。因此，需要在保证反应平衡和物料转移的前提下，选择适当的反应压力。目前，合成二甲醚的反应压力一般在 3～10MPa 之间。过低的压力会导致反应器容积过大或反应速率过慢；过高的压力会导致反应器强度不足或反应速率过快。

（4）水汽比的控制

水汽比是指进入反应器的水蒸气与原料气（CO＋H$_2$）的摩尔比。水汽比是影响合成二甲醚的水汽变换反应和脱水制二甲醚反应的重要因素。一般来说，水汽比越高，水汽变换反应越有利于生成氢气和一氧化碳，从而提高合成气中 CO＋H$_2$ 的浓度；但过高的水汽比会抑制脱水制二甲醚反应，并可能导致催化剂失活或中毒。因此，需要在保证水汽变换反应和脱水制二甲醚反应的前提下，选择适当的水汽比。目前，合成二甲醚的水汽比一般在 0.5～1.5 之间。过低的水汽比会导致合成气中 H_2/CO 比例过低或二氧化碳含量过高；过高的水汽比会导致合成气中 H_2/CO 比例过高或水含量过高。

合成二甲醚的工艺条件是一个多方面的综合优化问题，需要根据不同的原料、催化剂、反应器等因素进行合理的选择和调整。通过优化工艺条件，可以提高合成二甲醚的产率、选择性和经济性，为实现二甲醚的大规模生产和应用奠定基础。

7.4.3　合成二甲醚的工艺流程

典型的流程包括煤预处理、煤气化、合成气净化、合成气调整、合成二甲醚、二甲醚分离、二甲醚储存和运输等工序。下面分别介绍每个阶段的具体内容和特点。

（1）煤预处理

煤经过破碎、筛分、干燥等处理，使其粒度和水分符合气化要求，去除杂质和灰分。一般来说，粒度越小，水分越低，反应速率越快，但也会增加能耗和设备损耗；杂质和灰分越少，催化剂中毒和堵塞的风险越低，但也会降低煤的收率和质量。因此，需要根据不同的煤种和设备进行合理的优化和平衡。根据不同的粒度要求，可以采用锤式破碎机、圆锥式破碎机、牙轮式破碎机等不同类型的设备进行破碎；根据不同的水分要求，可以采用旋转式干燥机、流化床干燥机、喷雾干燥机等不同类型的设备进行干燥。

（2）煤气化

煤与氧气或空气在一定的温度和压力下，经过气化炉的作用，发生气化反应，生成富含一氧化碳和氢气的合成气。一般来说，温度越高，压力越低，反应速率越快，但也会增加能耗和设备损耗；氧化剂越多，合成气产量越高，但也会增加成本和污染物排放。因此，需要根据不同的反应器类型和设计进行合理的优化和平衡。

（3）合成气净化

合成气经过冷却、洗涤、吸收等处理，去除尘埃、水分、硫化物、氨、焦油等杂质，提高合成气的纯度和质量。一般来说，冷却可以降低合成气的温度和压力，同时也可以回收部分水分和焦油；洗涤可以去除尘埃和水溶性杂质；吸收可以去除硫化物和氨等酸性杂质。目前，常用的合成气净化方法有以下几种。

① 物理吸收法。

物理吸收法是指利用一些有机溶剂（如甲醇、二甘醇等）或无机溶剂（如水、碱液等）对合成气中的杂质进行选择性地吸收和分离的方法。物理吸收法的优点是操作简单，能耗低，溶剂易回收；缺点是吸收效率低，溶剂易损失或污染。

② 化学吸收法。

化学吸收法是指利用一些含有活性基团的化学试剂（如碳酸钾、乙二胺等）对合成气中的杂质进行化学反应和分离的方法。化学吸收法的优点是吸收效率高，溶剂稳定性好；缺点是操作复杂，能耗高，溶剂难回收。

③ 物理洗涤法。

物理洗涤法是指利用一些惰性气体（如氮气、二氧化碳等）或水蒸气对合成气中的杂质进行物理稀释和分离的方法。物理洗涤法的优点是操作简单，能耗低，无污染物排放；缺点是洗涤效率低，合成气损失大。

（4）合成气调整

合成气经过压缩、分离、变换等处理，调整其组成和比例，满足合成二甲醚的反应要求。一般来说，压缩可以提高合成气的压力和密度，同时也可以改善物料转移和反应平衡；分离可以去除合成气中的惰性组分（如氮气、甲烷等），提高合成气中 $CO+H_2$ 的浓度和比例；变换可以利用水汽变换反应或一氧化碳变换反应，进一步调整合成气中 $CO+H_2$ 的比例。目前，常用的合成气调整方法有以下几种。

① 水汽变换法。

水汽变换法是指利用水蒸气与合成气中的一氧化碳或二氧化碳发生反应，生成氢气和水的方法。水汽变换法的优点是可以提高合成气中 H_2/CO 的比例，同时也可以去除合成气中的二氧化碳；缺点是需要消耗水蒸气，同时也会生成水，需要进行分离和回收。

② 一氧化碳变换法。

一氧化碳变换法是指利用一定比例的空气或富氧与合成气中的一氧化碳发生反应，生成二氧化碳和氮气的方法。一氧化碳变换法的优点是可以降低合成气中 H_2/CO 的比例，同时也可以去除合成气中的一氧化碳；缺点是需要消耗空气或富氧，同时也会生成惰性组分，需要进行分离和回收。

（5）合成二甲醚

合成气在双功能催化剂的作用下，经过固定床反应器或流化床反应器，发生合成甲醇和脱水制二甲醚的反应，生成二甲醚和水。一般来说，固定床反应器可以保证较高的反应温度和压力，提高反应速率和选择性；流化床反应器可以保证较好的物料混合和传递，提高反应效率和稳定性。目前，常用的双功能催化剂有以下几种。

① $Cu\text{-}Zn\text{-}Al/\gamma\text{-}Al_2O_3$。这种催化剂是将 $Cu\text{-}Zn\text{-}Al$ 三元合金粉末与 $\gamma\text{-}Al_2O_3$ 载体混合后，经过成型、焙烧、还原等处理制得的。这种催化剂具有较高的活性，同时也具有一定的抗热震性。缺点是易失活或中毒，需要经常进行再生或更换。

② $Cu\text{-}Zn\text{-}Al/ZSM\text{-}5$。这种催化剂是将 $Cu\text{-}Zn\text{-}Al$ 三元合金粉末与 ZSM-5 分子筛载体混合后，经过成型、焙烧、还原等处理制得的。这种催化剂具有高的活性和选择性，同时也具有较好的抗中毒性和抗热震性。这种催化剂的优点是可以在较低的温度和压力下进行反应，节约能耗和设备投资；缺点是反应器容易堵塞或结焦，需要经常进行清洗或更换。

（6）二甲醚分离

二甲醚与水在一定的温度和压力下，经过蒸馏塔或吸收塔，进行分离和纯化，得到高纯度的二甲醚产品。一般来说，蒸馏塔可以利用二甲醚和水的沸点差，通过多次蒸发和冷凝，实现二甲醚和水的分离；吸收塔可以利用二甲醚和水的溶解度差，通过与一些有机溶剂（如丙酮、乙酸乙酯等）或无机溶剂（如碱液、盐水等）的接触，实现二甲醚和水的分离。蒸馏塔的优点是分离效率高，产品质量高；缺点是能耗高，设备投资高。吸收塔的优点是能耗低，设备投资低；缺点是分离效率低，产品质量低。

（7）二甲醚储存和运输

二甲醚在高压容器中储存和运输，按照安全规范进行操作和管理。一般来说，二甲醚的储存温度应控制在 $-40\sim40℃$ 之间，储存压力应控制在 $0.5\sim1.0MPa$ 之间；二甲醚的运输温度应控制在 $-20\sim40℃$ 之间，运输压力应控制在 $0.3\sim0.8MPa$ 之间。在储存和运输过程中，应注意防火、防爆、防泄漏，并定期检查设备和管道的完好性和密封性。

综上所述，煤气化技术合成二甲醚的工艺流程是一个多步骤的综合工程，需要根据不同的煤种、设备、条件等因素进行合理的设计和优化。通过优化工艺流程，可以提高煤的利用率、二甲醚的产量和质量、设备的运行效率和安全性，为实现煤基清洁能源的转型升级奠定基础。

7.4.4　合成二甲醚的主要设备及操作

煤气化技术合成甲醇的主要设备包括：煤预处理系统、煤气化系统、合成气净化系统、合成气调整系统、合成二甲醚系统、二甲醚分离系统和二甲醚储存和运输设备。下面将分别详细介绍每种设备[30]。

（1）煤预处理系统

煤预处理系统是指用于将煤进行破碎、筛分、干燥等处理，使其符合气化要求的系统。煤预处理系统的主要作用是提高煤的反应性和质量，降低能耗和污染物排放。煤预处理系统的主要设备如下。

① 破碎机。破碎机是指用于将煤粉碎成一定粒度的设备。破碎机的主要作用是增加煤的比表面积，提高反应速率和效率。破碎机的主要类型有锤式破碎机、圆锥式破碎机、牙轮式破碎机等。

② 筛分机。筛分机是指用于将煤按照一定粒度进行分级的设备。筛分机的主要作用是去除过大或过小的煤粒，保证反应器内的物料均匀性和流动性。筛分机的主要类型有振动筛、旋转筛、风力筛等。

③ 干燥机。干燥机是指用于将煤中的水分蒸发掉的设备。干燥机的主要作用是降低煤的水分含量，减少反应器内的水汽压力和能耗。干燥机的主要类型有旋转式干燥机、流化床干燥机、喷雾干燥机等。

（2）煤气化系统

煤气化系统是指用于将煤与氧化剂进行高温高压反应，生成合成气的系统。煤气化系统的主要作用是转化固体燃料为可利用的气体能源，提高能源利用率和附加值。煤气化系统的主要设备如下。

① 固定床反应器。固定床反应器是指内部填充有惰性物质或催化剂，上部加料、下部出料，垂直放置的筒形反应器。固定床反应器可以分为上升流式和下降流式两种类型，根据不同的原料形态和氧化剂类型进行选择和优化。

② 流化床反应器。流化床反应器是指以惰性气体或水蒸气等作为流化介质，使粉末或颗粒状的原料在反应器内呈流态化状态，并与从底部喷入的氧化剂进行反应的水平放置的筒形反应器。流化床反应器具有较好的物料混合和传递性能，适合于低品位或高灰分的原料。

③ 火焰反应器。火焰反应器是指利用粉末或液态的原料与氧化剂混合后，在高温高压条件下，经过喷嘴喷射到反应器内，并在火焰中进行反应的倾斜放置或水平放置的筒形反应器。火焰反应器具有较高的反应速率和效率，适合于高品位或低灰分的原料。

（3）合成气净化系统

合成气净化系统是指用于将合成气中的尘埃、水分、硫化物、氨、焦油等杂质去除，提高合成气的纯度和质量的系统。合成气净化系统的主要作用是保证后续反应的顺利进行，降低催化剂的中毒和失活风险，减少污染物排放。合成气净化系统的主要设备如下。

① 冷却器。冷却器是指用于将合成气的温度和压力降低，同时回收部分水分和焦油的设备。冷却器的主要作用是为后续的洗涤和吸收提供适宜的条件，同时也可以节约能源和资源。冷却器的主要类型有空气冷却器、水冷却器、热交换器等。

② 洗涤器。洗涤器是指用于将合成气中的尘埃和水溶性杂质去除，同时增加合成气的湿度的设备。洗涤器的主要作用是保证合成气的清洁度和稳定性，同时也可以为后续的吸收提供适宜的条件。洗涤器的主要类型有喷淋式洗涤器、泡沫式洗涤器、旋转式洗涤器等。

③ 吸收器。吸收器是指用于将合成气中的硫化物、氨等酸性杂质去除，同时回收部分水分和溶剂的设备。吸收器的主要作用是保证合成气的纯度和质量，同时也可以减少污染物排放。吸收器的主要类型有物理吸收器、化学吸收器、物理化学吸收器等。

（4）合成气调整系统

合成气调整系统是指用于将合成气中的惰性组分去除，同时调整合成气中 $CO+H_2$ 的比例，满足合成二甲醚的反应要求的系统。合成气调整系统的主要作用是提高合成二甲醚的反应效率和选择性，同时也可以节约能源和资源。合成气调整系统的主要设备如下。

① 压缩机。压缩机是指用于将合成气的压力提高，同时改善物料转移和反应平衡的设备。压缩机的主要作用是为后续反应提供适宜的条件，同时也可以提高反应速率和产量。压缩机的主要类型有往复式压缩机、离心式压缩机、螺杆式压缩机等。

② 分离器。分离器是指用于将合成气中的惰性组分（如氮气、甲烷等）去除，提高合成气中 $CO+H_2$ 的浓度和比例的设备。分离器的主要作用是提高合成二甲醚的反应效率和选择性，同时也可以节约能源和资源。分离器的主要类型有膜分离器、吸附分离器、冷凝分离器等。

③ 变换器。变换器是指用于利用水汽变换反应或一氧化碳变换反应，进一步调整合成气中 $CO+H_2$ 的比例的设备。变换器的主要作用是提高合成二甲醚的反应效率和选择性，同时也可以去除合成气中的二氧化碳。变换器的主要类型有固定床变换器、流化床变换器、火焰变换器等。

（5）合成二甲醚系统

合成二甲醚系统是指用于将合成气在双功能催化剂的作用下，经过固定床反应器或流化床反应器，发生合成甲醇和脱水制二甲醚的反应，生成二甲醚和水的系统。合成二甲醚系统的主要作用是转化合成气为高附加值的液体燃料，提高能源利用率和经济性。合成二甲醚系统的主要设备如下。

① 固定床反应器。固定床反应器是指内部填充双功能催化剂，上部进料、下部出料，垂直放置的筒形反应器。固定床反应器可以保证较高的反应温度和压力，提高反应速率和选择性。固定床反应器的优点是设备结构简单，操作稳定；缺点是催化剂易失活或中毒，需要经常进行再生或更换。

② 流化床反应器。流化床反应器是指利用惰性气体或水蒸气等作为流化介质，使颗粒状的双功能催化剂在反应器内呈流态化状态，并与从底部喷入的合成气进行反应的水平放置的筒形反应器。流化床反应器可以保证较好的物料混合和传递，提高反应效率和稳定性。流化床反应器的优点是催化剂易更换，操作灵活；缺点是设备结构复杂，控制困难。

（6）二甲醚分离系统

二甲醚分离系统是指用于将二甲醚与水在一定的温度和压力下，经过蒸馏塔或吸收塔，进行分离和纯化，得到高纯度的二甲醚产品的系统。二甲醚分离系统的主要作用是保证产品质量和收率，同时也可以回收部分水分和溶剂。二甲醚分离系统的主要设备如下。

① 蒸馏塔。蒸馏塔是指利用二甲醚和水的沸点差，通过多次蒸发和冷凝，实现二甲醚和水的分离的设备。蒸馏塔可以分为常压蒸馏塔、减压蒸馏塔、多效蒸馏塔等类型，根据不同的温度和压力进行选择和优化。

② 吸收塔。吸收塔是指利用二甲醚和水的溶解度差，通过与一些有机溶剂（如丙酮、乙酸乙酯等）或无机溶剂（如碱液、盐水等）的接触，实现二甲醚和水的分离的设备。吸收塔可以分为物理吸收塔、化学吸收塔、物理化学吸收塔等类型，根据不同的溶剂和条件进行选择和优化。

（7）二甲醚储存和运输设备

二甲醚储存和运输设备是指用于将二甲醚在高压容器中储存和运输，按照安全规范进行操作和管理的设备。二甲醚储存和运输设备的主要作用是保证产品的安全性和稳定性，同时也可以满足市场的需求。二甲醚储存和运输设备的主要类型如下。

① 储罐。储罐是指用于将二甲醚在一定的温度和压力下，长期或短期地储存的设备。储罐可以分为地上储罐、地下储罐、移动储罐等类型，根据不同的容量和位置进行选择和优化。

② 罐车。罐车是指用于将二甲醚在一定的温度和压力下，通过公路或铁路进行运输的设备。罐车可以分为普通罐车、保温罐车、加热罐车等类型，根据不同的距离和气候进行选择和优化。

③ 船舶。船舶是指用于将二甲醚在一定的温度和压力下，通过水路进行运输的设备。船舶可以分为沿海船舶、内河船舶、远洋船舶等类型，根据不同的航线和规模进行选择和优化。

综上所述，煤气化技术合成二甲醚的主要设备包括煤预处理系统、煤气化系统、合成气净化系统、合成气调整系统、合成二甲醚系统、二甲醚分离系统、二甲醚储存和运输设备等。这些设备需要根据不同的工艺条件和要求进行合理的选择和配置，同时也需要按照操作规程和安全标准进行操作和管理，以保证工艺流程的顺利进行和产品质量的达标。

7.5　醋酸生产

7.5.1　醋酸的性质与用途

醋酸，也叫乙酸，是一种有机单羧酸，也是一种短链饱和脂肪酸。它是醋的主要成分，也是醋的酸味和刺激性气味的来源。醋酸的化学式是 CH_3COOH，其分子结构由一个甲基和一个羧基组成。醋酸是一种无色透明的液体，在常温下具有强烈的刺激性气味。它是一种弱酸，能与碱、金属、碳酸盐等发生中和反应，生成相应的乙酸盐。它也能与水、乙醇、甘油等形成均质混合物，即所谓的"醋酸溶液"。它还能与氯、溴、碘等卤素发生取代反应，生成卤代乙酸。

醋酸是一种重要的化工原料，在各行各业中有广泛的用途，主要包括以下几个方面。

化工原料：醋酸是许多重要的有机化合物的合成原料，如乙烯醋酸（VAM）、醋酸纤维素（CA）、聚乙烯醋酸（EVA）、乙酸乙烯（VA）、乙烯基丙烯酸（EAA）、丁二酸（AA）、丙烯酸（PA）等有机化合物。这些化合物又是制造涂料、胶黏剂、纺织品、塑料、橡胶、药品等产品的重要原料。此外，这些化合物还在食品、农业、染料、冶金等行业有广泛的应用。

食品添加剂：醋酸和其盐类是常用的食品添加剂，具有防腐、调味、增香等作用。例如，食品工业中常用的食醋就是含有 4%～6% 的稀醋酸溶液，可以提高食物的风味和营养。另外，乙酸钠、乙酸钙等也是常见的食品添加剂，可以调节食品的 pH 值和水分。

农业生产：醋酸和其衍生物在农业生产中也有重要的作用，如作为除草剂、杀菌剂、植物生长调节剂等。例如，乙酰丙酮是一种有效的除草剂，可以抑制杂草的生长而不影响作物。乙酰水杨酸是一种植物激素，可以促进植物的开花和结果。

其他用途：除了上述几个方面，醋酸还有其他一些用途，如作为溶剂、清洁剂、染色剂、冰醋敷料等。例如，乙酸乙酯是一种常用的有机溶剂，可以溶解许多有机物质，如油漆、油墨、胶水等。冰醋敷料是一种常用的外用药物，可以缓解疼痛和消肿。

7.5.2 合成醋酸的工艺条件

煤气化合成醋酸是一种重要的工业化学反应，它将合成气（一般由一氧化碳和氢气组成）与催化剂结合，生成醋酸。这个过程在化学工业中具有重要的应用，因为醋酸是一种重要的化学品，用于制备多种产品，包括塑料、纤维素、药物和涂料。在本节中，我们将探讨煤气化合成醋酸的工艺条件，包括反应温度、催化剂、反应压力和反应物质[31,32]。

（1）反应温度

反应温度是煤气化合成醋酸过程中至关重要的参数之一。温度的选择会直接影响反应的速率、选择性和产物分布。通常情况下，合成醋酸的适宜温度范围为 150～250℃。

低温条件：在低温下（通常在 150～180℃）进行反应，可以提高醋酸的选择性，减少副产物的生成。这有助于提高产品的纯度。然而，低温条件下的反应速率相对较慢。

高温条件：在高温下（通常在 200～250℃）进行反应，可以提高反应速率，但可能降低醋酸的选择性，导致生成副产物，如乙醛、甲酸和乙酸酐。

选择合适的反应温度通常需要综合考虑产品纯度、反应速率和产量之间的权衡。因此，反应温度通常会根据具体工业条件和催化剂而有所不同。

（2）催化剂

催化剂在煤气化合成醋酸中起着关键作用。常用的醋酸合成催化剂包括铑、铂、钯、铁和钴，通常以其氧化物或其他化合物的形式存在。催化剂的种类和性质对反应的选择性和效率产生深远影响。

铑催化剂：铑催化剂通常用于醋酸的合成，因为它们在高温下具有良好的催化活性和选择性。铑催化剂通常与其他辅助催化剂结合使用，以提高反应效果。

铁催化剂：铁催化剂通常在低温条件下使用，可以提高醋酸的选择性，但反应速率相对较低。

钴催化剂：钴催化剂常用于合成醋酸，具有中等的催化活性和选择性。它们通常在中温条件下工作。

钯和铂催化剂：这些催化剂通常用于合成次要产物，如甲酸和乙酸酐的生成，而不是醋酸。

催化剂的选择和设计是一个复杂的问题，需要综合考虑反应条件、选择性和效率。优化催化剂的性质对于醋酸生产的经济性和可持续性至关重要。

（3）反应压力

反应压力是另一个决定醋酸合成效率和选择性的关键参数。通常情况下，醋酸合成的反应压力范围为 $10 \sim 50 MPa$。

低压条件：在低压下进行反应通常会降低产物的选择性，但可以减少不良反应的竞争，如甲酸和乙酸酐的生成。

高压条件：在高压下进行反应会提高醋酸的选择性，但也可能增加副产物的生成。此外，高压条件下会提高反应速率。

反应压力通常与反应温度和催化剂类型相互协调，以实现最佳的反应条件。最终的反应压力将取决于工业生产的规模和能源成本等因素。

（4）反应物质

合成醋酸的关键反应物质是一氧化碳和氢气，它们一起组成合成气。合成气的比例和质量对醋酸合成的效率和选择性产生影响。

CO/H_2 比例：合成气中 CO 和 H_2 的比例通常以摩尔比表示为 CO/H_2，通常为 $1:1 \sim 1:2$。不同的比例会影响醋酸的产率和选择性。

合成气质量：合成气中的杂质（如二氧化碳、氮气和甲烷）会影响反应的效率和选择性。因此，净化合成气以确保高质量的反应物质至关重要。

总之，煤气化合成醋酸是一项复杂的工业过程，其工艺条件涉及反应温度、催化剂的选择、反应压力及反应物质，其生产工艺条件对于工业化学品生产至关重要。

7.5.3　合成醋酸的工艺流程

煤气化合成醋酸是一种重要的工业化学过程，是指利用煤作为原料，通过气化、水汽转化、甲醇合成、甲醇羰基化等步骤，最终生成高纯度醋酸的工艺。这一过程在化学工业中应用广泛，醋酸是用于制备塑料、纤维素、药物和其他化学品的重要中间体。以下是煤气化合成醋酸的工艺流程，如图 7-4 所示。该工艺流程主要包括以下几个步骤[33,34]。

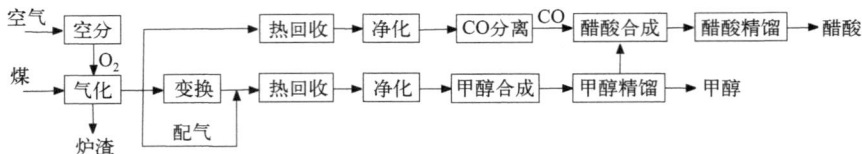

图 7-4 国内典型煤制甲醇联产醋酸生产工艺流程示意图

① 煤预处理。将煤经过破碎、筛分、干燥等处理，使其达到适合煤气化反应器进料的粒度和水分要求。

② 煤气化。煤气化是指将固体燃料在缺氧或部分氧化的条件下，在煤气化反应器中与空气或氧气等氧化剂反应，生成含有一定比例的 CO 和 H_2 的混合气体的过程。煤气化的目的是将固体燃料转化为易于处理和利用的气态燃料，并提高其加工效率和降低其污染物排放。煤气化的反应器通常分为固定床式、流化床式和悬浮床式三种类型。煤气化的温度一般在 $800\sim1200℃$ 之间，压力一般在 $1\sim10MPa$ 之间。

③ 水汽转化。水汽转化是指将含有 CO 和 H_2 的混合气体与水蒸气混合，在高温水汽转化反应器和低温水汽转化反应器中进行水汽转化反应，生成更多的 H_2 和 CO，提高原料气中 H_2/CO 比值的过程。其中也生成 CO_2 等副产物。水汽转化的目的是提高混合气体中 H_2/CO 的比值，以满足后续甲醇合成和甲醇羰基化的需求。水汽转化分为高温水汽转化（HTS）和低温水汽转化（LTS）两种类型。高温水汽转化的温度一般在 $300\sim400℃$ 之间，压力一般在 $3\sim5MPa$ 之间，催化剂一般为铁基或铜基。低温水汽转化的温度一般在 $200\sim250℃$ 之间，压力一般在 $2\sim4MPa$ 之间，催化剂一般为铜锌基。

④ CO_2 移除。将水汽转化后的原料气经过吸收、解吸等工序，去除其中的 CO_2 等杂质，从而提高原料气的纯度。

⑤ 甲醇合成。甲醇合成是指将含有的 CO_2 移除后的 CO 和 H_2 的原料气在甲醇合成反应器中在催化剂的作用下生成含有高浓度甲醇的产品气的过程。甲醇合成的目的是将混合气体中的 CO 和 H_2 转化为有机化合物，为后续甲醇羰基化提供原料。甲醇合成的反应器通常分为固定床式、流化床式和三相式三种类型。甲醇合成的温度一般在 $220\sim280℃$ 之间，压力一般在 $5\sim10MPa$ 之

间，催化剂一般为铜锌基或铜锌铝基。

⑥ 甲醇回收。将甲醇合成后的产品气经过冷却、压缩、蒸馏等工序，分离出高纯度的甲醇，作为甲醇羰基化的原料。同时，将未反应的 CO 和 H_2 等组分回收，作为煤气化和水汽转化的循环气。

⑦ 甲醇羰基化。甲醇羰基化是指将甲醇与一氧化碳或二氧化碳在催化剂的作用下，在甲醇羰基化反应器中进行羰基化反应生成含有高浓度醋酸的产品气和甲酸或二甲醚的过程。甲醇羰基化的目的是将甲醇转化为高附加值的有机产品，即醋酸。甲醇羰基化的反应器通常分为固定床式、流化床式和薄膜式三种类型。甲醇羰基化的温度一般在 $150\sim250℃$ 之间，压力一般在 $0.1\sim5MPa$ 之间，催化剂一般为金属碳化物或金属氧化物。

⑧ 醋酸回收。将甲醇羰基化后的产品气经过冷却、压缩、蒸馏等工序，分离出高纯度的醋酸，作为最终的产品。同时，将未反应的甲醇和副产物甲酸或二甲醚回收，作为甲醇合成和甲醇羰基化的循环料。

煤气化合成醋酸是一项复杂的工业过程，包括煤预处理、煤气化、水汽转换、CO_2 移除、甲醇合成、甲醇回收、甲醇羰基化和醋酸回收以及最终的产品储存和包装。这一过程需要精确的工艺控制和催化剂选择，以实现高效的醋酸生产。醋酸作为一种重要的化学品，在多个工业领域中具有广泛的应用，因此其生产工艺的不断改进和优化对于工业化学品生产至关重要。

7. 5. 4　合成醋酸的主要设备及操作

煤气化合成醋酸的主要设备及操作如下[35]。

① 煤气化反应器。煤气化反应器是煤气化合成醋酸工艺中最核心的设备，它负责将煤与空气或富氧空气混合，在高温高压下进行部分氧化反应，生成原料气。煤气化反应器的类型有多种，如固定床式、流化床式和悬浮床式等。不同类型的煤气化反应器有不同的结构、操作和优缺点。一般来说，固定床式煤气化反应器适用于低灰分、低水分、低硫分的煤种，具有结构简单、运行稳定、效率高等特点，但也存在堵塞、结焦、温度分布不均等问题。流化床式煤气化反应器适用于高灰分、高水分、高硫分的煤种，具有灵活性强、负荷调节容易、温度分布均匀等特点，但也存在流态不稳定、粉尘损失大、催化剂消耗大等问题。悬浮床式煤气化反应器适用于各种煤种，具有反应速度快、效率高、污染小等特点，但也存在设备复杂、运行条件苛刻、安全性差等问题。

② 水汽转化反应器。水汽转化反应器是煤气化合成醋酸工艺中重要的设

备之一，它负责将原料气与水蒸气混合，在催化剂的作用下进行水汽转化反应，提高原料气中 H_2/CO 的比值，并生成 CO_2 等副产物。水汽转化反应器的类型有两种，即高温水汽转化反应器和低温水汽转化反应器。高温水汽转化反应器一般采用铁基或铜基催化剂，在 $300\sim400℃$ 和 $3\sim5MPa$ 的条件下进行水汽转化反应，主要用于去除原料气中较多的 CO，并生成一定量的 H_2 和 CO_2。低温水汽转化反应器一般采用铜锌基催化剂，在 $200\sim250℃$ 和 $2\sim4MPa$ 的条件下进行水汽转化反应，主要用于进一步提高原料气中 H_2/CO 的比值，并生成更多的 CO_2。水汽转化反应器的结构一般为固定床式或多管式，具有操作简单、效率高、寿命长等特点，但也存在催化剂活性下降、反应器堵塞、温度控制困难等问题。

③ CO_2 移除装置。CO_2 移除装置是煤气化合成醋酸工艺中重要的设备之一，它负责将水汽转化后的原料气经过吸收、解吸等工序，去除其中的 CO_2 等杂质，提高原料气的纯度。CO_2 移除装置的类型有多种，如物理吸收法、化学吸收法、膜分离法等。不同类型的 CO_2 移除装置有不同的原理、优缺点和适用范围。一般来说，物理吸收法适用于高压、低浓度的 CO_2 气体，具有能耗低、操作简单、设备小等特点，但也存在吸收剂消耗大、回收率低等问题。化学吸收法适用于低压、高浓度的 CO_2 气体，具有回收率高、纯度高等特点，但也存在能耗高、腐蚀性强、环境污染大等问题。膜分离法适用于各种压力和浓度的 CO_2 气体，具有能耗低、无污染、易扩展等特点，但也存在膜寿命短、渗透率低等问题。

④ 甲醇合成反应器。甲醇合成反应器是煤气化合成醋酸工艺中重要的设备之一，它负责将 CO_2 移除后的原料气在催化剂的作用下进行甲醇合成反应，生成含有高浓度甲醇的产品气。甲醇合成反应器的类型有三种，即固定床式、流化床式和三相式。固定床式甲醇合成反应器一般采用铜锌基或铜锌铝基催化剂，在 $220\sim280℃$ 和 $5\sim10MPa$ 的条件下进行甲醇合成反应，具有结构简单、运行稳定、效率高等特点，但也存在催化剂活性下降、温度分布不均等问题。流化床式甲醇合成反应器一般采用铜锌基或铜锌铝基催化剂，在 $220\sim280℃$ 和 $5\sim10MPa$ 的条件下进行甲醇合成反应，具有灵活性强、负荷调节容易、温度分布均匀等特点，但也存在流态不稳定、粉尘损失大等问题。三相式甲醇合成反应器一般采用铜锌基或铜锌铝基催化剂，在 $220\sim280℃$ 和 $5\sim10MPa$ 的条件下进行甲醇合成反应，具有反应速度快、效率高、选择性好等特点，但也存在设备复杂、操作困难等问题。

⑤ 甲醇回收装置。甲醇回收装置是煤气化合成醋酸工艺中重要的设备之

一，它负责将甲醇合成后的产品气经过冷却、压缩、蒸馏等工序，分离出高纯度的甲醇，作为甲醇羰基化的原料。同时，将未反应的 CO 和 H_2 等组分回收，作为煤气化和水汽转化的循环气。甲醇回收装置的结构一般为多效蒸馏塔或蒸馏塔组合，具有操作简单、效率高、能耗低等特点，但也存在蒸馏塔压降大、产品纯度不稳定等问题。

⑥ 甲醇羰基化反应器。甲醇羰基化反应器是煤气化合成醋酸工艺中重要的设备之一，它负责将甲醇与一氧化碳或二氧化碳在催化剂的作用下进行羰基化反应，生成含有高浓度醋酸的产品气。甲醇羰基化反应器的类型有三种，即固定床式、流化床式和薄膜式。固定床式甲醇羰基化反应器一般采用金属碳化物或金属氧化物催化剂，在 150～250℃ 和 0.1～5MPa 的条件下进行羰基化反应，具有结构简单、运行稳定、效率高等特点，但也存在催化剂活性下降、温度分布不均等问题。流化床式甲醇羰基化反应器一般采用金属碳化物或金属氧化物催化剂，在 150～250℃ 和 0.1～5MPa 的条件下进行羰基化反应，具有灵活性强、负荷调节容易、温度分布均匀等特点，但也存在流态不稳定、粉尘损失大等问题。薄膜式甲醇羰基化反应器一般采用金属碳化物或金属氧化物催化剂，在 150～250℃ 和 0.1～5MPa 的条件下进行羰基化反应，具有反应速度快、效率高、选择性好等特点，但也存在设备复杂、操作困难等问题。

⑦ 醋酸回收装置。醋酸回收装置是煤气化合成醋酸工艺中重要的设备之一，它负责将甲醇羰基化后的产品气经过冷却、压缩、蒸馏等工序，分离出高纯度的醋酸，作为最终的产品。同时，将未反应的甲醇和副产物甲酸或二甲醚回收，作为甲醇合成和甲醇羰基化的循环料。醋酸回收装置的结构一般为多效蒸馏塔或萃取塔组合，具有操作简单、效率高、能耗低等特点，但也存在蒸馏塔压降大、产品纯度不稳定等问题。

7.6 甲醛生产

7.6.1 甲醛的性质与用途

（1）甲醛的性质

甲醛（formaldehyde），化学式 HCHO，相对分子质量为 30，又被称作蚁醛，是一种无色具有强烈刺激性气味的气体，熔点 −92℃、沸点 −21℃，密度 0.815g/cm³。甲醛有毒，对人的眼睛及黏膜具有刺激作用。易溶于水和乙醇，形成甲醛水溶液，浓度为 40% 的水溶液称为"福尔马林"[36,37]。甲醛属于易燃易爆物品，纯甲醛气体当温度达到300℃时即可发生自燃，当甲醛在空气中的占比超过7％时便会发生爆炸。甲醛具有还原性，纯甲醛的还原性更强，特别是在碱性条件下。甲醛自身易聚合，在不同的条件下可以得到不同的聚合物，因此在运输甲醛时常被制成聚合物来运输。

（2）甲醛的用途

甲醛是甲醇最主要的下游衍生产物之一，2022年底，全球甲醛产量达到8044.15万吨，每年被用来生产甲醛的甲醇占甲醇全部消耗量的30％，目前我国是世界第一大甲醛生产国和消费国，甲醛产能占全球总产能的55％，起着至关重要的作用。甲醛是一种重要的化工原料，被广泛地应用于化工、纺织、塑料、造纸、石油、农药等众多领域，在装修行业、防腐工艺、木材加工方面有着不可或缺的作用[36]。但甲醛有毒，在任何领域一旦超过其使用标准，则会对日常生活和人体健康带来极大的危害。

在工业上，甲醛主要用于生产酚醛树脂、脲醛树脂、聚缩醛树脂、甲醛树脂、乌洛托品、三聚氰胺等化工产品[38]。制作新家具的板材需要用到的主要材料是酚醛树脂和脲醛树脂，酚醛树脂由甲醛和苯酚按一定摩尔比混合制成，脲醛树脂由甲醛与尿素按一定摩尔比制成，而甲醛正是生产这两种材料的重要组成部分。此外生产板材时用到的黏合剂的主要成分也是甲醛，因此人们通常在新装修的房子中放置少量活性炭来吸附甲醛。

在纺织业，甲醛也会起到很重要的作用，厂家通常在服装的面料中添加许多助剂来防皱、阻燃或保持图案印花和染色的持久性，而这些助剂中通常会被添加甲醛；一些纯棉制品很容易起皱，使用含甲醛的助剂可以提高布料的硬度并防止起皱。不过正常情况下，这些被添加的甲醛量很少，在人们穿着的过程中甲醛会自发消散在空气中，不会对人体产生危害。

在生物领域，福尔马林溶液具有防腐杀菌的功能，可以用来浸泡生物标本及组织。在不易储存的水产品中添加甲醛可以起到防腐的作用，可以延长保质期。但长时间过量地使用甲醛浸泡会使水产品内部甲醛浓度提高，对人体健康有一定的危害。在农业领域，甲醛可以用来生产农药，防止农作物的病害，还可以用来给种子杀毒。

7.6.2 合成甲醛的工艺条件

按照原材料来源的不同，目前国内外生产甲醛主要有以下几种工艺[39]。

（1）以液化石油气为原料的非催化氧化法

美国的 Celanese 公司最初以液化石油气作为原料，用非催化氧化的方法制备甲醛。1988 年甲醛生产在德国实现了工业化，最初德国也是采用此法，但由于此方法不能大规模生产，使用较少，后来逐渐被甲醇氧化法所取代。

（2）甲醇氧化生产甲醛的生产工艺

目前，甲醛的工业生产主要采用甲醇氧化法[40]，生产的原材料是甲醇、空气、水蒸气。甲醇，化学式为 CH_3OH，熔点为 $-97℃$，沸点为 $64.7℃$，无色透明液体，挥发性强，有毒，是一种易燃的物质，蒸发为气体后若达到爆炸极限会发生爆炸。在高温条件下，甲醇直接与空气中的氧气反应得到甲醛，甲醛溶于水中得到甲醛溶液。具体反应式为：

$$CH_3OH + 1/2O_2 \Longrightarrow H_2O + HCHO$$

根据反应的催化剂不同，可将此方法分为两种，分别为银催化氧化法和铁钼氧化物催化氧化法[40,41]。银催化氧化法又称"甲醇过量法"，甲醇过量是指甲醇体积分数大于 36%，超过了甲醇的爆炸上限，目的是防止甲醇与空气的混合物发生爆炸，一般用银丝网或银颗粒层作为甲醇过量氧化反应的催化剂，这种催化剂性能稳定、催化性能好、投资较低，但缺点是甲醇的转化率较低，催化剂耐毒性不高，寿命短，需要频繁更换催化剂。这种方法目前经过不少企业改造后效率有较大提高被广泛应用，国内生产甲醛的中小型企业基本全部采用这种方法。

铁钼氧化物催化氧化法又称"空气过量法"，空气过量是甲醇的体积分数小于 6%，处于其爆炸下限，目的同样是防止甲醇与空气的混合物发生爆炸，过量的空气以铁钼氧化物为催化剂与甲醇进行氧化反应生成甲醛，这种催化剂相比前者使得甲醇的转化率变高，甲醛的浓度也大有提高，这种方法缺点是流程较复杂，但考虑其转化率较高，目前国内只有少量生产脲醛树脂等材料的企业采用此法[42]。

（3）以二氧化碳为原料生产甲醛的生产工艺 [39,43]

以二氧化碳作为原料储量丰富，价格便宜，而且能够减轻温室效应，但这种方法目前尚未成熟，仍处于研发阶段。目前有以下几种生产设计。

1985 年，Gambarotta[44] 首次提出以 $[Cp_2Zr(H)(Cl)]_n$ 作为还原剂还原 CO_2 生成甲醛。

1988 年，Corriu[45] 提出了甲酸硅酯合成甲醛的方法，二氧化碳与有机硅烷生成甲酸硅酯，然后甲酸硅酯分解为三硅氧烷和甲醛，这种方法反应条件较温和，能耗低。

2014 年，Nakata 等[46] 报道了一种用电催化的形式制备甲醛的方法。当采用甲醇作为电解质溶液进行电解时，甲醛的产率达到 74%，以海水作为电解质也可以得到约为 36% 的甲醛。这种方法清洁无污染，是一个很有发展前景的方向。

2001 年，Lee 等[47] 提出了一种以 Pt/Cu/SiO$_2$ 为催化剂合成甲醛的方法，在温度 150℃，压力为 600kPa 的条件下，H$_2$ 与 CO$_2$ 的比例达到 20:1 时可制得纯度为 80% 的甲醛。

（4）以甲烷为原料生产甲醛的生产工艺[48]

利用甲烷直接氧化制备甲醛需要经过以下三个步骤：首先是制备水合气，需要对甲烷进行水蒸气重整；得到水合气后再由合成气制备甲醇，之后再由甲醇进一步氧化成甲醛。这种方法原理简单，流程简化，所需设备较少，但不足之处在于甲醛只是氧化过程的中间产物，在高温条件下甲醛的化学性质不稳定，容易进行二次氧化生成一氧化碳和二氧化碳等最终产物。所以这种方法得到的甲醛生产效率较低，利用率低，不适合用来大规模生产。

（5）以二甲醚为原料生产甲醛的工艺

这种方法与甲烷直接氧化方法类似，首先也是对甲烷进行水蒸气重整制备水合气，得到水合气之后由合成气制备二甲醚，之后再由二甲醚制备甲醛。二甲醚相比于甲醇无毒无腐蚀性，所以可以采用二甲醚代替甲醇，这种方法甲醛的产率比甲烷直接氧化高。1966 年日本建立了以这种工艺生产甲醛的工厂，实现了工业化，但并未广泛应用。

（6）甲缩醛直接催化氧化生产甲醛的工艺

这种方法主要用来制备高浓度甲醛，包括以下三个步骤：首先是甲醇和甲醛缩合得到甲缩醛，之后甲缩醛在铁钼催化剂作用下催化氧化生成甲醛气，甲醛气吸收分离得到高浓度甲醛。一般只有特定的行业需要高浓度甲醛时采用，国内的工厂基本不采用这种方法。

7.6.3 合成甲醛的工艺流程

目前国内生产甲醛的主要方法还是以 DBW 工艺（铁钼氧化法）为主，基本流程可以概括为：甲醇计量、甲醇蒸发、甲醇混合、氧化反应、甲醛吸收、甲醛冷却处理、尾气利用。需要的原料是甲醇、水、空气。整个工艺流程为：

首先甲醇从甲醇储存罐中流向预热器，加热至 80℃ 左右变成甲醇蒸气，同时空气经空气风机进入并进行加压，之后空气和甲醇蒸气共同进入至空气预热器进行进一步的加热并混合均匀，混合后的气体随后进入甲醇氧化器进行反应，这一过程是在 230℃ 左右的环境下进行的，经铁钼催化剂催化氧化生成甲醛并放出大量热量。

反应后得到的高温甲醛混合气体进入吸收塔中，在吸收塔内部，高温蒸气经过冷却水得以充分冷却，得到甲醛溶液。未被吸收的少量甲醛蒸气作为循环气与空气一起混合重新进入至预热器中进行反应，冷却水可以循环利用。

在甲醛的生产过程中，能量的高效利用是很重要的一部分，由于甲醛生产过程放出大量的热量，若不能将这些热量回收利用则会浪费大量能源。这些能源主要来自以下三部分：反应放热、高温高压气体冷凝时放出的热量以及甲醛生产的尾气中含有的可燃气体 CO 和 H_2 的热值。经检测表明，年产万吨的甲醛装置每年回收的热量高达 14×10^8 kJ，未被吸收的尾气中含有 17.4% 的 H_2，0.9% 的 CO，生产一吨甲醛可以得到 610m³ 的尾气，每立方米尾气的热值为 11×10^3 kJ，这些气体完全可以被燃烧利用。如果能够将这些热量应用到甲醛生产过程中消耗能量的环节是最佳选择，生产过程中如下环节和设备是消耗热量的。一是甲醇蒸发器中需要将甲醇从室外温度加热至 60℃ 左右，尤其在北方的冬季，需要将甲醇加热到 70~80℃，这里需要花费大量的能量。二是甲醇氧化器，这里需要保证甲醇蒸气中不含有甲醇液滴，必须使得甲醇蒸气达到过热温度 130℃ 左右，这里需要部分热量加热蒸气。三是由于反应过程中放出大量热量，反应过程中还需要加入配料蒸汽来降低反应温度，同时还可以缩小甲醇蒸气的体积分数，这些蒸气也需要被加热至一定温度，因此也需要部分热量。这三部分中能量的主要消耗部分还是甲醇蒸发器。

对此国内外也采取了一些能量优化措施来回收能量。例如可以制备尾气锅炉，将未被吸收利用的尾气燃烧用来加热锅炉生产热水，这些热水可以用于甲醇蒸发器中蒸发甲醇。有的企业[49] 提出的优化措施是抽取部分甲醛溶液来加热尾气、甲醇，并用于蒸发甲醇。另外由于蒸汽的品质高于热水可采用高温高压蒸汽来生产低压蒸汽供生产使用。还可以将甲醛热液送至蒸发器的加热段供加热甲醇使用，以节约加热蒸汽并吸收冷凝热。同时甲醛热液也得到了冷却，再次经过冷却器加热的时候可以降低冷却器的换热面积。

7.6.4 合成甲醛的主要设备及操作

合成甲醛的主要设备包括甲醇蒸发器、空气加热器、阻火过滤器、甲醇氧化器、第一吸收塔、第二吸收塔、尾气处理器。

（1）甲醇蒸发器

甲醇蒸发器的一个作用是将来自甲醇储存罐中的甲醇加热变成甲醇蒸气，提高反应的初始温度。

（2）空气加热器

空气加热器是用来加热反应所需的初始空气以及将经过甲醇蒸发器的甲醇蒸气进一步加热，将二者升温至80℃左右并混合均匀，能够提高反应速率和转化效率。

（3）阻火过滤器

阻火过滤器的作用是调节氧醇比以及添加部分低温蒸汽，防止甲醇的体积分数位于爆炸极限之间；添加适量的低温蒸汽的作用是防止由于温度过高导致发生着火，甚至爆炸。

（4）甲醇氧化器

甲醇氧化器便是整个反应进行的场所，从空气加热器出来的混合蒸气便进入甲醇氧化器进行反应，该反应为放热反应。若采用"银法"制备甲醛则整个反应会达到600～700℃，反应后的甲醛气体中甲醇的含量较多，纯度不高，还需要增设甲醇回收系统来回收甲醛蒸气中的甲醇。若采用"铁钼法"制备甲醛，整个反应会达到300～400℃，得到的甲醛纯度较高，几乎不含甲醇等其他杂质。

（5）第一、第二吸收塔

从氧化器出口出来的气体便是高温高压的甲醛蒸气，此时甲醛蒸气需要进入吸收塔中进行冷却，冷却塔中设置有冷却水和软水，冷却水通过冷却水管进行循环冷却，吸收塔内的冷却水管采用蛇形布置以增强传热，与汽轮机的凝汽器内的铜管蛇形布置方式类似。软水是用来吸收冷却下来的甲醛气体进而形成浓度约为50%的甲醛溶液的；第二吸收塔是为了吸收第一吸收塔中未来得及吸收的甲醛气体，整体布置大体相似，然后将两个吸收塔中得到的甲醛溶液混合至一起，然后将甲醛溶液引流至甲醛储存罐中便完成制备。

（6）尾气处理器

尾气处理器的作用是将反应后的尾气分开回收，回收尾气中的CO、H_2等可燃气体，进而间接吸收反应放出的热量，同时还吸收尾气中的水蒸气与软水混合回收利用，由于甲醇氧化反应过程放出大量热量，安装热量回收装置可以避免大量热量的浪费。目前可以采用在尾气处理器中加导热油来吸收气体的热量，然后将导热油送至蒸发器中来加热甲醇；也可以将尾气的燃烧热回收用来加热水蒸气和空气预热器；还可以将热量送到其他设备上。

甲醛生产还有许多设备：甲醇计量槽，用来检测从甲醇储罐中出来的甲醇的含量。汽包，汽包的作用是用来生产水蒸气，原理就是"烧开水"，即加热软水产生水蒸气，内部还设有水位检测装置用于检测软水的水位。若水位过低，则易发生"干锅"的危险，易导致设备开裂损坏；若水位过高，则产生蒸汽的量过少，甚至导致软水进入蒸汽分配器，降低甲醇浓度，进而降低反应效率。尾气预热器，它的作用是加热尾气并将尾气送至阻火过滤器。

甲醛生产过程中有许多操作都需要格外重视，甲醛属于易燃物体，甲醛蒸气与空气混合后一旦甲醛达到爆炸极限便会发生火灾和爆炸，因此整个生产过程中必须严禁明火；另外由于生产过程会放出大量热量，如果散热设备不能及时排出反应放出的热量会导致反应器内部温度升高，也易引发火灾。因此要时刻关注着氧醇比和蒸汽比例的控制，控制在非爆炸极限内，还要注意在厂房内部一定要杜绝静电和明火。另外由于甲醇和甲醛等以及生产过程中其他产物都是有毒物质。甲醛浓度很低时，极易对人的眼睛造成损伤；甲醛浓度很高时，也会对人体的皮肤和黏膜造成不可逆的损伤，若操作人员摄入了过量的甲醇、甲醛，则会导致死亡。一旦通风不好、容器气密性不好或检测仪器不准确就会发生中毒事件。所以，对于生产设备来说必须密闭，厂房内部需要很好的通风环境，当甲醛或甲醇泄漏外溢的时候要使用水或稀氨水进行冲洗；如果泄漏较多，操作人员必须佩戴防毒面具。另外由于甲醇反应中存在多种腐蚀性物质，生产过程中可能会由于化学腐蚀以及电化学腐蚀导致管道泄漏，这些腐蚀性物质会对人体造成很严重的伤害。另外甲醛生产过程中生产系统的管道连接处容易发生泄漏，一旦有静电或者火源则会引发火灾。因此输送甲醇和甲醛的管道和泵最好使用防爆型材料。另外要注意生产的时候容器的温度不能太高，如果不能自调节，则需要停机检查，重新控制反应的温度和氧醇比，从而确保整个反应过程安全进行。

7.7　小结

煤化工产品生产不仅促进了能源结构调整和煤炭资源的有效利用，还在化工产业发展和经济增长中发挥了重要作用。通过煤的加工转化生产出的各种化工产品，如氨、醋酸、二甲醚、甲醛、甲醇等，这些产品广泛应用于化工、医药、农药、染料、合成纤维等领域，为各行业提供了原材料和能源。煤化工产品的生产和应用不仅推动了相关行业的发展，还为经济结构的多元化和优化提供了支撑。

然而，煤化工产品的生产也伴随着煤炭资源的开采和加工，可能对环境造成一定影响。排放的废水、废气和固体废物可能会对周围的生态环境造成污染，因此在生产过程中需要严格控制和治理污染物的排放，采取环境保护措施，确保生产过程对环境的影响最小化。同时，为了保障生产过程的安全，需要加强设备管理、生产操作规范和安全意识培训，以预防和应对可能发生的事故。

总的来说，煤化工产品生产在推动经济发展、丰富市场供给、提高煤炭资源利用率的同时，也需要兼顾环境保护和安全生产。通过技术创新和管理完善，可以实现煤化工产品生产的可持续发展，为社会经济和环境可持续发展做出积极贡献。

参考文献

[1] 李涛. 碳一化工的技术，产品现状及其发展方向 [J]. 化工进展，2012 (S1)：124-128.

[2] 周丛文，林泉. 费托合成技术应用现状与进展 [J]. 神华科技，2010，8 (4)：93-96.

[3] 陈彬彬. 碳一化工生产现状及发展趋势分析 [J]. 科技与生活，2012 (9)：200.

[4] 刘延伟. 国内外碳一化工产品发展展望 [C]//中国碳一化工与洁净煤技术应用，2005.

[5] 刘昌俊，许根慧. 一碳化工产品及其发展方向 [J]. 化工学报，2003，54 (4)：524-530.

[6] 崔克清. 安全工程大辞典 [M]. 北京：化学工业出版社，1995.

[7] 谭世语，魏顺安. 化工工艺学 [M]. 4版. 重庆：重庆大学出版社，2015.

[8] 栾运加. 煤气化技术的现状及发展趋势研究 [J]. 化工管理，2023 (16)：75-77.

[9] 田伟军，杨春华. 合成氨生产 [M]. 北京：化学工业出版社，2012.

[10] 缪传耀. 煤化工合成氨工艺分析及节能优化对策 [J]. 化工管理，2022 (12)：149-151.

[11] 田希源. 煤气化制甲醇工艺原料煤消耗的影响因素 [J]. 化工设计通讯，2020，46 (5)：26，38.

[12] 佟玲，张启俭，张谦温. 二甲醚的制备与应用前景 [J]. 天津化工，2007 (4)：37-40.

[13] 赵现朋. 二甲醚生产过程中物耗及能耗控制的分析研究 [J]. 化工管理，2019 (21)：55-56.

[14] 任富强，乔丽娟，王友军. 两步法甲醇生产二甲醚（DME）技术的原料单耗研究 [J]. 河南化工，2013，30 (11)：40-43.

[15] 葛庆杰，黄友梅. 合成气直接制取二甲醚的双功能催化剂 II. 脱水组分对催化剂性能影响的研究 [J]. 天然气化工：C1化学与化工，1996，21 (6)：16-19.

[16]　李凤娟 . 甲醇羰基化生产醋酸技术分析 [J]. 现代盐化工，2023，50（1）：4-6.

[17]　田桂丽，王宇博 . 我国甲醛行业现状与发展趋势 [J]. 化学工业，2018，36（5）：19-22.

[18]　李贺，张利杰，张凯，等 . 甲醇氧化制甲醛工艺与催化剂研究进展 [J]. 无机盐工业，2023，55（11）：19-25.

[19]　范捷 . 甲醛生产工艺及节能优化设计分析 [J]. 当代化工研究，2018（6）：96-97.

[20]　Pham T T P, Nguyen P H D, Vo T T, et al. Preparation of NO-doped β-MoO₃ and its methanol oxidation property [J]. Materials Chemistry and Physics, 2016, 184：5-11.

[21]　徐也茗，郑传明，张韫宏 . 氨能源作为清洁能源的应用前景 [J]. 化学通报，2019（3）：214-220.

[22]　郑厚超 . 合成氨工业发展现状及重要性 [J]. 化工设计通讯，2019，45（4）：4.

[23]　陈庚 . 煤化工合成氨工艺分析及节能改造措施 [J]. 化学工程与装备，2022（6）：27-28.

[24]　李凤娟 . 合成氨工艺技术的现状及其发展趋势 [J]. 化学工程与装备，2023（5）：205-206.

[25]　马文亮，左艳玲 . 氨合成流程模拟及操作指标优化 [J]. 云南化工，2015，42（4）：63-66.

[26]　张阳，范辉，李鹏，等 . 甲醇脱水制二甲醚催化剂的研究进展 [J]. 宁夏工程技术，2023，22（3）：232-238.

[27]　李德豹，张雅静，吴静，等 . CO₂ 加氢制二甲醚 CuO-ZnO-ZrO₂/HZSM-5 催化剂研究 [J]. 辽宁化工，2022，51（9）：1194-1196.

[28]　庞庆港，莫民坤，夏梦，等 . 合成气制二甲醚工艺研究进展 [J]. 当代化工，2022，51（11）：2698-2703.

[29]　吴健波，杨焱成 . 合成气一步法制二甲醚反应工序研究 [J]. 山东化工，2021，50（14）：186-189.

[30]　白丽军，王明义，丁传敏，等 . 合成气制乙醇的研究进展 [J]. 现代化工，2021，41（12）：27-31.

[31]　闫伟华，姚彬 . 煤化工制醋酸技术的工艺发展概况及研究 [J]. 广东化工，2019，46（6）：1-3.

[32]　李晓峰，王晓娟，赵晓娜，等 . 煤气化制醋酸技术的研究进展 [J]. 化工进展，2018，37（11）：4497-4504.

[33]　张宏伟，刘建华，郭庆杰，等 . 煤气化制醋酸技术的现状与展望 [J]. 化学工程与装备，2017（10）：1-4.

[34]　邱建军，李娜，高云飞 . 煤气化制醋酸技术的发展现状及展望 [J]. 化工技术与开发，2016，45（9）：1-4.

[35]　赵云龙，张晓东，李玉峰 . 煤气化制醋酸技术的发展现状及展望 [J]. 化工时刊，2015，29（12）：1-4.

[36]　王惠娥，贾薇，孙焕红，等 . 甲醛生产工艺重大危险源辨识 [J]. 石化技术，2020（7）：44-46.

[37]　赵煜 . 甲醛生产危险因素及预防措施 [J]. 云南化工，2021，48（5）：109-111.

[38]　金栋，李明 . 世界甲醛的生产消费现状及发展前景 [J]. 中国石油和化工经济分析，2007（21）：53-59.

[39]　郭亚琴，张粤 . 甲醛生产工艺的发展研究 [J]. 化工管理，2019（34）：160.

[40]　汪运，汪志鹏，彭中全，等 . 银法和铁钼法甲醛生产工艺外操岗位甲醛暴露职业健康风险比较 [J]. 职业卫生与应急救援，2021，39（4）：411-414.

[41] 范捷. 甲醛生产工艺及节能优化设计分析 [J]. 当代化工研究, 2018 (6): 96-97.

[42] 李世杰. 甲醛生产中能量的综合利用探讨 [J]. 化工设计, 1999 (5): 12-13.

[43] 丁肖嫦, 唐庚, 周惠君. 中国甲醛行业协会秘书长李峰: 绿色甲醛行业离你越来越近 [J]. 广州化工, 2018, 46 (15): 1-2.

[44] Gambarotta S, Strologo S, Floriani C, et al. Stepwise reduction of carbon dioxide to formaldehyde and methanol: reactions of carbon dioxide and carbon dioxide like molecules with hydridochlorobis (cyclopentadienyl) zirconium (Ⅳ) [J]. Journal of the American Chemical Society, 1985, 107 (22): 6278-6282.

[45] Arya P, Boyer J, Corriu R J P, et al. Reactivity of hypervalent species of silicon: Reduction of CO_2 to formaldehyde with formation of silanone [J]. Journal of Organometallic Chemistry, 1988, 346 (1): C11-C14.

[46] Nakata K, Ozaki T, Terashima C, et al. High - yield electrochemical production of formaldehyde from CO_2 and seawater [J]. Angewandte Chemie International Edition, 2014, 53 (3): 871-874.

[47] Lee D K, Kim D S, Kim S W. Selective formation of formaldehyde from carbon dioxide and hydrogen over $PtCu/SiO_2$ [J]. Applied Organometallic Chemistry, 2001, 15 (2): 148-150.

[48] 刘连委. 甲醛合成方法研究进展 [J]. 化学工程与装备, 2018 (2): 251-252.

[49] 郭仲文. 甲醛生产过程能量综合优化 [J]. 广州化工, 2014, 42 (6): 147-148.